DIE MIKROSKOPISCHEN BODEN-PILZE

IHR LEBEN, IHRE VERBREITUNG SOWIE IHRE OECONOMISCHE UND PATHOGENE BEDEUTUNG

VON

ANNELIESE NIETHAMMER
ING. DR. TECHN. ET RER. NAT.

Springer-Science+Business Media, B.V.
1937

ISBN 978-94-011-5961-6 ISBN 978-94-011-5960-9 (eBook)
DOI 10.1007/978-94-011-5960-9

Ursprünglich erschienen bei Dr. W. JUNK 1937
Softcover reprint of the hardcover 1st edition

N.V. Van de Garde & Co's Drukkerij, Zaltbommel

VORWORT.

Diese Zusammenstellung über die mikroskopischen Pilze des Bodens macht es sich zur Aufgabe diesem interessanten Wissens-Gebiete eine grössere Anzahl von Anhängern zu schaffen. Es handelt sich hier um erste Pionier-Arbeit; und in diesem Sinne möge das Buch wohlwollend betrachtet werden. Die Mitteilungen fussen fast durchwegs auf eigenen experimentellen Erfahrungen.

Dem Herrn Verleger danke ich für seine grosse Bereitwilligkeit und manchen guten Rat. — Bezüglich der Rechtschreibung führen wir an, dass wir die Trennung zusammengesetzter Wörter mittels Bindestriches durchführen, um den zahlreichen fremdsprachlichen Interessenten sprachlich entgegenzukommen.

A. NIETHAMMER.

PRAG, im Juli 1937.

Inhalts-Übersicht

EINLEITUNG.

Nachweis des Lebens, sowie der Leistungen mikroskopischer Pilze im Boden.

Die meisten Arbeiten, welche sich mit der Biologie des Bodens befassen, würdigen nur das Leben, sowie die Leistungen der Bakterien. Viel geringer ist die Zahl der Schriften, welche uns einen Einblick in die Tätigkeit der mikroskopischen Pilze des Bodens gewähren. Sie genügt aber um den sicheren Nachweis zu erbringen, dass mikroskopische Pilze im Boden leben und gedeihen. Zunächst erfahren nur einzelne Ordnungen und Familien eine Bearbeitung.

In Norwegen studiert HAGEM 37) die *Mucorineae* in ausgezeichneter Weise und nicht minder gründlich nimmt sich im gleichen Lande SOPP 104) der *Penicilliae* an. Allgemeinerer Natur sind die Untersuchungen DALES 25), welche sich mit den mikroskopischen Pilzen des englischen Bodens befasst. Alle die jetzt zitierten Arbeiten zeichnen sich durch eine besondere Gründlichkeit bei der Bestimmung der Arten aus. Das weite Gebiet der Vereinigten Staaten von Nord-Amerika prüft WAKSMAN 121, 122). Als Grundlage dienen dem zitierten Forscher, sowie seinen Schülern die Untersuchungen JENSENS 49), welche vorwiegend in dem Staate New York ausgeführt sind.

Die Beobachtungen und Erfahrungen aller dieser Forscher schliessen jeglichen Zweifel an dem Leben, sowie der Tätigkeit der mikroskopischen Pilze im Boden aus. Die jüngst durchgeführten Beobachtungen CHOLODNYS 13) und KUBIENAS 58, 59) unmittelbar im Boden und seinen Teilchen stellen einen wertvollen Beweis für die Richtigkeit der Untersuchungen WAKSMANS 121), sowie seiner Vorgänger dar.

Versuch einer Erklärung des Begriffes mikroskopische Pilze des Bodens.

Unter diesen Begriff fallen alle mikroskopischen Pilze des Bodens, einschliesslich jener Formen, welche sich in den beigemengten organischen Stoffen entwickeln. Vielfach ist die Möglichkeit einer normalen Fruktifikation gegeben. Mit einzubeziehen sind auch jene Vertreter, von welchen nur Konidien, Sporen oder Zygoten im Boden bekannt sind. Unter günstigen äusseren Bedingungen haben sich in früheren Zeiten die Myzelien entwickelt, langsam sind dieselben abgestorben und einer Verarbeitung durch andere Organismen verfallen. Nur die Konidien, Zygoten und Sporen, welche schwer angreifbar sind und die ausserdem ungünstige Verhältnisse lange überdauern können, bleiben im Boden. Ihre Entwicklung zu Myzelien ist immer wieder möglich.

Zuzugeben ist, dass gelegentlich Sporen oder Konidien durch die Tätigkeit des Windes in den Boden verweht werden. Ferner ist zu berücksichtigen, dass durch abgestorbene Pflanzen viele Pilze in der manigfachsten Form in den Boden verschleppt werden. Häufig sind diese Pilze nicht befähigt hier ihre Entwicklung durchzuführen. Sie müssen warten bis ihnen an bestimmten Pflanzen die Möglichkeit eines gedeihlichen Wachstum gegeben ist.

Das Ausmass der Entwicklung ist bei den einzelnen Pilzen je nach den wechselnden Verhältnissen im Boden unterschiedlich. Mit diesen Fragen, sowie im besonderen mit der Bedeutung der Temperatur, der Feuchtigkeit und der Beschaffenheit des Bodens werden wir uns noch später zu befassen haben.

Bedeutung und Verbreitung der mikroskopischen Pilze im Boden.

Den im Boden wachsenden Myzelien kommt je nach dem Grade ihrer Ausbildung Bedeutung zu. Zum Aufbau, sowie zur Erhaltung ihres Körpers benötigen dieselben die manigfachsten Stoffe und Verbindungen. Durch die aufschliessende, sowie abbauende Tätigkeit der Pilze werden viele Teilchen des Bodens erst in eine entsprechende Form überführt. Diese chemischen Umsetzungen im Boden üben jedenfalls auch auf die höheren Pflanzen einen Einfluss aus. Der Abbau von organischen, sowie mineralischen Düngern durch diese Pilze ist in seiner Bedeutung nicht zu unterschätzen. Gelegentlich werden durch einzelne ihrer Vertreter auch Krankheiten verschleppt. Auf ganz neue Möglichkeiten weist das Problem der Wuchs-Stoffe hin, welche sowohl von mikroskopischen Pilzen, als auch den Wurzeln der höheren Pflanzen abgeschieden werden.

Die eingehenden Studien unterschiedlicher Forscher zeigen, dass jeder Boden Fäden, Sporen und Konidien dieser mikroskopischen Pilze führt. Sogar in den Geröllen der Gebirge und auf Steinen erkennt man noch Pilze. Bei dem Zerfall der Gesteine und der Bildung humus-artiger Verbindungen ist ihre Tätigkeit jedenfalls nicht bedeutungslos.

Nach den Erfahrungen WAKSMANS 121) haben wir im Boden vorwiegend mit den Myzelien der *Mucorineae* zu rechnen, daneben werden zahlreiche Vertreter der *Fungi imperfecti* angeführt. Die direkte mikroskopische Kontrolle des Bodens weist zunächst auch auf diese Gruppen hin, daneben lässt sie aber noch andere Arten erkennen. Wir beobachten sehr oft Konidien und Myzelien der *Penicilliae*. Neuerdings gibt RICHTER 93) für russischen Boden eine grosse Verbreitung der eben zitierten Familie an. In der Nähe der Wurzeln weist die Zahl der Pilze eine Erhöhung auf. Meist hebt man hervor, dass die mikroskopischen Pilze im Gegensatz zu den Bakterien saure Böden besiedeln; besser ist es zu sagen, dass sie befähigt sind grosse Säure-Grade zu ertragen. Sand, welcher einen dicht gelagerten Boden formt ist stets reicher an Pilzen, als ein solcher der einen hohen Gehalt an Lehm oder Ton aufweist. Bei der so wichtigen Krümmelung des Bodens kommt den Leistungen der Pilze eine grosse Bedeutung zu.

Der mengenmässige Stand der mikroskopischen Pilze eines Bodens ist nach der Jahres-Zeit Schwankungen unterworfen. Von Dezember bis März erkennt man ein Minimum, dann ist eine langsame Erhöhung zu verfolgen, welche in der Zeit von Juni bis Dezember ihr Maximum erreicht. Trockenheit bedingt oft ein starkes Sinken der Zahl an Pilzen. Ein Leben der Pilze ist bis in eine Tiefe von 40 cm zu verfolgen. Die Anzahl der Keime eines Bodens kann zwischen 30.000 und 3.000.000 je 1 g Erde schwanken. Ueber die Ursachen berichten die nächsten Kapitel. Der Boden in Waldungen weist einen reichen Gehalt an Pilzen auf; unkultivierte Gebiete haben mehr Pilze als Aecker. Mit der zunehmenden geographischen Breite nach Norden steigt die Zahl der Pilze im Verhältnis zu den Bakterien.

Ungelöste Probleme, sowie Aufgaben kommender Forschung.

Anknüpfend an die Erfahrungen, welche bei RAMANN 91) zu finden sind, können wir auch heute noch sagen, dass die Systematik der mikroskopischen Pilze des Bodens noch sehr wenig gefördert ist. Eine genaue Beschreibung und vertiefte Kenntnis der bis heute isolierten Formen würde das weitere Studium und vor allen Dingen Angaben über die Verbreitung der mikroskopischen Pilze des Bodens sehr begünstigen. Selbst ungefähre Tabellen über die Verbreitung stehen noch aus. Weiter ist genau zu verfolgen welche Aenderung das Bild der mikroskopischen Pilze durch geänderte geographische Breite erleidet. Selbstverständlich ist der Einflus des Klimas zu berücksichtigen. Weiter darf nicht vergessen werden, dass die Bildung des Bodens meist eine Komponente des Klimas ist. Weiter wollen wir verfolgen, ob die Bestände an höheren Pflanzen, sowie die Kultivierung eines Bodens die Pilze in irgend einer Weise beeinflusst. Vielfach wird man die gleichen Pilze auf den höheren Pflanzen wieder finden. Penicillium italicum, welches ein häufiger Begleiter von Orangen ist, wurde von uns oft in Boden unter den Bäumen gefunden. Besonders beim Gemüse interessieren uns solche Wanderungen der Pilze. Bei der Beantwortung dieser letzten Fragen sind wir bereits in das Gebiet des Pathologen gelangt.

In einer neueren kritischen Studie würdigt LOEHNIS 65) das Problem der mikroskopischen Pilze des Bodens und weist auf eine notwendige Bearbeitung hin. Das eingehende Studium wird zunächst zeigen müssen, ob typische allgemein verbreitete Pilze im Boden vorhanden sind oder nicht. Weiter erweist sich als notwendig zu verfolgen, ob durch die geographische Breite, das Klima, den Boden und die Pflanzen Aenderungen bedingt sind.

Ueber die Leistungen dieser Pilze als Zerleger organischer Verbindungen ist bereits manches bekannt. Leider sind die meisten Untersuchungen mit nicht gut bestimmten Pilzen angestellt. Dieser Grund erschwert ihre Reproduzierbarkeit. Wir haben später noch Gelegenheit auf diese Lücken aufmerksam zu machen. Bereits früher führten wir an, dass der Abbau mineralischer und organischer Dünger interessiert. Weiter ist die mikro-biologische Boden-Analyse und ihr Ausbau zu verfolgen. Bei dieser erscheint es künftig angezeigt typische dem Boden entnommene Stämme zu benützen. Weiter ist dann der Wuchs-Stoffe, welche vielleicht manchen ungeklärten Reiz ausüben, zu gedenken. Als Abschluss sind die pathologischen, ferner wie die neuesten Beobachtungen lehren auch therapeutischen Wirkungen der Pilze zu verfolgen.

Methodische Hinweise.

Erst eine geeignete Methode macht den Nachweis der Pilze im Boden möglich. Zwei Arten der Untersuchung sind gegeben. Die direkte mikroskopische Beobachtung des Bodens, sowie die Kultur-Methode, welche zeigen soll welche Pilze auf synthetischen Medien zur Entwicklung gelangen.

Eine direkte mikroskopische Kontrolle des Bodens bezüglich seines Gehaltes an Pilzen gibt natürlich den besten Aufschluss. Leider ist diese Art der Untersuchung oft mit grossen Schwierigkeiten verknüpft. Eine Bestimmung der Arten unmittelbar im Boden ist oft schwer, meist sogar ganz ausgeschlossen. Selbst bei entsprechender Färbung der Präparate wird man oft tote Organismen und manche anorganische Partikelchen zählen. Als erste orientierende Untersuchung über den Zustand eines Bodens wird man diese Kontrolle immer benützen und konnten auch wir sie nicht missen. Vor allen Dingen ist auf diese Weise leicht der Nachweis zu erbringen, dass ein Boden Pilze oder pilzliche Keime enthält.

Die Kultur auf künstlich hergestellten Medien ist sehr einfach zu handhaben und ermöglicht die Durchführung vieler Versuche innerhalb kurzer Zeit. Meist benüzt man Bierwürze oder Malz, welchen man 3% Agar Agar beifügt. Ein Nachteil ist, dass bei dieser Methode auch alle Konidien und Sporen zur Entwicklung gelangen und man keine Auskunft bekommt in welcher Menge Myzelien im Boden anwesend sind. Wir führten bereits früher an, dass unseres Erachtens allen Keimen im Boden Bedeutung zukommt, somit fällt dieser Nachteil nicht besonders ins Gewicht. Zuzugeben ist, dass Arten welche rasch wachsen gelegentlich Formen, welche eine langsame Entwicklung aufweisen, zurück-drängen werden.

Die Auswahl verschiedener Temperaturen kann oft nützlich sein. Die entsprechende Verbindung beider Untersuchungen ist gewöhnlich das Richtige; zu dieser Ansicht gelangt auch KUBIENA 60). Vor der indirekten Untersuchung soll man sich stets durch eine mikroskopische Kontrolle von dem Zustand seiner Probe überzeugen.

Welche optischen Behelfe man für seine Untersuchungen wählt, hängt von den Mitteln des betreffenden Forschers ab. KUBIENA 58) hat ein besonderes Mikroskop für seine Untersuchungen im Boden konstruiert. Bei der Firma Reichert in Wien ist diese Apparatur zu beziehen. Wir selbst benützten als Zusatz zu unserem Mikroskop einen Opak Illuminator der Firma Reichert. Bereits früher führten wir an, dass eine entsprechende Färbung der Präparate nützlich ist. Meist benützt man Eosin, Erythrosin oder Cyanosin. WAKSMAN 121) und CONN 23, 24) untersuchen ihre entsprechend geschlemmten Proben unter einem gewöhnlichen Mikroskop und empfehlen eine Färbung mit Rose Bengale oder Methylen-Blau. Die Vorrichtung der Proben geschieht nach folgenden Angaben. Die Aufschwemmung wird in einer 0.015%igen Gelatine Lösung hergestellt. Je nach dem Boden schlemmt man in einem Verhältnis 1 : 3 oder 1 : 10 auf. Mit einer Pipette werden 0.1 ccm der Sedimentierung entnommen und auf dem Objekt-Träger in einer Fläche von 1 cm ausgestrichen. Die Zählung erfolgt unter Benützung eines Okular-Mikrometers. Die beiden Forscher geben selber an, dass es nicht leicht ist im mikroskopischen Bilde Pilze und Bestand-Teile des Bodens voneinander zu scheiden. CHOLODNY 19) und ROSSI 94) beschreiben fast zur gleichen Zeit eine neue Art der Beobachtung. Objekt-Träger werden direkt in den Boden gelegt, hier bleiben sie einige Wochen um den Pilzen eine ungestörte Entwicklung zu geben. Nach dieser Zeit nimmt man die Objekt-Träger sorgsam aus dem Boden und bringt sie in das Laboratorium. Hier erfolgt Fixierung mit einer Lösung von Agar-Agar, sowie entsprechende Beizung mit Phenol. Die Tingierung kann mit den verschiedensten Farben durchgeführt werden. Meist wird Erythrosin, Eosin oder Cyanosin gewählt. Vertreter der *Mucorineae*, *Penicilliae*, sowie der *Fungi imperfecti* sind auf diese Weise zu sehen.

Die indirekte Methode ist für die genaue Bestimmung der Arten unbedingt notwendig. Das Medium ist so zu wählen, dass es nach Tunlichkeit allen

Keimen eine Entwicklung ermöglicht. Wir selbst verwenden ungehöpfte Würze, wie sie die Brauereien herstellen; sie ist stets mit der fünffachen Menge an Wasser zu verdünnen. Zweck mässig ist es 5% Saccharose hinzu zufügen. Sehr gerne verwenden manche Pilze auch Malz in der verschiedensten Form. 3%ige Lösungen mit einem Zusatz von 1% Pepton bewähren sich gut. Manche Forscher so zum Beispiel WAKSMAN 121) wählen Dextrose, welche sie mit den nötigen Salzen versehen.

Durch bestimmte Einzelheiten kann man die Studien verfeinern. Will man die Entwicklung jener Pilze verfolgen, welche Zellulose abbauen, so empfiehlt es sich den Pilzen Zellulose oder Papier zu geben. Die entsprechende Menge an Flüssigkeit, sowie an anorganischen Salzen ist zu reichen. Wir verwenden, wie später zu sehen ist, eine Lösung der verschiedensten anorganischen Salze, welche wir so dosieren, dass sie neutral oder sauer reagieren. Will man die Entwicklung von Organismen verfolgen, welche die Fähigkeit der Spaltung von Fetten haben, so empfiehlt es sich gut gereinigte Substanzen zu verwenden, da durch Verunreinigungen leicht Wachstum vorgetäuscht werden kann. Wir wählen Palm-Fett, Rinder-Talg und Arachid-Oel. Auch hier sind die nötigen anorganischen Salze zu reichen.

Viele der Pilze entwickeln sich auf feuchter Erde sehr gut. Zweckmässig ist es den eigenen Boden nach entsprechender Sterilisierung zu benützen. Fügt man nun kleine Klümpchen des zu prüfenden Bodens hinzu, so kann man verfolgen wie die Pilze aus demselben heraus-wachsen.

Einen sehr einfachen, aber praktischen Weg wählt WAKSMAN 121). Er legt kleine Partikelchen des zu prüfenden Bodens auf Agar-Platten aus und lässt dieselben 30 Stunden bei etwa 20° stehen. Myzel, welches sich in dieser Zeit entwickeln kann, stammt von im Boden bereits vorgebildeten Myzelen. Sporen oder Konidien benötigen eine längere Zeit für ihre Entwicklung. LENNAN 62) trocknet durch mehrere Tage die Proben über Chlor-Kalk. Geht nach dieser Behandlung die Zahl der aufgegangenen Kolonien erheblich zurück, so wird man mit der Annahme nicht fehl gehen, dass das Trocknen Teile des Myzels vernichtet hat. Ein Arbeiten unter vermindertem Drucke ist dabei auch zweckmässig. PISTOR 84) benützt bei seinen Studien einen Dekokt von Humus oder Erde. Eine Mischung von Sand mit Agar Agar verwendet FEHER 33). Neuerdings verfolgt ZIEMICKA 140) wie weit durch den Zusatz organischer Verbindungen Zahl und Aufgang der Pilze verändert wird. In erster Linie verfolgt sie den Einfluss von Stickstoff-Verbindungen, durch welche allgemein die Entwicklung der Pilze gefördert wird. Bestimmungen der Pilze liegen in dieser Arbeit nicht vor. Ein Zusatz von Fett-Säuren erhöht in starkem Masse die Entwicklung von Penicillien. Die zitierte Forscherin benützt bei ihren Studien die von CHOLODNY 19) eingeführte Versuchs-Methodik.

Die neuesten Untersuchungen auf einschlägigem Gebiete danken wir JANKE und seinen Mitarbeitern 47). Die Vor- und Nachteile der verschiedenen Arten der Untersuchung werden besprochen. Alle bekannten Arbeits-Verfahren sind zusammengestellt. Die meisten derselben erweisen sich als unzureichend für Vergleichs-Studien grösseren Umfanges. Nach längeren Studien wird den synthetischen Medien und somit der Kultur-Methode der Vorzug gegeben.

SYSTEMATISCHE ÜBERSICHT DER PILZ-FORMEN.

Hier stellen wir die bis heute isolierten mikroskopischen Pilze des Bodens, unter genauer Anführung der Fundorte zusammen. Wir sind bemüht keine neue Arten aufzustellen, sondern mit den in der Literatur gebräuchlichen das Auslangen zu finden. Ein gründliches Studium der systematischen Literatur ist dabei unbedingt notwendig. In erster Linie fussen unsere Berichte auf eigenen experimentellen Beobachtungen. Viele Hunderte von Arten mussten in Kultur genommen werden, um sie einem genaueren Studium zuzuführen. Die isolierten Arten mussten geduldig mit der verstreuten systematischen Literatur vergliechen werden. Wir benützten nicht nur die besonderen Arbeiten, welche die mikroskopischen Pilze behandeln, sondern wir gingen immer auf die grundlegenden systematischen Arbeiten zurück. Auf diese Weise hoffen wir eine verlässliche systematische Bearbeitung und Determinierung zu liefern. An Hand unserer Befunde ist das weitere Studium der mikroskopischen Pilze, welches uns sehr wichtig erscheint, möglich.

Soweit einwandfreie systematische Angaben vorliegen, reihen wir die Befunde anderer Autoren über die Verbreitung der mikroskopischen Pilze des Bodens hier ein. Leider mussten wir viele Arbeiten unberücksichtigt lassen, da uns die Beschreibungen nicht genügten oder die Bestimmung zu unsicher erschien.

Bei der Angabe der Fund-Orte ist die Bestands-Flora und gelegentlich der geologische Charakter berücksichtigt. Unsere eigenen Isolierungen erstrecken sich über 5 Jahre. Dieselben lassen wir ohne Namens-Nennung folgen. Fremde Befunde werden stets mit dem Namen des Autor versehen.

PHYCOMYCETES.

Aus der Ordnung der *ARCHIMYCETES* sind einzelne pflanzen-pathogene Formen, welche Ruhe- und Dauer-Zustände im Boden durchmachen summarisch aufzuzählen. Neue Erfahrungen lehren, das zwischen manchen dieser Arten und bestimmten mikroskopischen Pilzen des Bodens eigentümliche Beziehungen bestehen. Ferner ist zu bedenken, dass bei der direkten mikroskopischen Kontrolle des Bodens derartige Formen auffallen können. Eine Entwicklung auf den bekannten synthetischen Medien ist meist nicht zu verfolgen.

Aus der Familie der *OLPIDIACEAE* lässt *Olpidium brasssicae* seine Sporangien im Boden, welcher mit Kohl- Gewächsen bestanden ist, zurück. In seiner Entwicklung ist der Pilz an diese Pflanzen gebunden, daraus erklärt sich auch sein Vorkommen unter der erwähnten Kultur-Gattung. Der Augenblick einer günstigen Entwicklung wird abgepasst. Die Sporangien bewahren im Boden ihre Keim-Kraft durch viele Jahre.

Die Familie der *SYNCHYTRIACEAE* ist durch den gefürchteten Pflanzen-Schädling *Synchytrium endobioticum* bekannt. Seine Sporen werden in dem Boden abgelagert und warten nur erneut Pflanzen der Kartoffel anzustecken und die Krankheit, welche man als Krebs bezeichnet, auszulösen. Sie bewahren desgleichen durch viele Jahre die Keim-Kraft ihrer Sporen. Die verseuchten Böden weisen nach NĚMEC 70) einen ungewöhnlich starken Säuerungs-Grad auf. Durch diesen Umstand kann die Tätigkeit der mikroskopischen Pilze weitgehend geändert werden.

Aus der Familie der *PLASMODIOPHORACEAE* lagert *Plasmodiophora brassicae* ihre Sporangien im Boden, welcher mit Kohl-Gewächsen bestanden ist, ab.

In der beigefügten Fig. 1 sind verschiedene Formen der Sporangien aus der abgehandelten Ordnung zusammengestellt. Wir hoffen damit die Erkennung dieser Arten bei der mikroskopischen Kontrolle zu erleichtern.

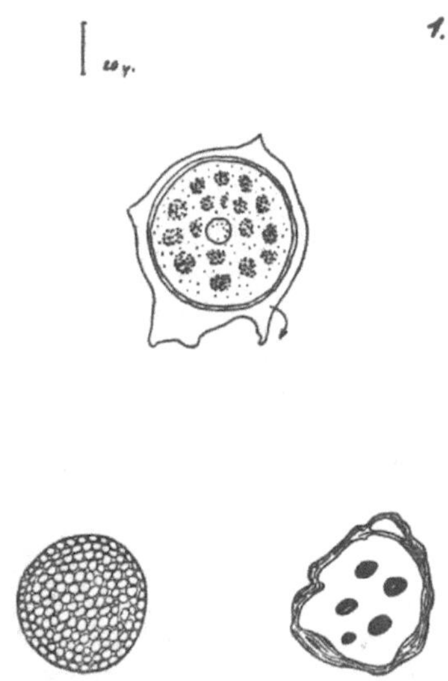

Fig. 1. Verschiedene Dauer-Sporangien der Archimyceten. Synchrytium endobioticum, Plasmodiophora brassicae, Olpidium brassicae.

Aus der 2. Ordnung den *OOMYCETES* sind desgleichen verschiedene Familien abzuhandeln. Die Familie der *SAPROLEGNIACEAE* stellt mit *Achlya graciléps* eine Boden bewohnende Form. Unter Benützung der direkten mikroskopischen Kontrolle ist dieselbe an einem Teichufer-Boden in der Steiermark von KUBIENA 59) erkannt worden. Typisch sind die glasigen Oogonien, welche an ihren Stielen in den Boden-Hohlraum, welcher bei der mikroskopischen Kontrolle gemustert wird, hineinragen. Die genaue Charakteristik nach KUBIENA 59) lautet.

Die vollkommen durchsichtigen Oogonien haben einen Durchmesser von 80—100 μ und lassen durch die 1—2 μ dicke Wand 15—20 Eier erkennen, deren Durchmesser 16—17 μ beträgt. Die kugeligen Eier sind dick-wandig, glatt und zentriert. Die farblose Wand der Oogonien ist derb, sowie ungetüpfelt. Die Oogonien stehen am Ende 5—30 μ dicker, unverzweigter, oft hackig gekrümmter Stiele von rund 250 μ und mehr Länge. Unterhalb der Oogonien fallen Bildungen auf, welche an Seiten-Äste erinnern; es dürfte sich dabei um die Reste von Antheridien handeln. Das unseptierte Myzel kann im Boden nicht beobachtet werden.

Im Boden dürfte das Vorkommen dieses Pilzes mit den Resten von Insekten zu erklären sein. In unseren Breiten ist nichts über schädigende Wirkungen dieser Gattung bekannt. In sub-tropischen und tropischen Lagen soll eine Schädigung von Reis-Kulturen bedingt werden.

Eine durch ihre pathologischen Wirkungen bekannte Gattung dieser

Familie stellt *Aphanomyces* dar. Die Verbreitung ist vorwiegend in Böden, welche mit Rüben bestanden sind, gegeben. Die grosse Empfindlichkeit gegenüber Säuren bedingt, dass er auf vielen synthetischen Medien nicht zur Entwicklung gelangt. Wir untersuchten Boden-Proben von den verschiedensten Rüben-Feldern und konnten einen Vertreter dieser Gattung und zwar *Aphanomyces laevis* oft beobachten. Unsere Angaben beziehen sich auf Felder in der Umgegend Prags, sowie in Süd-Deutschland. In der Kultur ist er durch sein fein-fädiges, helles Myzel charakterisiert. An den Traghyphen gelangen Schwärm-Sporangien zur Entwicklung, welche an ihrer Spitze die Sporen austreten lassen. Zur Isolierung aus dem Boden, wie auch zur Weiter-Züchtung eigent sich Erbsen-Dekokt ganz vorzüglich. Die meisten bekannten synthetischen Medien, so vor allem Bier-Würze erlauben keine gute Entwicklung.

Die Familie der *PERONOSPORACEAE* gehört mit der Gattung *Pythium* unter die Boden bewohnenden Pilze; sehr bekannt ist *Pythium Debaryanum*. Die manigfachsten Arten findet man im Boden unter den verschiedensten Gemüse-Pflanzen. In der Liste der mikroskopischen Pilze ist diese Gattung noch nie erschienen, obgleich ihre Myzelien im Boden zu finden sind. *Phytophtora infestans* ist sowohl als Myzel, als auch mit Sporen im Boden unter Kartoffel-Feldern zu erkennen. Entwicklung auf synthetischen Medien ist bekannt; uns gelang dieselbe nicht.

Alle die bis jetzt besprochenen Formen können mit den übrigen Pilzen des Bodens in manigfache Beziehungen treten. Aus diesem Grunde erfolgt hier ihre Besprechung. Meist sehen wir, dass ein deutlicher Zusammenhang zwischen bestimmten Pflanzen und gewissen Pilzen besteht. *Pythium Debaryanum* vollendet seine Entwicklung auf Rüben. *Synchytrium endobioticum* und *Phytophtora infestans* sind an die Anwesenheit von Kartoffeln gebunden. Bei den unterschiedlichen Gemüse-Pflanzen können wir in späteren Kapiteln noch auf manche Zusammenhänge hinweisen. An den typischen Boden-Pilzen sind viel seltener derartige Bindungen an bestimmte Pflanzen gegeben.

Die 3. Ordnung der *ZYGOMYCETES* umfasst die wichtige Unter-Ordnung der *MUCORINEAE*, welche von ZYCHA 146) in gründlicher Weise durchgearbeitet wurde. Diese Darstellung bildet bei unserer Besprechung eine wichtige Grundlage.

Aus der Familie der *MUCORACEAE* sind eine grosse Zahl sehr wichtiger Pilze aus dem Boden zu erwähnen. Eine Zergliederung in die einzelnen Gattungen ist vorzunehmen.

Die hierher gehörigen Formen wachsen auf den üblichen synthetischen Medien sehr gut. Besonders geeignet und auch für die Bestimmung zu empfehlen ist Malz-Agar. Angehörige dieser Familie sind dank der typischen Ausbildung ihrer Sporangien und Kolumellen auch bei der direkten mikroskopischen Kontrolle oft aufgefallen. Will man die Formen bestimmen, so verfolgt man zunächst unter der Lupe das Wachstum, weiter ist auf die gleiche Weise die Anordnung der Sporangien-Träger zu verfolgen. Wichtige mikroskopische Merkmale sind die Sporangien, ferner die in dieselben hinein-ragenden Kolumellen, ferner die Sporen. Myzel-Gemmen, sowie Chlamydo-Sporen spielen bei der systematischen Bewertung eine Rolle. Gelegentlich erfolgt die Ausbildung riesenartiger Zellen. Zygoten werden nach dem Stande unserer heutigen Erfahrungen nur bei einzelnen Arten gebildet. Für die Bestimmung sind sie ein nützliches Merkmal. Hervorzuheben ist, dass unmittelbar dem Boden entnommene Formen leichter zu ihr neigen, als Stämme welche bereits lange im Laboratorium in Kultur stehen. Die Ernährung scheint in einer nicht näher erkannten Art und Weise die Bildung von Zygoten zu beeinflussen. In diesem Zusammenhange weisen wir auf die Erfahrungen von Zikes 142) hin. Die osmotischen Verhältnisse scheinen nicht bedeutungslos zu sein.

In der beigefügten Fig. 2 führen wir die wichtigen mikroskopischen Merkmale der Familie der *MUCORACEAE* an.

Die Gattung *Mucor* wird von Zycha 146) in mehrere Sektionen geteilt, deren einzelnen im Boden unterschiedliche Bedeutung zukommt.

1. *SPHAEROSPORUS* ist durch runde Sporen gekennzeichnet. Die 2—20 μ dicken Sporangien-Träger sind verzweigt. Die Grösse der Sporangien übersteigt nie 100 μ. In der Jugend sind dieselben weiss, im Alter braun. Die ovale bis zylindrische Kolumella fällt durch ihre Färbung auf.

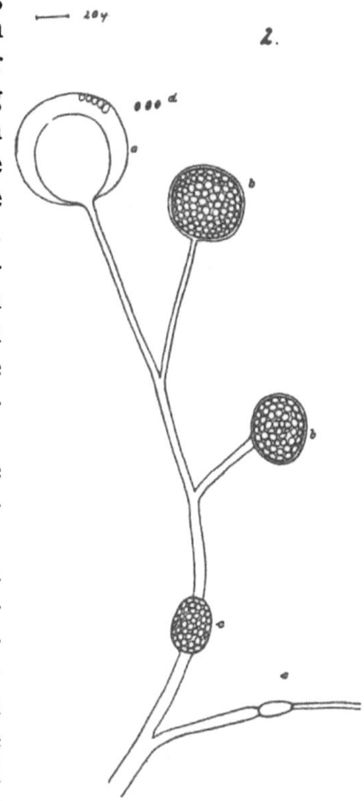

Fig. 2. Wichtige mikroskopische Merkmale der Mucoraceae. *a.* Grosses Sporangium mit der vorgewölbten Kolumella, *b.* Kleine nicht zerfliessliche Sporangien. *c.* Myzel-Gemmen und Chlamydo-Sporen. (Vide M. razemosus). *d.* Sporen.

Mucor spinosus.

Der Pilz ist im ganzen Gebiet von Böhmen sehr verbreitet. Die Art der Vegetation spielt keine Rolle. In Deutschland werden von Pistor 84), Johann 51) und Zycha 146) Waldungen angegeben. Aus sauren Böden ist gute Entwicklung möglich. Wir isolieren diese Form sehr oft aus den Mooren des bayrisches Waldes. In Oesterreich gelingen uns Isolierungen auf den Kalk-Lehnen des toten Gebirges. Auf seine Verbreitung in der Schweiz weist Lendner 61) hin; wir beobachten ihn im Gebiete des südlichen Tessins. Aus Norwegen liefert Hagem 37) genaue Beschreibungen; die Art der Kultur ist bedeutungslos. Aus Russland liegen nach Raillo 89) Isolierungen unter verschiedenen Feldern vor. In Jugoslawien bearbeitet Pišpek 85) das kroatische Hügelland, sowie die Alpen; überall ist die Form zu finden. Aus England liegt von Dale 25) eine Angabe vor. In U.S.A. ist nach Waksman 123, 124, 125) weite Verbreitung gegeben.

Die angeführten Daten zeigen, dass der Pilz unter die Kosmopoliten zu reihen ist. In Uebereinstimmung mit Zycha 146) sprechen wir den Pilz nicht als eine typische dem Boden angehörige Form an. Eine bekanntes Synonym ist *Mucor plumbeus.*

Der 2—10 mm hohe Rasen ist erst weiss, dann blei-grau. Die Sporangien-Träger sind nur in der Jugend unverzweigt. Die braunen Sporangien sind durch die längliche gelb gefärbte Kolumella kenntlich. Die inkrustierte Sporen-Wand lässt die 4—7 μ grossen Sporen durchschimmern. Zygoten sind bekannt; uns gelang die Ausbildung nie. Wachstum ist zwischen 9 und 37° möglich. Die Fig. 3 zeigt die typische Kolumella.

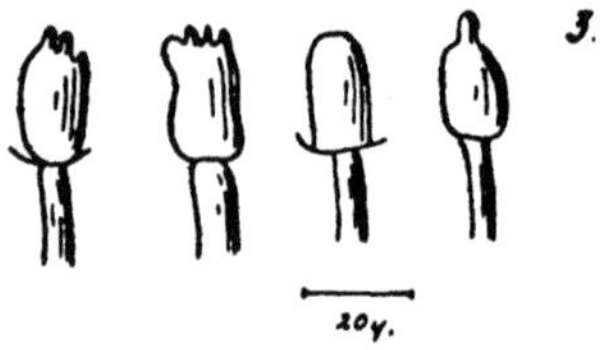

Fig. 3. Kolumella von M. spinosus.

Mucor dispersus.

Isolierungen sind nach HAGEM 37) in Norwegen bekannt. LING JOUNG 83) erwähnte eine Isolierung aus Frankreich.

Eigentümliche Myzel-Anschwellungen, welche oft in riesenartige Zellen übergehen sind im mikroskopischen Bilde hervorzuheben. Auch in den Sporangien-Trägern sind derartige Erweiterungen zu erkennen. Die erwähnten Merkmale dienen zur Unterscheidung von dem gleich zu besprechenden *M. lamprosporus.* Eine var. *megalospora* wird von LINNEMANN 64) aus dem Boden Mittel-Deutschlands beschrieben.

Mucor lamprosporus.

LENDNER 61) weist auf seine Verbreitung in den Waldungen der Schweiz hin. LING JOUNG 63) danken wir eine Erwähnung aus dem Boden Frankreichs.

Der 30 mm hohe dichte Rasen ist hell-grau getönt. Die kleinen verzweigten Träger sind häufig gebogen. Die Sporangien deren Durchmesser 30—40 μ beträgt lösen sich leicht ab und bedecken als eine sammtige Schicht den Boden der Kultur. Die Kolumella ist rund bis oval gestaltet. Die stark licht-brechenden Sporen weisen eine Grösse von 10 μ auf.

Mucor Jansseni.

Aus Deutschland ist nach LINNEMANN 64) eine Isolierung bekannt. In Frankreich liegen von LENDNER 61), sowie von LING JOUNG 63) Angaben vor.

Die Höhe des grauen bis schwarzen Rasens beträgt 2—6 mm. Eine deutliche Streifung der Sporangien-Träger ist hervorzuheben; bei einer Betrachtung mit der Lupe fällt die reichliche Verzweigung derselben auf. Die blauschwarzen Sporangien haben eine Grösse von 50—70 μ. Die ebenso gefärbte Kolumella ist oval bis konisch.

Mucor globosus.

In Böhmen, sowie in der Slowakei gelingen uns einzelne Isolierungen. In Deutschland finden wir ihn in Feldern, welche mit Rüben bestanden waren. Von LINNEMANN 64) liegen Angaben aus Mittel-Deutschland vor. HAGEM 37) liefert eine Beschreibung aus dem südlichen Norwegen. RAILLO 89) erwähnt sein Vorkommen in Russland. PIŠPEK 85) gibt in Jugoslawien das kroatische Hügelland, sowie die Alpen an. DALE 25) erwähnt eine Isolierung aus England; ihre Angaben werden durch ELLIOTT 32) ergänzt.

Mucor sphaerosporus ist eine bekannte identische Bezeichnung. Der Rasen ist dunkel-braun gefärbt. Die razemös verzweigten Sporangien-Träger sind durch Oel-Einschlüsse kenntlich gemacht. Die Fig. 4 zeigt dieselben. Ein weiteres typisches Merkmal stellen die Kugel-Gemmen dar. Die 60—100 μ grossen Sporangien sind durch eine verkehrt eiförmige Kolumella gekennzeichnet. Eine Temperatur von 30° stellt die oberste Wachstums-Grenze dar.

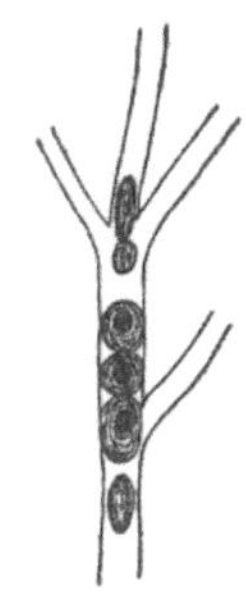

Fig. 4.
M. globosus.
Oel-Einschlüsse.

2. *RAMANNIANUS.* Typisch ist der Rasen, welcher nur eine Höhe von 0.3—0.5 mm erreicht. Hervorzuheben ist die zarte rosa Tönung. Es ist nur ein Vertreter, welcher dem Leben im Boden angepasst ist vorhanden.

Mucor Ramannianus.

Böhmen: Verbreitung in den Waldungen der Rand-Landschaften ist gegeben. In zahlreichen Proben konnten wir seine Anwesenheit im Böhmerwald, Erzgebirge und Isergebirge nachweisen. In West-Böhmen prüften wir Waldungen unterschiedlicher Ertrags-Klasse; er ist durchwegs nur in den guten Beständen zu finden. In Deutschland ist seine Verbreitung desgleichen in den Waldungen gegeben. PISTOR 84) weist in Uebereinstimmung mit unseren Erfahrungen darauf hin, dass er besonders unter guten Beständen zu finden ist. Aus Oesterreich liegt von ZYCHA 146) eine Angabe vor. In den Alpen suchten wir die Form vergebens. Vereinzelte Isolierungen glücken uns in dem südlichen Teile der Schweiz. HAGEM 37) hat den südlichen Teil Norwegens mit positivem Erfolg bearbeitet. Einzelne Angaben aus Russland danken wir RAILLO 89). In Jugoslawien gelang uns auf der Insel Lapats eine Isolierung. PIŠPEK 85) erwähnt ihn aus den verschiedensten Wäldern des Alpen-Gebietes. In U.S.A. erwähnt ihn WAKSMAN 124) einmal in dem Staate Maine. Aus England liegen desgleichen nur vereinzelte Angaben vor 25).

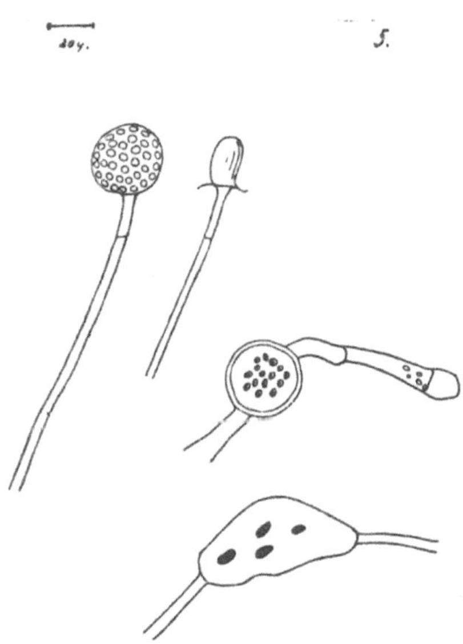

Fig. 5. M. Ramannianus. Sporangium, mit der unterhalb gelegenen Septe, Chlamydo-Sporen und riesenartige Zellen.

Dieser für den Boden und vor allem den Wald so wichtige Pilz ist durch seinen zarten rosa Rasen, welcher als eine feine sammtige Decke das Substrat überzieht gut kenntlich. Im mikroskopischen Bilde fallen die kleinen 20—50 μ grossen Sporangien auf, welche an verzweigten Trägern stehen. Die längliche Kolumella ist farblos. Etwa 20 μ unterhalb des Sporangiums ist stets eine Septe vorhanden. Die kugeligen farblosen Sporen sind 2—3 μ gross. Die Bildung von Oidien ist bekannt. Chlamydo-Sporen werden terminal und nter-kalar gebildet; die Grösse beträgt 20—50 μ. Erfolgt die Bildung dieser

Chlamydo-Sporen sehr stark, so werden die Lager gelb verfärbt. Manchmal sind riesenartige Zellen mit Einschlüssen von Oelen zu verzeichnen. Fig. 5 zeigt die typischen mikroskopischen Merkmale dieser Spezies.

3. *RAZEMOSUS*. Die ovalen Sporen sind niemals mehr als $1^1/_2$ mal so lang, als breit. Die zahlreichen Gemmen sind hervorzuheben. In jugendlichen Zustand sind die Sporangien leicht zerfliesslich, später halten sie fest zusammen. Hierher gehören weit verbreitete Arten, welche meistens keine typischen Boden-Bewohner sind.

Mucor Razemosus.

Böhmen: Nach unseren Erfahrungen ist der Pilz allgemein in kultiviertem Lande sehr verbreitet. Durch den animalischen Dünger wird er vorwiegend im kultivierten Boden gebracht. Eine Aufzählung der einzelnen Bestände, in welchen der Pilz gefunden wurde, erscheint uns überflüssig. Selten ist er in Waldungen anzutreffen; an der Mykorrhiza kann er manchmal beteiligt sein. Unter Pflanzen, welche der menschlichen Kultur ganz entrückt ist findet man ihn nur vereinzelt. Für Deutschland liegen nach ADAMETZ 1), PISTOR 84) und JOHANN 51), sowie unseren eigenen Erfahrungen die Verhältnisse ähnlich, wie in dem vorhin erwähnten Lande. Aus Oesterreich liegen von uns und KUBIENA 59) einzelne Angaben vor. Seine weite Verbreitung in der Schweiz hebt LENDNER 61) hervor. In Norwegen fehlt er nach den Angaben HAGEMS 37) nicht. PIŠPEK 85) gibt Wald in Jugoslawien an. Eine vereinzelte Angabe aus England danken wir DALE 25). In U.S.A. orientiert WAKSMAN 124) über sein Vorkommen. NIELSEN 73) erwähnt ihn aus Grönland.

Der Pilz weist eine grosse Verbreitung auf und wir können ihn auch zu den Kosmopoliten stellen. Nebenbei sei hier angeführt, dass er in Luft und Dünger sehr oft zu finden ist. Wahrscheinlich ist er primär in animalischem Dung verbreitet und von dort erfolgt die Verschleppung in den Boden.

Die Bestimmung des Pilzes ist nicht leicht; in diesem Grunde ist auch die Ursache dafür zu suchen, dass der Pilz unter den manigfachsten Namen in der Literatur Eingang gefunden hat. Von HAGEM 37) wird er als *M. christianensis* und von PIŠPEK 85) als *M. varians* bezeichnet.

Der Rasen ist erst weiss, später gelb. Seine Höhe ist weitgehenden Schwankungen unterworfen. Die jungen Sporangien-Träger sind zunächst unverzweigt, mit zunehmendem Alter fallen razemøse, aber auch einzelne cymöse Verzweigungen auf. Die rundlichen Sporangien sind 20—80 μ gross; in älteren Kulturen fallen sie durch ihre gelbe Färbung auf. Alten Sporangien geht die Eigenschaft der leichten Zerfliesslichkeit ab. Die einzeln hyalinen Sporen erscheinen in Paqueten gelblich, ihre Form ist oval, die Grösse schwankt von 3—10 μ, wobei nochmals zu betonen ist, dass die Länge die Breite nie um mehr, als das $1^1/_2$ fache übertrifft. Gemmen und Chlamydo-Sporen mit körnigem Inhalt fallen deutlich auf. Zygoten sind bekannt. Wachstum ist zwischen 4 und 32° möglich.

Mucor attenuatus.

Diese Art ist der eben beschriebenen aehnlich und wird von LINNEMANN 64), welche sie in Deutschland isoliert, erstmalig beschrieben. Die starke Verzweigung der Träger, deren Glieder mit aufsteigender Ordnung immer dünner werden, muss auffallen. Grosse (100—200 μ) und kleine Sporangien (20—40 μ) werden gebildet. An den weiss getönten Sporangien glänzt ein violetter Schimmer; zunehmendes Alter bedingt eine grüne Färbung. Bei den kleinen Sporangien fehlt oft die Kolumella. In den grösseren ist sie oval bis birnenförmig gestaltet, ein deutlicher Kragen ist hervorzuheben. Ein genauer Vergleich mit unseren Proben und Zeichnungen lehrte, dass auch wir diese Formen aus dem Erdreich isolierten. Zu *M. razemosus* passte sie nicht; nun können wir hier die Einreihung vornehmen. Die Form wurde in Waldungen, sowie unter Obst-Bäumen isoliert.

Mucor javanicus, welcher durch eine besonders hohe obere Temperatur-Grenze ausgezeichnet ist, hat seine ursprüngliche Heimat auf Reis kuchen. Um einen eigentlichen Organismus des Bodens dürfte es sich nicht handeln. Zwei vereinzelte Angaben aus dem Boden liegen vor. HOLZER JANKE 48) isolieren ihn aus dem Wiener Becken in Oesterreich; wir selbst erkannten ihn einmal in einem Rüben-Feld in Böhmen. Wahrscheinlich liegen zufällige Isolierungen vor, da wir den Pilz später nie mehr erkannten.

Mucor circinelloides.

Aus Böhmen und Deutschland liegen nur vereinzelte Angaben vor. In Oesterreich gelingt HOLZER JANKE 48) eine Isolierung. Aus den Wäldern der Schweiz liegen von LENDNER 61) Angaben vor. In Jugoslawien ist der Pilz im Donau-Drau, sowie Save-Gebiet nach den Angaben PIŠPEKS 85) sehr verbreitet. In England erkennen sowohl DALE 25) als ELLIOTT 32) den Pilz. Zahlreiche Angaben liegen nach WAKSMAN 123, 124) für U.S.A. vor.

Eine gewisse Aehnlichkeit mit *M. razemosus* ist dieser Art nicht abzusprechen. Der Rasen ist erst weiss, später braun getönt. Die Verzweigungen der Träger sind typisch, sie erfolgen regelmässig von links nach rechts. Die langen Sporangien sind an Trägern, deren Höhe 1 cm betragen kann. Die kleinen Sporangien sind vielfach seitlich gebogen. Die ovalen Sporen sind 3—4 μ breit, ihre Länge ist nicht erheblich grösser. Zahlreiche Gemmen sind hervorzuheben.

Mucor griseo cyaneus.

Der Pilz bevorzugt Waldungen und ist in den entsprechenden Gebieten Böhmens, der Schweiz 61), Jugoslawiens 85) zu finden. SWIFT 111) danken wir eine vereinzelte Angabe aus U.S.A.

Diese Spezies stellt den einzigen typischen Pilz aus dem Boden in dieser Sectio dar. Das blei-graue Myzel ist typisch. Die hyalinen Sporangien-Träger fallen durch vorwiegend razemöse, seltener cymöse Verzweigungen auf. In jugendlichen Stadien sind die Sporangien gelb, bei reifen Kulturen erleiden sie eine dunkle Verfärbung. Diese dunklen Sporangien, mit der deutlich inkrustierten Membram sind ein typisches Merkmal. Die Kolumella ist kugelig, die Sporen sind 4—6 μ lang und 2.5—4 μ breit. LENDNER 61) erwähnt bei seinen Isolierungen aus der Schweiz Gemmen, welche wir nie beobachteten. Temperaturen über 25° erlauben kein Wachstum mehr.

4. *FRAGILIS.* Die Unterscheidung von der vorigen Gruppe ist durch die Ausmasse der Sporen gegeben, welche 2 mal länger als breit sind. Gemmen fehlen meist. Der Rasen ist niedrig. Aus dem Boden sind nur vereinzelte Vertreter bekannt.

Mucor lausanniensis.

DALE 25) trifft im Erdreich Englands wiederholt auf diese Form. Eine Bindung an bestimmte Pflanzen oder einen gewissen Boden ist nicht gegeben.

Der Pilz bildet silberweisse, später gelbliche Rasen. Die sparsame Verzweigung ist razemös. Die farblosen Sporangien sind 15—80 μ gross und dunkeln bald nach. Die Wand derselben ist leicht zerfliesslich. Die graue Kolumella ist durch den Besitz eines Kragens ausgezeichnet. Die ovalen Sporen sind 2—4 μ breit und 6—10 μ lang.

Mucor fragilis.

Zycha 146) erwähnt seine Verbreitung in Waldungen Deutschlands. Der gleiche Autor liefert eine Angabe aus Oesterreich. In U.S.A. wird auch sein Vorkommen erwähnt 123, 124, 125).

Die Kultur zeigt einen grauen bis braunen Rasen von ungleicher Höhe. Die recht typische Verzweigung der Sporangien-Träger erfolgt nach dem Prinzipe von Schraubel und Wickel. Die 35—85 μ grossen Sporangien sind weiss-gelb oder grau getönt, im Alter ist ein starkes Nachdunkeln zu verfolgen. Die kugelige bis ovale Kolumella weist einen deutlichen Kragen auf. Die Sporen sind in Massen dunkel-braun und von regelmässig zylindrischer bis ovaler Form; die Länge beträgt 4—8 μ die Breite 2—4 μ. Die Längen-Ausmessungen sind grösser, als bei der vorher behandelten Sectio.

5. *HIEMALIS.* Der Rasen ist weiss, gelb oder hellgrau gefärbt. Braune oder schwarze Tönungen fehlen stets. Auf Agar-Platten erreicht er eine Höhe von 10—12 mm. Die zunächst unverzweigten Sporangien-Träger bilden später seitliche Verzweigungen. Die Grösse der Sporangien übersteigt nie 100 μ. Eine Reihe sehr wichtiger Pilze des Bodens ist hier abzuhandeln.

Mucor subtilissimus.

In Böhmen gelingt uns nie eine Isolierung. Für Deutschland gibt) Pistor 84) Isolierungen an. In Oesterreich erkennt ihn Holzer Janke 48) einmal. Im Wald-Gebiet des Slemjes in Jugoslawien ist er von uns gefunden worden. Der Pilz ist auf Exkrementen der verschiedensten Art sehr verbreitet, damit dürfte auch sein Auftreten im Boden zusammenhängen.

Typisch sind die 3 μ breiten und 7 μ langen Sporen, welche durch den Besitz zweier deutlicher Oel-Tropfen gekennzeichnet sind. Der seidige Rasen erscheint weiss, die ebenfalls weissen 30—50 μ grossen Sporangien nehmen mit zunehmendem Alter eine gelbe Tönung an. Die Kolumella ist zylindrisch bis oval, selten kugelig. Die geringfügige Verzweigung der Träger ist herzorzuheben. Fig. 6 zeigt die Kolumella, sowie die Sporen dieser Spezies.

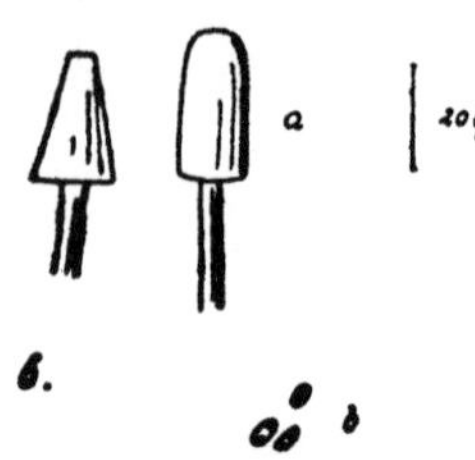

Fig. 6. M. subtilissimus. Kolumella und Sporen.

Linnemann 64) beschreibt unter dem Namen *Mucor roseus* eine verwandte Form. Isolierung erfolgt unter Buchen in Deutschland. Die in jugendlichem Zustand weisse, später graue Kolonie ist durch einen deutlichen roten Ton gekennzeichnet. Die starke Verzweigung der Träger, sowie die grösseren Ausmasse der Sporangien scheiden von der vorigen Art.

Mucor varians.

Diese Form ist bis heute für Europa nicht bekannt. Povah 86) und Smith 86) isolieren sie aus dem Boden in U.S.A. Zycha 146) erwähnt eine Fund-Stelle in Marokko.

Die gelbliche bis graue Färbung des Rasens ist typisch. Die 8—10 μ starken Sporangien-Träger sind mehr oder minder verzweigt. Die Sporangien weisen einen Durchmesser von 60—80 μ auf und sind durch die gelbe, graue oder grünliche Färbung kenntlich. Die leicht zerfliessliche Wand zeigt die verschieden gestaltete Kolumella, welche einen Kragen an der Basis trägt. Das Innere weist einen orange-gelben Inhalt auf. Typisch sind die unregelmässig gestalteten Sporen.

Mucor microsporus.

In Böhmen können wir keine einzige Isolierung angeben. Aus den Waldungen Deutschlands liegen nach ZYCHA 146) mehrere Beschreibungen vor. Seine Angaben werden von LINNEMANN 64) ergänzt. Die englischen See-Marschen enthalten den Pilz nach den Erfahrungen ELLIOTTS 32). In der Auvergne ermittelt ihn LING JOUNG 63), NAMYSLOVSKI 69) liefert für Galizien eine genaue Beschreibung der Art. In U.S.A. liegen von WAKSMAN 124, 125) Berichte vor.

Diese bis jetzt nur aus dem Boden bekannte Form begegnete uns bei unseren Studien nicht ein einziges mal. In jugendlichem Zustand ist der Rasen weiss, später tritt eine gelbe Verfärbung ein. Die 5—20 mm hohen Sporangien-Träger schreiten erst in vorgeschrittenem Alter zu Verzweigungen. Gelegentlich fallen Anschwellungen auf. Die braunen 30—80 μ grossen Sporangien sind leicht zerfliesslich. Die kugelige Kolumella ist gelb getönt. Einzeln sind die Sporen farblos, in Massen erscheinen sie gelblich. Die Breite beträgt 2.5 μ, die Länge übertrifft dieselbe um das $1^1/_2$ fache.

Mucor genevensis.

In Böhmen isolieren wir die Spezies einmal. Aus Deutschland liegen von ZYCHA 146) Beschreibungen vor. LENDNER 61) erwähnt Boden unter Waldungen in der Schweiz. Aus Norwegen danken wir HAGEM 37) Angaben. In Frankreich erwähnt ihn LING JOUNG 63).

Als typisches Merkmal sind die zahlreichen Zygoten zu werten; am Grunde des lockeren und hellen Rasens fallen sie deutlich auf. In reifen Zustande sind sie schwarz, ohne Felderung. Die 60—70 μ grossen Sporangien weisen eine gelbe Färbung auf; sie sind durch die längliche Kolumella mit einem Kragen ausgezeichnet. Die elliptischen Sporen haben eine Breite von 2.5—3.5 μ, ihre Länge beträgt das doppelte. In alten Kulturen sind zahlreiche Gemmen vorhanden.

Mucor hiemalis.

Die Verbreitung im Boden ist eine ganz ausserordentlich grosse. In Uebereinstimmung mit ZYCHA 146), welcher ihn fast in jeder Probe, gleichgiltig aus welchem Gebiete Deutschlands sie stammt erkennt, können auch wir für Böhmen, die Schweiz (vergleiche auch LENDNER 61) sowie Jugoslawien eine weite Verbreitung angeben. Seltener trifft man ihn in Luft, Mist und ähnlichen Medien. Man ist hier berechtigt von einem typischen Pilz des Bodens zu sprechen. Die Pflanzen, sowie die geologische Zusammensetzung des Bodens sind nur von untergeordneter Bedeutung. Innerhalb der gemässigten Zone ist der Pilz überall im Boden anzutreffen. Der Menge nach findet man ihn besonders reichlich in nördlichen Lagen. Genaue Angaben über unsere Isolierungen erscheinen nach dem Gesagten überflüssig. Aehnliche Erfahrungen liegen nach HAGEM 37) für Norwegen vor. LING JOUNG 63) beschreibt ihn aus Frankreich: RAILLO 89) danken wir eine Erwähnung aus Russland. Ungarn beherbergt ihn nach unseren Erfahrungen unter der Gras-Narbe des Johannis Berg bei Budapest. Sehr gross ist nach den Erfahrungen WAKSMANS 143, 144, 145) die Verbreitung in U.S.A. JENSEN 49) macht desgleichen in dem erwähnten Lande auf die Anwesenheit dieses Pilzes aufmerksam.

Nach der Farbe des Rasens unterscheidet man weisse, graue und gelbe Rassen. Die runden 60 μ grossen Sporangien sind erst gelb, dann braun getönt. Die ovale Kolumella weist einen deutlichen Kragen auf. Typisch sind die Sporen, deren Grösse und Form recht manigfach sein kann; sie sind 5—10 μ lang und 2—5 μ breit. Einzeln erscheinen sie farblos, in grösseren Mengen sind sie deutlich grün getönt. Die Gestalt ist oval bis nierenförmig. Dunkel gefärbte schön gefelderte Zygoten sind bekannt. Die Fig. 7 zeigt die typischen Sporen, sowie die Kolumella mit dem Kragen.

Fig. 7. M. hiemalis. Kolumella mit dem Kragen und die Sporen.

Mucor humicolus, welchen RAILLO 89) in russischem Boden beobachtet, sowie *Mucor adventitius*, welchen LENDNER 61) unter Waldungen in der Schweiz erkennt, sind zu der abgehandelten Form zu stellen. *Mucor mustelinus* und *Mucor albus*, welche von PIŠPEK 85) beschrieben sind, hat man auch hier einzureihen. Bei den jetzt erwähnten Stämmen ist meist ein Fehlen der Zygoten zu beobachten.

Mucor luteus.

Diese sehr seltene Form wird von LINNEMANN 64) in Deutschland isoliert und beschrieben. Den Namen verdankt sie den gelblichen Einschlüssen im Myzele, sowie den Sporangien-Trägern. Die Höhe des ebenso getönten Rasens beträgt 1—1½ cm. Die zerfliesslichen Sporangien sind in der Jugend weiss, in fortgeschrittenem Alter gelb getönt. Die desgleichen gelbe Kolumella weist einen deutlichen Kragen auf. Die Grösse der meist spindeligen Sporen schwankt zwischen 1.5—6 μ Breite und 3—14 μ Länge. Zygoten sind bekannt; auch Ansätze zu Hybriden mit M. hiemalis sind gegeben. Diese Beobachtung spricht für die nahe Verwandtschaft der beiden Arten.

Mucor corticolus.

ZYCHA 146), sowie LINNEMANN 64) weisen auf die Verbreitung in den Waldungen Deutschland hin. HAGEM 37) erwähnt die gleichen Stand-Orte in Norwegen. Aus Frankreich danken wir LING JOUNG 68) eine Isolierung. In dem Gebiete von U.S.A. ist die Spezies nach der Erfahrungen POVAHS 86) desgleichen zu finden.

Der 20 mm hohe Rasen ist von grauer Färbung, die Beschaffenheit ist watteartig. Die 50—100 μ grossen Sporangien sind braun oder grau getönt; sie sind an sympodial verzweigte Trägern angeordnet. Die Kolumella ist von kugeliger Gestalt. Die Sporen weisen Ausmasse von 3.5—5 μ und 5—7 μ auf.

Mucor silvaticus.

Der Pilz wird wie sein Namen bereits sagt ,vorwiegend im Boden unter Waldungen getroffen. Derartige Angaben danken wir ZYCHA 146) und LINNEMANN 64) für Deutschland, LENDNER 61) für die Schweiz, HAGEM 37) für Norwegen, PIŠPEK 85) für Jugoslawien und LING JOUNG 63) für Frankreich. In dem Gebiete von U.S.A. ist er nach den Erfahrungen von WAKSMAN

123, 124, 125) auch verbreitet. ZYCHA 146) erbringt Angaben von Teneriffa und NIELSEN 73) beschreibt ihn einmal von Grönland.

Wir selbst beobachteten ihn recht oft in den Waldungen Böhmens.

Dieser typische Boden-Pilz ist erst durch weisse, später graue Lager gekennzeichnet. Die Verzweigung der Träger ist sympodial razemös; jede Abzweigung ist von der voran-gehenden durch eine Septe geschieden. Die weissen Sporangien sind in reifem Zustande grau bis grünlich-gelb getönt; die Grösse beträgt 40—80 μ, sie sind leicht zerfliesslich. Die Sporen sind elliptisch bis zylindrisch gestaltet, ihre Länge beträgt 4—5 μ die Breite 2.5—3.5 μ. Häufig sind Gemmen im Myzel vorhanden, gelegentlich auch riesenartige Zellen. HAGEM 37) beschreibt Zygoten, welche spätere Forscher nicht wieder erzielen konnten.

Mucor griseo lilacinus.

Wir haben eine sehr seltene Form vor uns, welche SWIFT 111) einmal in dem Gebiete von U.S.A. isoliert. Einige Jahre später beschreibt sie ZYCHA 146) aus Marokko.

Die Lila-Färbung der Pilz-Membran verleiht der Art den Namen. Ausserdem sind in den Hyphen gelbe Einschlüsse zu erwähnen. Makroskopisch erscheint der Rasen mausgrau. Die 8—20 μ starken Sporangien-Träger weisen erst einfache, später mehrfache Verzweigung auf. Die gelben bis braunen Sporangien lassen einen grünen Schimmer erkennen, die Grösse beträgt 60—80 μ. Die kugelige graue Kolumella hat an der Basis einen deutlichen Kragen. Die regelmässig ovalen Sporen sind 4—6 μ lang und 3—4 μ breit. Die Färbung ist hell-grau.

6. *FLAVUS.* Diese Sectio ist durch grosse Sporangien gekennzeichnet, deren Ausmasse 100—400 μ betragen. Der helle Rasen ist gelblich getönt, seine Höhe beträgt mehr als 20 mm.

Mucor strictus.

Derselbe ist als typischer Boden-Bewohner der Waelder Norwegens anzusprechen. Seine genaue Beschreibung liefert HAGEM 37). LING JOUNG 63) erwähnt ihn in Frankreich.

Die steifen meist unverzweigten Träger sind 20—40 mm hoch. Die gelben Sporangien, deren Durchmesser 200—300 μ beträgt, dunkeln mit fortschreitendem Alter zur Schwarz-Färbung nach. Die Wand ist mit feinen Stacheln besetzt, sie ist leicht zerfliesslich und zeigt an der Basis der ovalen bis eiförmigen Kolumella einen Kragen. Die 5—7 μ langen und 2.5—3.5 μ breiten Sporen sind zylindrisch gestaltet. Vereinzelt wird auf die Bildung von Zygoten hingewiesen.

Mucor piriformis.

Dieser Pilz hat seine ursprüngliche Heimat auf Früchten, deren Fäulnis er auslösen kann. Aus dem Boden beschreibt ihn JOHANN 51) unter Buchen in Deutschland.

Der dichte wollige Rasen wird 20—30 mm hoch, seine Färbung ist erst weiss, dann gelb. Die fast unverzweigten Sporangien-Träger sind 35—50 μ dick. Die Sporangien verändern ihre Farbe von weiss über gelb nach braun; die Grösse beträgt 100—300 μ, die Wand ist mit feinen Stacheln besetzt und leicht zerfliesslich. Die birnenförmige glatte und farblose Kolumella hat dem Pilz den Namen verliehen. Die regelmässig elliptisch geformten Sporen sind etwa 8—13 μ lang, sowie 4—5 μ breit. Zygoten sind bis heute nicht bekannt.

Mucor flavus.

In Böhmen gelingt uns gelegentlich die Isolierung dieser Spezies, sie bevorzugt nassen Boden. In Deutschland. trifft man sie nach PISTOR 84) vorwiegend in Waldungen guter Bestände. JOHANN 51) weist auf die Verbreitung in dem gleichen Lande hin. Uns gelangen im südlichen Teile des Gebietes, vorwiegend in Kultur-Land Isolierungen. Besonders oft beobachteten wir die Spezies in den Gemüse-Gärtnereien des Spree-Waldes, Aus Oesterreich danken wir JANKE HOLZER 48) Beschreibungen. In der Schweiz wird er von LENDNER 61) erwähnt. Nach HAGEM 37) ist er auch in Norwegen zu finden. LING JOUNG 63) macht auf die Anwesenheit in Frankreich aufmerksam. In Jugoslawien liefert PIŠPEK 85) Beschreibungen. Nach WAKSMAN 123, 124, 125) ist auch in dem Gebiete von U.S.A. seine Anwesenheit gegeben.

Die sehr langen Sporangien-Träger sind razemös, sympodial verzweigt. Die seidenartig ausgebildeten Lager zeigen mit fortschreitendem Alter eine deutliche gelbe Tönung. Die grau-gelben glatten Sporangien sind 140—160 μ gross. Die länglichen Sporen sind 9—12 μ lang und 4—5 μ breit. Man erkennt, dass die Länge die Breite um ungefähr das doppelte übersteigt. Die mächtige Höhe des Rasens, sowie die grösseren Sporen scheiden von *Mucor oblongisporus* und *Mucor murorum.* Diese beiden zuletzt genannten Formen isoliert RAILLO 89) aus dem Boden Russlands.

Mucor rufescens.

Charakteristisch ist die rosa bis orange Färbung des Myzels. Beschrieben ist der Pilz von DALE 25), welche ihn aus Sand-Boden, sowie von Schwarz-Erde Englands isoliert. Die Hyphen sind sehr breit, Ausmasse von 3 cm können beobachtet werden; ferner ist auf die starke Vakuolisierung derselben hinzuweisen. Die 10—20 μ dicken Sporangien-Träger sind nur wenig verzweigt, an ihren Enden führen sie die 60—100 μ grossen Sporangien. Die Kolumella fällt durch ihre rote Tönung auf. Sehr zahlreich werden Chlamydo-Sporen und Oidien gebildet. Einzelne Oel-Einschlüsse in den Hyphen sind anzuführen. Nach DALE 25) stösst die Rein-Kultur dieser Form auf erhebliche Schwierigkeiten. Besonders gerne ist sie mit anderen Vertretern der Gattung *Mucor* vergesellschaftet. ZYCHA 146) stellt den Pilz zu den ungesicherten Formen. Unsere Erfahrungen lehren, dass der Pilz gelegentlich im Boden Böhmens zu finden ist. Wir erkannten ihn in einem Moore an der Polzen im nördlichen Teile des Landes, ferner wiederholt in nassen Wiesen bei Prag. Aus einer Probe, welche von einer feuchten Wiese bei Menaggio in Italien stammte, war der Pilz auch vorhanden. Die Kultivierung der Form bereitete uns auch Schwierigkeiten.

7. *MUCEDO.* Diese Sektio umfasst nach dem Stande unserer heutigen Kentnisse keine typischen Pilze des Bodens. Drei ihrer Vertreter werden gelegentlich im Boden angetroffen. Sehr stark ist das Licht-Bedürfnis der hierher gehörigen Formen. Die Entwicklung wird durch Licht oft sehr wesentlich gefördert. Das erste Stockwerk des

Rasens wird nicht höher als 2 mm und besteht aus den Kurz-Trieben; einzelne Träger wachsen dann zu der Höhe unverzweigter Lang-Triebe aus. Die Sporangien derselben sind zerfliesslich und fallen durch die birnenförmige Kolumella auf. Gemmen sind nicht bekannt.

Mucor albo-ater.

In Deutschland ist der Pilz nach den Erfahrungen LINNEMANNS 64) gelegentlich im Boden zu finden. LING-JOUNG 63) erwähnt sein Vorkommen in Frankreich. POVAH 86) macht auf seine Anwesenheit im Gebiete von U.S.A. aufmerksam.

Deutlich erkennt man in dem Rasen die Kurz- und Lang-Triebe. Die erst gelb gefärbten Sporangien werden mit fortschreitendem Alter schwarz; man erkennt sie mit freiem Auge, ihre Grösse schwankt zwischen 200 und 400 μ. Die Wand derselben ist zerfliesslich. Die steifen Sporangien-Träger sind leicht betaut. Die zylindrische Gestalt der Kolumella ist hervorzuheben.

Mucor mucedo.

Wir haben einen typischen Bewohner des animalischen Mistes vor uns; auf faulenden Substanzen ist er desgleichen recht verbreitet. Seltener ist er im Boden zu finden. Eine Aufzählung der einzelnen Isolierungen erscheint überflüssig. Sein Auftreten im Boden ist meist zufälliger Natur. Unter die typischen Pilze des Bodens ist er nicht zu stellen. Wegen seiner grossen Verbreitung und der Möglichkeit einer Verunreinigung der Kulturen lassen wir hier seine Beschreibung folgen. Bei Listen, welche über das Vorhandensein Bodenbewohnender Pilze berichten, ist er zweckmässiger Weise zu streichen. In jugendlichem Zustande ist das Myzel weiss, fortschreitendes Alter bedingt eine gelbe Färbung. Durch Belichtung wird die Ausbildung des Rasens begünstigt, im Dunkeln gezogene Kulturen weisen eine kümmerliche Ausbildung auf. Lang- und Kurz-Triebe sind zu beobachten. Die aufrechten steifen Sporangien-Träger erreichen eine Breite von 70 μ und sind in der Jugend deutlich betaut. Die Wand derselben ist mit feinen Stacheln besetzt und leicht zerfliesslich. Die Kolumella weist eine zylindrische bis birnenförmige Gestalt auf. Die Sporen haben eine ovale Form; einzeln sind sie hyalin, in Massen erscheinen sie gelblich. Ihre Breite beträgt 3—6 μ, die Länge übertrifft dieselbe um das doppelte.

Mucor saturinus.

Über diesen Pilz ist noch sehr wenig bekannt; unter diesen Bedingungen ist die Entscheidung noch schwer zu treffen, ob es sich um einen typischen Pilz des Bodens handelt. In Deutschland berichtet LINNEMANN 64) über sein Vorkommen in den verschiedensten Waldungen. Für Norwegen liefert HAGEM 37) Angaben. Nach den Erfahrungen WAKSMANS 123, 124, 125) fehlt er im Gebiete von U.S.A. nicht. Aehnliche Berichte liegen auch von POVAH 86) vor.

Die Kurz-Triebe bilden einen niedrigen Rasen aus dem dann die 20—30 mm langen Lang-Triebe hinausragen. Die gelben bis schwarzen Sporangien können eine Grösse von 200 μ erreichen. Die regelmässig gestalteten Sporen gleichen denen von *M. mucedo.*

Die nun abzuhandelte Gattung *Zygorhynchus* enthält sehr wichtige Pilze des Bodens. Hervorzuheben ist die der Gattung eigentümliche Neigung zur Ausbildung von Zygoten. Manchmal erfolgt dieselbe reichlicher, als die Bildung der Sporangien.

Zygorhynchus Moelleri.

Unsere eigenen praktischen Erfahrungen lehren, dass man den Pilz sehr oft unter Wiesen und Matten findet. Nasser Grund scheint ihn besonders angenehm zu sein. Für Böhmen, die Schweiz und das nördliche Italien können wir in der Richtung reichliche Beweise erbringen. Auf den oben erwähnten Orten ist er oft die einzig wichtige Art, manchmal fehlt eine Vergesellschaftung mit anderen Formen vollständig. Eine innige Verbindung mit einem Fusarium ist oft zu beobachten. Die Trennung der beiden Formen ist meist schwer durchzuführen. In Jugoslawien beschreibt ihn PIŠPEK 85) von recht ähnlichen Stand-Orten. Weiter ist anzuführen, dass die Art in moorigen Gebieten sehr häufig zu beobachten ist. In der Hinsicht weisen wir auf unsere eigenen Erfahrungen in Böhmen, sowie Deutschland hin; ergänzt werden dieselben durch die Befunde HOLZER JANKES 48) in Oesterreich. Aus sauren, sowie moorigen Böden in Deutschland liegen von ZYCHA 146) und JOHANN 51) Beschreibungen vor. Sein Vorkommen ist aber, wie die Erfahrungen MOELLERS 68) lehren, welcher den Pilz erstmalig beschreibt, auch in guten Wald-Beständen möglich. Ferner wird er aus Waldungen Böhmens, Norwegens und Jugoslawiens beschrieben (Die Angaben HAGEMS 37) und PIŠPEKS 85) sind zu vergleichen). Vereinzelt ist er auch in Aeckern zu finden. Die salzigen See-Marschen Englands beherbergen ihn nach ELLIOTT 32). In Galizien führt ihn NAMYSLOWSKI 69) an. LING JUNG 63) danken wir eine Isolierung aus Frankreich.

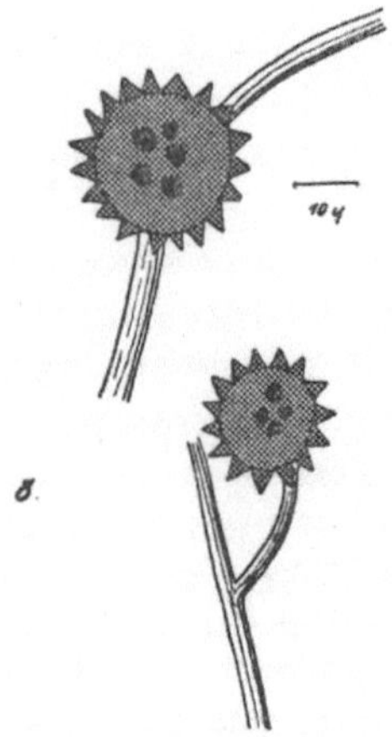

Fig. 8. Z. Moelleri. Bildung der Zygoten.

Der niedrige Rasen ist durch gelbe und orange Töne ausgezeichnet. Auf Agar-Platten treten in erster Linie die dunkeln, leicht eingesenkten Zygoten hervor. Ihre Ausbildung erfolgt auf gabelig verzweigten Trägern und meist vor der der Sporangien. Ihre Grösse beträgt 30—60 μ, die kugelige Form, der rauhe Rand und die dunkle Färbung sind typisch. Die Sporangien sind kugelig gestaltet, von heller Färbung und durch eine platt-gedrückte Kolumella gekennzeichnet. Das Myzel, sowie die Träger der Zygoten enthalten Einschlüsse eines gelben Oeles; dasselbe formt oft recht eigentümliche Gebilde. Die Fig. 8 zeigt die Zygoten und die Art ihrer Ausbildung. *Z. viridis* und *Z. circinelloides* sind mit dieser Art synonym.

Zygorhynchus heterogamus.

RAILLO 89) isoliert die Spezies in Russland. In Jugoslawien ist der Pilz nach den Erfahrungen PIŠPEKS 85) zu finden. WAKSMAN 123, 124, 125) weist auf seine Verbreitung in U.S.A. hin.

Von der vorigen Art ist die Unterscheidung durch die grösseren Ausmasse der Zygoten gegeben; dieselben können einen Durchmesser von 100 μ und mehr haben. *Z. phosphoreus* ist ein Synonym.

Zygorhynchus macrocarpus.

Eine Beschreibung dieser seltenen Art danken wir LING JOUNG 63), welche den Pilz aus dem Boden Frankreichs isoliert. Die langen die Zygoten tragenden Fortsätze scheiden von den früheren Arten.

Zygorhynchus exponens.

In Deutschland liegt von BURGEFF 17) eine Beschreibung vor. Vereinzelte Angaben über sein Vorkommen in dem Boden Jugoslawiens danken wir PIŠPEK 85). In dem Norden Russlands gelingt RAILLO 89) eine Isolierung. Nach WAKSMAN 123, 124, 125) ist sein Vorkommen auch in U.S.A. gegeben.

Der weisse bis graue Rasen erreicht eine Höhe von 10 mm. Der Durchmesser der leicht zerfliesslichen Sporangien beträgt 50—100 μ, die Färbung ist grau bis schwarz. Die Kolumella hat eine kugelige bis zylindrische Gestalt. Die Verzweigung der Sporangien-Träger ist gering. Typisch sind die kugeligen recht manigfach gestalteten Sporen, deren Grösse 5 μ beträgt. Die Zygoten entstehen an den Zygophoren, welche oft ausläufer-artige Rhizoiden haben; gelegentlich ist ihre Bildung auch an den Sporangien-Trägern zu verfolgen.

Zygorhynchus Vuillemini.

Erstmalig gelingt die Isolierung dieses Pilzes NAMYSLOVSKI 69) in Galizien. ZYCHA 146) erwähnt Waldungen in Deutschland. Für Jugoslawien liegen von PIŠPEK 85) und für Russland von RAILLO 89) Angaben vor. WAKSMAN 123, 124, 125) beobachtet ihn auch in U.S.A.

Der Rasen ist durch helle Färbung gekennzeichnet. Die Sporangien-Träger erreichen eine Breite von 5—14 μ; typisch ist, dass Sporangien tragende Aeste mit solchen abwechseln, welche Zygoten führen. Die Zygoten sind kleiner, als bei Z. Moelleri; sie zeigen eine deutliche polygonale Felderung. Eigentümliche kugelige Fortsätze sind zu beobachten. *Z. griseo cinereus* stellt eine Synonym dar.

Zygorhynchus japonicus.

KOMINAMI 146) findet diese Form im Erdreich Japans. Dunkle etwa 60 μ grosse Zygoten sind beschrieben, sie sind durch ein warziges Exospor ausgezeichnet. Die ungleichen Suspensoren sind 12—35 μ dick.

Die Gattung *Circinella* ist im Boden nicht sehr oft zu finden. Typisch sind die kurzen, stets gekrümmten Seiten-Aeste und oft auch das reichlich ausgebildete Luft-Myzel, welches meistens steril ist. Die kugeligen Sporangien sind fast immer dunkel gefärbt; ihre Wand ist zerbrechlich und hinterlässt einen deutlichen Kragen. Eine Kolumella von kegeliger, kugeliger und zylindrischer Gestalt ist vorhanden, mit fortschreitendem Alter ist Verfärbung zu erkennen. Die runden Sporen sind grau oder braun getönt. Bei unseren eigenen Untersuchungen ermittelten wir nie Vertreter diese Gattung. Um den Zusammenhang zu wahren sind die wichtigsten bekannten Isolierungen aus dem Boden zu behandeln.

Circinella tenella.

Die einzige bekannte Isolierung aus dem Boden danken wir LING JOUNG 63); diese Forscherin liefert auch eine Beschreibung. Der graue bis schwarze Rasen erreicht eine Höhe von 2 mm. Die niedrigen Sporangien-Träger sind meist sympodial verzweigt und haben die typischen, gekrümmten Seiten-Aeste. Die grauen 40—70 μ grossen Sporangien besitzen eine mehr oder minder leicht zerfliessliche Membran. Die kugelige Kolumella ist blei-grau, die gleiche Farbe weisen die ebenso gestalteten Sporen auf. In das Substrat eingesenkt sind Myzel- und Kugel-Gemmen.

Circinella simplex.

Der braun getönte Rasen ist 2 mm hoch. Von der gleichen Farbe sind die regelmässig sympodial verzweigten Sporangien-Träger; die Sporangien sind an kurzen Seiten-Aesten angeordnet. Dieselben weisen eine zerbrechliche Wand auf, die Grössen-Abmessungen betragen 25—30 μ. Die dunkel getönte Kolumella hat eine kegelige bis glockige Gestalt. Die 3—5 μ grossen Sporen fallen durch die unregelmässig, ausgebuchteten Formen auf. Riesenartige Zellen sind beschrieben. Die einzige im Boden bekannte Isolierung liegt in Brasilien; ihre Ermittlung erfolgte durch ZYCHA 146).

Circinella spinosa,

welche von RAILLO 89) aus russischem Boden isoliert wird, ist von der vorigen Art durch die Höhe des Rasens, sowie durch die fein-stachelige Wand der 60 μ grossen Sporangien geschieden.

Circinella sydowi.

LINNEMANN 64) erwähnt ihre Verbreitung in Deutschland; von LING JOUNG 63) liegt eine Beschreibung aus Frankreich vor. *C. laxhorizus* stellt ein Synonym dar.

Der 5—7 mm hohe Rasen ist weiss bis grau getönt. Die aufrechten Sporangien-Träger enden mit einer sterilen Spitze oder einem Sporangium. Die konische oder zylindrische Kolumella ist in der Mitte deutlich eingeschnürt; die 100—150 μ grossen Sporangien sind in jugendlichem Zustande weiss, mit fortschreitendem Alter tritt eine schwarze Verfärbung ein. Die kurzen nickenden Seiten-Aeste, welche alternierend angeordnet sind, dienen als ein typisches Gattungs-Merkmal.

Die Gattung *Actinomucor* ordnet ZYCHA 146) hier neu ein. Die Sporangien-Träger sind durch ein End-Sporangium oder durch eine weiter wachsende sterile Spitze, die sich mit ihren Ausläufern in das Substrat eingraben kann, ausgezeichnet. Die Sporangien-tragenden Seiten-Aeste sind sehr oft wirtelig unter dem Sporangium angeordnet.

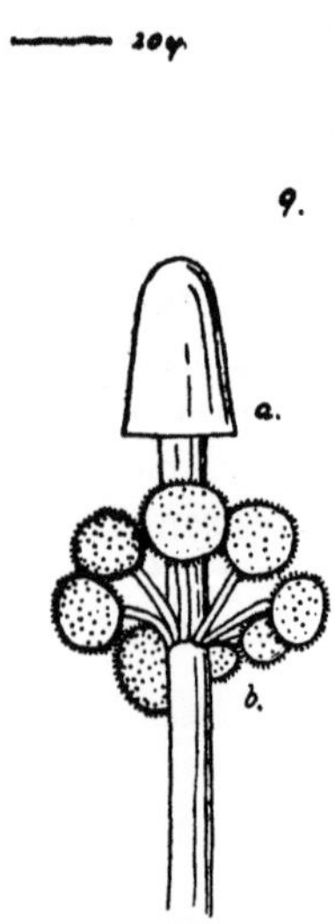

Fig. 9. Actinomucor repens. *a.* Endsporangien, sowie *b.* die Anordnung der kleinen Sporangien.

Actinomucor repens.

In Böhmen und Mähren gelingen uns in den Schwarz-Erden vereinzelte Isolierungen. KUBIENA 59) danken wir eine Beschreibung aus Oesterreich, in dem gleichen Lande erwähnt ihn ZACH 137). Aus der Schweiz danken wir LENDNER 61) Isolierungen. In dem südlichen Russland beschreibt ihn RAILLO 89). In Juguslawien ist er nach PIŠPEK 85) verbreitet. In England gelingen DALE 25) Isolierungen. Nach WAKSMAN 123, 124, 125) ist auch in U.S.A. Verbreitung gegeben; die nördlichste Isolierung gelingt in Alaska. Jensen 49) erkennt ihn desgleichen in dem zitierten Lande. Aus Palästina danken wir Zach 137) eine Erwähnung bezüglich seines Vorkommens.

Die eigenartige Verzweigung wurde schon bei den Merkmalen der Gattung beschrieben. Die beigefügte Fig. 9 gibt eine bildliche Vorstellung der Anordnung der Sporangien. Unter dem End-Sporangium ist immer eine Septe vorhanden, neben derselben entspringen in wirteliger Anordnung zahlreiche kleine Träger, welche mit Sporangien endigen. Diejenigen Träger welche ein steriles Ende aufweisen, wachsen weiter und bilden an den Ausläufern ebenfalls Sporangien, welche gewöhnlich kleiner sind, als die vorerwähnten. Die grossen Sporangien weisen Ausmasse von 70—180 μ und die kleinen von 20—60 μ auf. Im Inneren der grau gefärbten Sporangien ist die pyramydale Kolumella hervorzuheben. Die Wand der Sporangien ist fein inkrustiert. Makroskopisch ist der weisse Rasen hervorzuheben; Bekannte Synonyme sind *M. botryoides* und *M. cunninghamelloides.*

Die meisten Arten der Gattung *Rhizopus* sind als Erreger der verschiedensten Fäulen an Früchten bekannt, ausserdem sind ihre Sporen auf den manigfachsten Vegetabilien verbreitet. Unter den bekannten Luft-Keimen werden in erster Linie Vertreter dieser Gattung erwähnt. Typische Pilze des Bodens haben wir nicht vor uns, wenn trotzdem Isolierungen aus dem Erdreich vorliegen, so sind die Keime indirekt durch die Früchte oder andere Pflanzen-Teile in dasselbe gelangt. Die Gattung ist vorwiegend in Kultur-Boden oder in der Nähe menschlicher Stätten zu finden. Erwähnenswert erscheint ihr Vorkommen in südlichen Lagen, wo die Gattung *Mucor* oft fehlt.

Rhizopus nigricans.

In Böhmen, sowie in Deutschland ist uns die weite Verbreitung in Feldern, welche mit Rüben bestanden sind, aufgefallen. In dem übrigen Feld-Bestand ist er seltener zu erkennen. Manchmal beobachteten wir ihn in mit Gemüse bepflanzten Gärtnereien. Der Pilz dürfte meist sekundär durch die Pflanzen in den Boden verschleppt sein. Selten beobachten wir ihn in Waldungen; von HAGEM 37) liegt aus Norwegen eine Angabe über sein Vorkommen in diesem Gebiet vor. Hervorzuheben ist sein zahlreiches Vorkommen in niederen Breiten-Lagen. Aus mit Mais bestandenen Feldern in Italien isolierten wir ihn sehr oft. Dabei ist auf das Fehlen der in Mittel-Europa heimischen Vertreter der Gattung *Mucor* hinzuweisen. In der Umgegend von Dubrovnik in Jugoslawien ist er fast in jeder Probe anzutreffen, dabei ist es gleichgiltig ob es sich um Oliven-Feigen-oder andere Baum-Bestände handelt oder ob Felder vorliegen. Besonders verbreitet ist er in Weingärten. In kultivierten Gebieten der Landschaft Volterra in Italien erwähnt ihn VERONA 118, 119). Aus Oesterreich liegen von JANKE HOLZER 48) Angaben vor. Für U.S.A. danken wir WAKSMAN 123, 124, 125). Berichte, die erkennen lassen, dass er im ganzen Gebiete verbreitet ist. Nach dem hier mitgeteilten hat man bei einschlägigen Untersuchungen mit einem häufigen Auftreten dieses Pilzes zu rechnen. Zu betonen ist, dass es sich bei der grossen Verbreitung dieser Art in der Luft und auf unterschiedlichen Vegetabilien um keinen autochthonen Pilz des Bodens handelt.

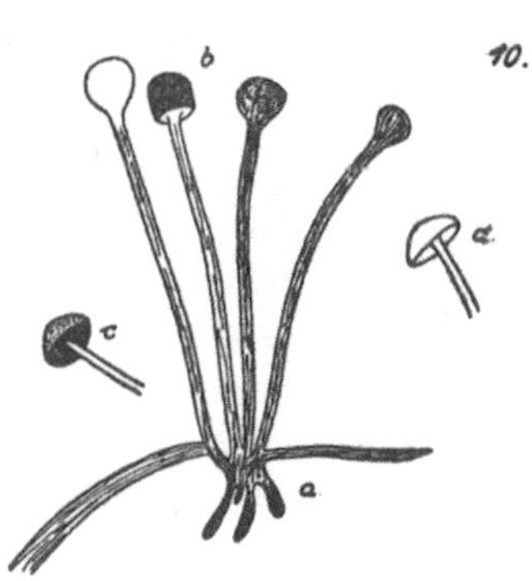

Fig. 10. Rh. nigricans. *a.* Sporangien-Träger, mit den Ausläufern. *b.* Sporangium. *c.* Sporangium mit der Apophyse.

Als deutliches Merkmal sind die spinnwebeartigen Ausläufer von weisser bis grauer Farbe zu erwähnen. Sehr bald erfolgt die Ausbildung der braunen Sporangien-Träger mit den schwarzen Sporangien. Die Anordnung der Träger ist büschelig, nach abwärts werden die bekannten Rhizoiden entsendet. Die Sporangien (90—200 μ), sowie die Kolumella sind rundlich gestaltet. Das Sporangium sitzt der deutlichen Apophyse in der Art eines Hutes auf. Die unregelmässig gestalteten Sporen sind deutlich gestreift; die Länge variiert von 10—15 μ und die Breite beträgt ungefähr 7 μ. Zygoten sind bekannt, wir selbst konnten sie nie beobachten. Zum Unterschiede gegenüber anderen Arten ist zu werten, dass die oberste Grenze für das Wachstum bei 37° liegt. Die Fig. 10 zeigt die Anordnung der Sporangien-Träger, sowie die Sporangien mit der Apophyse.

Rhizopus circinans.

Die Unterscheidung von der vorigen Art ist im wesentlichen durch die graubraunen, nickenden Sporangien gegeben. Die Streifung der Sporen ist schwächer, ebenso sind sie kantiger gestaltet. Es ist nur eine Isolierung aus Frankreich bekannt; die Beschreibung erfolgt durch LING JOUNG 63).

Rhizopus arrhizus.

In Böhmen konnten wir die Form nie isolieren. ZYCHA 146) berichtet über ihr Vorkommen in Deutschland. Im Wiener Becken ist nach JANKE HOLZER 48) Verbreitung gegeben. In der Schweiz gelingen LENDNER 61) mehrere Isolierungen. Aus Norwegen liegen von HAGEM 37) Angaben vor. Die Anwesenheit der Art im Erdreich Galiziens bespricht NAMYSLOWSKI 169). In beträchtlicher Menge und ohne Vergesellschaftung mit anderen Mucorineen finden wir ihn in den verschiedensten Feldern, welche mit Mais, Weizen, Kartoffel und Gemüse bestanden sind südlich von Beograd in Jugoslawien. In dem gleichen Lande ist er bei Kupari und Zagreb zu finden. DALE 25) erwähnt ihn aus Sand-Boden in England. In U.S.A. ist seine Verbreitung von SWIFT 111), SUNSTINE 110) und WAKSMAN 123, 124, 125) studiert worden.

Dieser Pilz ist *Rh. nigricans* in manchem aehnlich, eine deutliche Scheidung ist durch sein grosses Wärme-Bedürfnis gegeben. Bei Temperaturen von 37° und weit darüber gedeiht er noch ausgezeichnet. Für den vorhin erwähnten Pilz stellt die zitierte Temperatur bereits die oberste Grenze des Wachstums dar. Mit den von uns jetzt erwähnten Eigenschaften stehen die von uns beobachteten Isolierungen in gutem Einklange. Manche Angabe der oben zitierten Forscher muss unter diesen Bedingungen vielleicht nochmals nachgeprüft werden. Besonders gilt dies für die Angaben HAGEMS 37) aus Norwegen. Eine unrichtige Bestimmung dürfte bei den gründlichen Untersuchungen dieses Forschers nicht vorliegen, eher handelt es sich um eine zufällige Verunreinigung der Proben.

Bei Betrachtung mit freiem Auge fällt die grau-braune Tönung des Rasens auf. Die verzweigten Ausläufer sind sehr kurz; die Anordnung der Sporangien-Träger erfolgt einzeln oder zu zweit. Die 80 bis 140 μ grossen Sporangien sind erst weiss, mit zunehmendem Alter braun gefärbt; sie sind durch den Besitz einer leicht zerfliesslichen Membran ausgezeichnet. Die kugelig gestaltete Kolumella sitzt der Apophyse auf. Die eckigen braunen Sporen sind 5—7 μ gross. Zygoten sind bekannt, wir selbst erzielten nie ihre Bildung. *Rh. nodosus* stellt ein Synonym dar.

Rhizopus Cohnii steht der jetzt erwähnten Form nahe. Nach NIELSEN 74) scheidet er den Wuchs-Stoff Rhizopin ab. Wir werden später noch Gelegenheit haben auf die Bedeutung dieses Agens hinzuweisen. Geschieden sind die beiden Formen vorwiegend durch ihre Grössen-Verhältnisse. Bis heute ist noch keine Isolierung aus dem Boden bekannt.

Eine Reihe sehr typischer und vor allem gut charakterisierter Pilze aus dem Boden gehört in die Gattung *Absidia.* Der früher gebrauchte Namen *Thiegimella* ist zu streichen.

Das Luft-Myzel ist in Form bogenartiger Ausläufer angeordnet, welche an der Spitze eine Verzweigung in drei Teile aufweisen. Zwei von diesen Enden führen ein Sporangium, das dritte geht meist wieder in Ausläufer über. An eigenartigen knotigen Verdickungen entspringen an verschiedenen Stellen der Ausläufer büschelartig die Sporangien-Träger. Die kugeligen bis birnenförmigen Sporangien weisen stets eine Kolumella auf, meist ist dieselbe länglich gestaltet und endigt mit einem kleinen Fortsatz. Wenig unterhalb der Kolumella ist eine deutliche Septe erkennbar. Grüne oder blaue Färbungen fallen auf den verschiedenen Nähr-Böden besonders Brot und Würze-Agar auf. Sie sind zur Bestimmung verwendbar.

Die *Absidia*-Arten sind typische, aber nicht sehr verbreitete Boden-Pilze. Uns gelang ihre Isolierung nicht oft. Sie bevorzugen den Boden unter Waldungen, gelegentlich sind sie auch unter Aeckern zu finden. Bei der Kultivierung im Laboratorium ist darauf Rücksicht zu nehmen, dass diese Formen recht beträchtliche Wärme-Mengen benötigen. Wählt man kühle Temperaturen so entwickelt sich in Kultur zuerst die Gattung *Mucor* oder *Zygorhynchus.* Im Gegensatz zu diesen Betrachtungen stehen praktische Erfahrungen unsererseits. In den heissen Sommern 1934 und 1935 trafen wir in den gleichen Untersuchungs-Bereichen diese Formen selten oder nie, bedeutend häufiger isolierten wir dieselben in dem nassen und kühlen Sommer 1936. Die Einteilung kann hier nach einfachen Prinzipien vorgenommen werden.

A. Wachstums Optimum etwa 20°.

a. Kugelige Sporen.

Absidia glauca.

In Böhmen gelingen uns nur einzelne Isolierungen. Aus Norwegen sowie Deutschland danken wir HAGEM 37) und JOHANN 51) Angaben; meist handelt es sich um Waldungen. Aehnliche Stand-Orte gibt LENDNER 61) in der Schweiz an. DALE 25) erwähnt ihre Anwesenheit in England.

Hervorzuheben ist, das blau-grüne Luft-Myzel. Die 25—30 μ starken Ausläufer messen mehre Zentimeter. Die SporangienTräger entspringen gewöhnlich zu zweit und weisen unterhalb der Apophyse eine Querwand auf. Die 30—60 μ grossen Sporangien sind zunächst hyalin, später fällt eine braune Tönung auf. Die gleiche Färbung zeigt die in einen Sporn ausgehende Kolumella. Die 2—5 μ grossen Sporen sind kugelig gestaltet. Zygoten sind bekannt. Uns gelang ihre Bildung nie. Die Fig. 11 zeigt die bogenförmigen Ausläufer und die typische Kolumella.

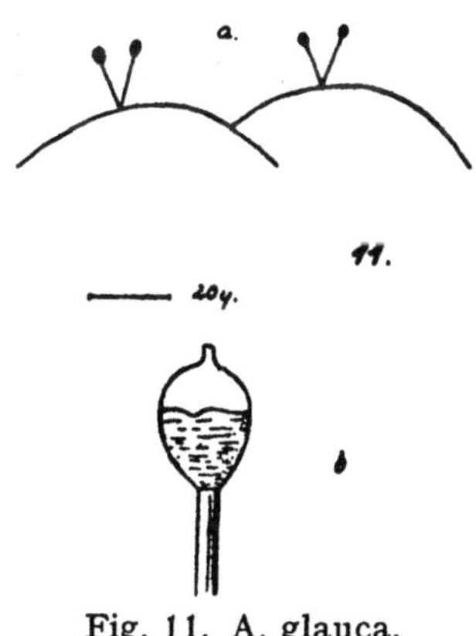

Fig. 11. A. glauca. *a.* Die bogenförmigen Ausläufer. *b.* Kolumella und Dorn.

Absidia orchidis.

Einzelne Stand-Orte können für Böhmen angegeben werden; das Gestein und die Pflanzen-Bestände sind ohne Einfluss. JOHANN 51) liefert Beschreibungen aus Deutschland. In Norwegen gelingen HAGEM 37) Isolierungen. Aus Jugoslawien danken wir PIŠPEK 85) mehrere Isolierungen. Unter Oliven bei Dubrovnik gelingt uns eine Isolierung. In Frankreich beobachtet sie LING JOUNG 63), WAKSMAN 123, 124, 125) berichtet über ihr Vorkommen in U.S.A.

Die blau-violette oder violett-graue Färbung scheidet von der vorhin beschriebenen Art.

Absidia coerulea ist von OUDEMANNS 81) im Boden niederländischer Waldungen gefunden worden. Die 4—7 μ grossen Sporen scheiden von der vorigen Art.

b. Zylindrische Sporen.

Absidia spinosa.

In Böhmen ist ein Kleefeld anzugeben. Nach ZYCHA 146) fehlt sie in Deutschland. Für Jugoslawien liegen von PIŠPEK 85) Angaben vor. In den erwähnten Lande ist die Art in Laub-Waldungen des kroatischen Hügellandes zu finden, an der Meeres-Küste fehlt sie nicht. Die südlichste bekannte Isolierung liegt bei Banjaluka. LENDNER 61) erwähnt ihr Vorkommen in der Schweiz. LING JOUNG 63) erkennt sie in Frankreich. RAILLO 89) berichtet über ihr Vorkommen in Acker-Feldern Russlands. Aus Marokko und Madeira bringt ZYCHA 146) den Nachweis ihrer Anwesenheit.

Der weisse bis grau-braune Rasen hat wolligen Charakter. Die flachen Ausläufer entsenden in Büscheln zu zwei bis drei die Sporangien-Träger. Die 20—30 μ grossen Sporangien sind blau-grau oder braun getönt. Die halbkugelige Kolumella hat einen deutlichen Fortsatz. Gut erkennbar sind die 4—5 μ langen regelmässig zylindrischen Sporen. Braune Zygoten mit einem Exospor aus fein gefransten Platten fallen auf.

Absidia cylindrispora.

In Böhmen suchten wir die Form vergebens. In Deutschland ist sie nach unseren Erfahrungen in den Feldern der Mark Brandenburg sehr verbreitet. LINNEMANN 64) weist desgleichen auf ihre Verbreitung in dem zitierten Lande hin. In Norwegen beschreibt sie HAGEM 37). Aus Oesterreich liegen von JANKE HOLZER 48) Berichte über ihr Vorkommen im Wiener Becken vor. In Jugoslawien hebt PIŠPEK 85) die weite Verbreitung in Wäldern und Feldern des kroatischen Hügellandes hervor. In Teneriffa beobachtet sie ZYCHA 146). Isolierungen von Grönland danken wir NIELSEN 73).

Das wichtigste Kenn-Zeichen sind die regelmässigen zylindrisch gestalteten an den Ecken abgerundeten Sporen, deren Länge 4—4.5 μ und deren Breite 2—2.5 μ beträgt. Die Sporangien-Träger entspringen zu zweit und weisen eine stahl-blaue bis braune Tönung auf. Unterhalb der Apophyse ist stets eine Septe. Die Kolumella ist durch den leicht abbrechenden Fortsatz gekennzeichnet.

Absidia fusca.

Die einzige bekannte Isolierung stammt von LINNEMANN 64) aus Deutschland. Die Kolonien sind braun bis rötlich getönt, wogegen die vorhin zitierte Art eine blau-graue Tönung aufweist. In den Trägern sind Chlamydo-Sporen zu erwähnen.

B. Wachstums Optimum 30—40°.

Absidia Lichtheimi.

In Böhmen erkennen wir sie unter Moos-Polstern der verschiedensten Waldungen. Der Stand-Ort wurde 1934, 1935 und 1936 geprüft, nur die letzte Isolierung brachte Erfolg. Unter Waldungen ist die Art in Deutschland, der Schweiz, sowie Frankreich beschrieben (vergleiche ZYCHA 146), LENDNER 61) und LING JOUNG 63)). In Jugoslawien weist PIŠPEK 85) auf die Form hin. Aus U.S.A. danken wir WAKSMAN 123, 124, 125) Isolierungen.

Die Kolonien sind weiss. Die kriechenden Sporangien weisen gegen die Spitze Verzweigungen auf. Die halb-kugelige Kolumella hat eine grosse farblose Apophyse, sowie einen kurzen Fortsatz. Die ovalen Sporen sind 3—4.5 μ lang und 2—3.5 μ breit.

Absidia repens.

HOLZER JANKE 48) danken wir eine Isolierung aus Waldungen Oesterreichs.

Der Rasen ist weiss bis braun-grau. Die braunen Ausläufer bilden einen flachen Bogen, auf welchem die Sporangien-Träger wirtelig meist in den Zahl 3 oder 4 angeordnet sind. Die kegelige Kolumella hat einen papillenartigen Fortsatz, unter der Apophyse ist eine Quer-Wand. Die unregelmässig ovalen Sporen sind kantig.

Absidia heterospora.

LING JOUNG 63) liefert eine Beschreibung aus dem Boden Frankreichs. Die Scheidung von der folgenden Art ist durch die unregelmässigen Sporen, welche auch etwas grösser sind, gegeben.

Absidia Butleri.

PAINE 83) beschreibt die Form unter Weiden im Gebiete von U.S.A. Der weisse Rasen hat flockigen oder sammtigen Habitus. Die Sporangien-Träger sind sehr kurz und meist nur 4 μ dick. Die etwa 20 μ grossen Sporangien haben eine halb-kugelige Kolumella mit der gleichen Apophyse. Die elliptischen bis nierenförmigen Sporen sind 2.5—5,4 μ lang, sowie 1.7—3 μ breit. Ausläufer und Rhizoiden werden nur in geringer Menge gebildet.

Nach dem Stande unserer heutigen Kenntnisse ist die Gattung *Phycomyces* im Boden wenig verbreitet. Gekennzeichnet ist sie durch ein reichlich verzweigtes gelbes Substrat-Myzel. Sobald die Kulturen mehrere Tage alt sind, erscheinen die typischen Lang-Triebe, welche blau-grün gefärbt sind und durch ihre Derbheit auffallen. Die Sporangien-Träger sind nie verzweigt, die leicht zerfliesslichen Sporangien lassen eine grosse kugelige Kolumella erkennen. Ein wichtiges Gattungs-Merkmal ist die reichliche Bildung von Zygoten. Dieselbe erfolgt an zangenartigen Suspensoren, welche ihrerseits eine grosse Anzahl dichotom verzweigter dornartiger Fortsätze haben. Aus dem Boden ist von JOHANN 51) im Buntsandstein Deutschlands *Phycomyces nitens* isoliert worden. Der grau-schwarze Rasen weist eine Höhe von 150—200 mm auf. Die 500—600 μ grossen Sporangien sind schwarz. Die ungefärbte Kolumella weist in der Mitte eine Einschnürung auf. Die Sporen sind 11—26 μ lang und höchstens halb so breit.

Die Gattung *Dicoccum* weist nur eine Boden bewohnende Form auf und zwar *D. asperum.* Nach TRAAN 117) ist dieselbe unter Aeckern, sowie in unbebautem Gebiete Norwegens verbreitet. Eine Beobachtung aus Russland danken wir RAILLO 89). Auf ihre Anwesenheit in U.S.A. weist WAKSMAN 124) hin. Die zunächst hell-gefärbte Kolonie verfärbt sich mit zunehmendem Alter schwarz.

Das Myzel besteht aus hyalinen gelben, wenig septierten Hyphen. Die Konidien-Träger werden als kurze Seiten-Aeste gebildet und sondern die dreizähligen Konidien ab, dabei ist hervor zuheben, dass die unterste Zelle stets die kleinste ist. Wichtig ist, dass TRAAN 117) die Form auf Zellulose zur Entwicklung brachte, eine Erscheinung, welche bei anderen Vertretern der Familie fehlt.

Die Familie der *C H O A N E P H O R A C E A E* weist als typisches Merkmal die köpfchenartigen Erweiterungen der Frucht-Träger auf an denen Sporangiolen oder ein-zellige Konidien entstehen.

Aus der G a t t u n g *Rhopalomyces* sind zwei erdbewohnende Spezies bekannt. *R h. e l e g a n s* wird von BECKWITH 5) in kultiviertem Lande von U.S.A. erwähnt. Der 1 mm hohe unseptierte Träger endigt in einem schwarzen Konidien-Stand. Die Gestalt desselben ist köpfchenartig, die meist deutliche Felderung ist hervorzuheben. An kleinen Stielchen werden die erst rundlich hyalinen, später elliptischen grau-braun gefärbten Konidien abgeschnürt. Die Länge derselben beträgt 15—60 μ, die Breite 11—33 μ.

R h o p a l o m y c e s g l o m e r u l o s u m ist von KUBIENA 59) aus einem alkalischen Acker-Boden bei Bruck an der Leitha in O e s t e r r e i c h beschrieben. Die geraden unseptierten und unverzweigten Träger sind an ihrem Ende zu köpfchenartigen Gebilden angeschwollen. Dieselben haben das Aussehen einer Blase, sie sind gelb gefärbt und haben einen Durchmesser von 55—65 μ. An regelmässig angeordneten Warzen werden die Konidien abgeschnürt. Die Gestalt derselben ist verkehrt eiförmig, ihre Länge beträgt 17—20 μ und ihre Breite 8—10 μ. In der Fig. 12 ist die Absonderung der Konidien zu verfolgen.

Fig. 12. Rhopalomyces glomerulosum. Konidien-Köpfchen mit den Warzen-Bildungen.

Die Gattung *Cunninghamella* ist im Boden recht verbreitet. In jugendlichem Zustand erkennt man einen weissen Rasen, welcher sich mit zunehmendem Alter dunkel verfärbt. Luft-Myzel, sowie Ausläufer werden gebildet. Die rundlichen Konidien-Stände befinden sich entweder endständig an grossen Haupt-Zweigen oder an kurzen wirtelig angeordneten Seiten-Zweigen. Die Konidien selbst werden von Sterigmen, welche die Oberfläche des zu einem Köpfchen erweiterten Trägers dicht besetzen, abgeschnürt.

C u n n i n g h a m e l l a e l e g a n s.

In den von uns geprüften Gebieten B ö h m e n s erkannten wir den Pilz nie. Aus D e u t s c h l a n d liegen von ZYCHA 146) zahlreiche Angaben vor. In O e s t e r r e i c h erfolgt von JANKE HOLZER 48) Erwähnung aus einem Kartoffel-Felde. Ueber das Vorkommen in den S c h w e i z berichtet LENDNER 61). Isolierungen von J u g o s l a w i e n s Weingärten danken wir PIŠPEK 85). Auf die Verbreitung in U.S.A. weist KUBIENA 60) hin.

Das Myzel ist weiss bis grau getönt. Die langen Konidien-Träger sind an den Enden angeschwollen, ungefähr in der Mitte entspringen an einer keulenartigen Erweiterung kleine gedrungene Seiten-Zweige, welche durchwegs mit einem Köpfchen abschliessen. Die terminalen Köpfchen sind grösser, als die seitlichen. Die Konidien lösen sich leicht ab und hinterlassen das stachelige Köpfchen. Die kugeligen bis ovalen Konidien sind 16 μ lang und 12—14 μ breit. Eine feine Bestachelung ist zu erwähnen.

Cunninghamella razemosa wird von PIŠPEK 85) aus Jugoslawien beschrieben. Die glatten Konidien scheiden von der vorigen Form.

Cunninghamella echinulata.

ZYCHA 146) und JOHANN 61) weisen auf die Verbreitung in Deutschland hin. In Jugoslawien erfolgt durch PIŠPEK 85), sowie JOHANN 51) Beschreibung.

Der weisse bis braune Rasen entsendet Konidien-Stände der gleichen Färbung. Die kugeligen 10—25 μ grossen Sporen sind braun gefärbt. Hervorzuheben ist die dichte Besetzung mit Stacheln. Zygoten sind bekannt, von uns aber nicht gefunden.

Die Familie der *CEPHALIDIACEAE* stellt nur einzelne Pilze des Bodens. Die Gattung *Syncephalastrum* ist durch eine Form vertreten.

Syncephalastrum razemosum ist in den Waldungen Deutschlands vertreten. ZYCHA 146) danken wir eine Erwähnung aus Madeira. Der etwa 6 mm hohe Rasen ist erst weiss, später grau getönt. Die undeutlichen Ausläufer des Myzels verankern sich mit Rhizoiden im Substrat. Verzweigung der Konidien-Träger ist erst mit fortgeschrittenem Alter möglich. Die Krümmung der Seiten-Aeste ist deutlich zu sehen. Die kugeligen bis eiförmigen Köpfchen von brauner Färbung führen auf zahlreichen Wärzchen die Teil-Sporangien. Dieselben fallen durch die langgestreckte Gestalt auf, sie sind 5—10 μ lang und 2.5—5 μ breit.

Die Gattung *Coemansia* ist durch alternierend angeordnete einzeln stehende Konidien-Träger ausgezeichnet. Die Absonderung der Konidien erfolgt in eigentümlichen kahnförmigen Lagern.

Coemansia reversa.

In Böhmen gelingt uns unter Obst-Bäumen einmal die Isolierung dieses Pilzes.

Die ungestielten sichelförmigen Konidien-Stände sind 22 μ lang und 8 μ breit. Vier Quer-Wände sind hervorzuheben; auf der Innen-Seite der Träger sind in einer dichten Schichte Basal-Zellen angeordnet, welche je eine spindelförmige Konidie haben, deren Länge 7—8 μ und deren Breite 2—3 μ beträgt.

Eine dieser Art recht nahestehende Form wird von KUBIENA 59) bei direkter Beobachtung des Bodens erkannt und hier beschrieben. Die geprüfte Probe stammt aus einem alkalischen Boden bei Bruck an der Leitha. An den oberen Teilen des gabelig verzweigten Konidien-Trägers stehen kurze Aestchen ab, welche sich in eine Anzahl aneinander gereihter Zellen von fast würfelförmiger Gestalt fortsetzen und in eine zugespitzte End-Zelle auslaufen. An der Unter-Seite dieser Zellen stehen auf kurzen Sterigmen in mehreren Lagen 9—13 μ lange und 2—2.5 breite spindelförmige an den Enden zugespitzte Konidien.

Coemansia Arten kommen gerne als Parasiten auf *Mucorineen* vor, vielleicht hängt ihre Verbreitung im Boden mit der Vergesellschaftung dieser Formen zusammen. Fig. 13 zeigt die eigentümlichen kahnförmigen Lager, an denen die Konidien abgeschnürt werden.

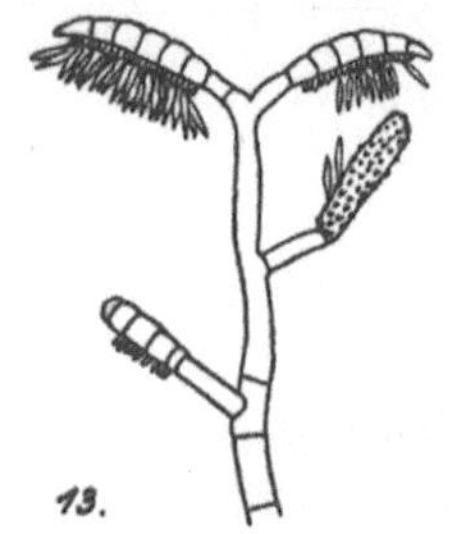

Fig. 13. Coemansia sp. nach KUBIENA. Der Träger mit den kahnförmigen Lagern.

Die Familie der *MORTIERELLACEAE* enthält sehr wichtige Pilze des Bodens. Ein gutes Kennzeichen bildet der filzige Habitus des Myzels. Typisch ist das späte Erscheinen der Sporangien-Träger. Erst nach sehr reichlichem Wachstum des vegetativen Myzels entwickeln sich die kleinen farblosen, gewöhnlich leicht zerbrechlichen Sporangien an meist kurzen Trägern. Die Quer-Wand ist nie kolumella-artig eingestülpt, sondern höchstens uhrglasförmig vorgewölbt. Stiel-Gemmen oder Stylo-Sporen, welche an Sporangien erinnernde Gebilde an eigenen Trägern absondern, sind hervorzuheben.

Die Gattung *Mortierella* hat erhöhte Bedeutung, da sie eine Anzahl recht wichtiger Pilze des Bodens führt. Filzige Ausbildung des Rasens und die kleinen Sporangien sind das charakteristische Merkmal. Die Seiten-Aeste der Sporangien entstehen entweder büschelig an gestauchten Internodien oder traubig; stets sind sie aber nahe beisammen. Besonders sind die Stylo-Sporen an kurzen aufrechten Trägern hervorzuheben. Fett-Einschlüsse im Myzel sowie in den Sporen sind möglich. Das Wachstum geht sehr langsam von statten. Möglicherweise hat man aus diesem Grunde bei Roh-Kulturen diese langsam wachsenden Formen auf Kosten der rasch-wüchsigen übersehen.

Mortierella pusilla.

Nach ZYCHA 146) hat man je nach der Färbung 4 verschiedene Rassen zu unterscheiden. Einige allgemein geltende Eigenschaften können zusammengefasst werden. Die Hyphen sind zu einem niedrigen sammtartigen Rasen verflochten. Die Höhe der Sporangien-Träger beträgt nur 0.1—0.5 mm, die Anordnung ist büschelig, meist sind sie unverzweigt. Die 15—30 μ grossen Sporangien sind zerfliesslich. Die kugeligen leicht abgekanteten Sporen weisen einen Durchmesser von 2—3 μ auf. Stylo-Sporen sind bei dieser Art unbekannt.

Forma typica.

In Deutschland, gelingen sowohl ZYCHA 146), als uns einige Isolierungen. OUDEMANNS 81) erwähnt sie aus den Niederlanden. Aus England danken wir ELLIOTT 32) Angaben. Hier gelten die oben angeführten Eigenschaften.

Forma isabellina.

Aus Deutschland liegen von ZYCHA 146), für Oesterreich von HOLZER JANKE 48) Angaben vor. Der isabellen-farbene Rasen ist ein Kennzeichen.

Forma atro-grisea.

Es ist nur ein Fund-Ort aus märkischen Wald-Boden in Deutschland nach ZYCHA 146) bekannt. Der schwarze Rasen ist typisch.

Forma vinacea.

Nach ZYCHA 146) sind Isolierungen aus Deutschland bekannt. DIXON-STEWART 27, 28) liefert eine Angabe aus dem südlichen Teil Australiens. Die dichten wein- oder ziegel-roten Lager sind hervorzuheben.

Mortierella turficola.

LING JOUNG 63) gewinnt diese Form auf französischem Erd-Reich. Die Grösse der Sporen, welche 1.8—2 μ beträgt scheidet von der vorigen Form.

In diese Gattung sind viele Formen einzureihen, welche nur ein einziges mal isoliert wurden. Wir geben hier in allen Fällen eine Beschreibung, da unseres Erachtens die Verbreitung der *Mortierella* Arten im Boden noch nicht genügend gewürdigt ist und einer dringenden Weiter-Bearbeitung bedarf.

Mortierella longicollis

ist von DIXON STEWART 27, 28) beschrieben. Isolierungen liegen aus Australien vor. Der filzige weisse Rasen erleidet sehr bald eine wein-rote Verfärbung. Die 5—7 μ dicken verzweigten Sporangien-Träger tragen die 80 μ hohen birnenförmig gestalteten Sporangien, deren Durchmesser 30 μ beträgt. Die bräunlichen Sporen sind rundlich gestaltet, abgekantet und maximal 2 μ gross. Wenig Myzel-Gemmen sind vorhanden.

Mortierella candelabrum

ist von NIELSEN 73) in Grönland gefunden worden. RAILLO 89) liefert eine Beschreibung aus russischem Acker-Land. Der dichte weisse Rasen scheidet einen deutlichen Knoblauch- Geruch aus. Da die Verzweigung der ersten Seiten-Aeste gewöhnlich wagrecht erfolgt, wird das Bild eines mehr-armigen Leuchters vorgetäuscht. Die Sporangien-Träger, sowie seine Seiten-Aeste verjüngen sich gegen die Spitze zu. Die 20—40 μ grossen Sporangien sind weiss getönt und viel-sporig. Die kugeligen dünn-wandigen Sporen sind 7—9 μ gross.

Mortierella simplex.

Aus den Niederlanden danken wir OUDEMANNS 81) eine Isolierung. In Frankreich erkennt LING JOUNG 63) die Form.

Die höchstens 1 mm hohen Sporangien-Träger verjüngen sich deutlich gegen die Spitze. Die 10 μ grossen Sporen führen in ihrem Inneren einen deutlichen Fett-Tropfen. Die Bildung derselben erfolgt in beträchtlicher Zahl in farblosen Sporangien.

Mortierella nigrescens.

PIŠPEK 85) danken wir eine Isolierung aus den Waldungen Jugoslawiens. Der Rasen weist eine Höhe von mehreren mm auf. Mit zunehmendem Alter ist Braun-Färbung zu verfolgen. Die Länge der Sporangien-Träger liegt unter 2 mm, gegen das Sporangium zu tritt eine beträchtliche Verjüngung ein, da die Breiten-Maasse von 50 auf 8 μ abnehmen Die gelblichen Sporangien sind viel-sporig. Die elliptisch bis nierenförmig gestalteten Sporen sind 4—8 μ lang und 3—6 μ breit. Zygoten sind bekannt.

Mortierella Bainieri.

Nach JOHANN 51) und LINNEMANN 64) ist Verbreitung in den Wäldern Deutschlands gegeben. Aus Frankreich danken wir LING JOUNG 63) eine Isolierung. Die 2—3 mm hohen Sporangien-Träger messen an der Basis 20 μ, an der Spitze 8 μ. Die viel-sporigen 50 μ grossen Sporangien sind durch einen Basal-Kragen ausgezeichnet. Die unregelmässig ellipsoidischen Sporen sind 6—10 μ lang, sowie 5—4 μ breit.

Mortierella polycephala.

In Böhmen erkennen wir die Form einmal im Böhmerwald. Für Deutschland geben JOHANN 51), ZYCHA 146) und LINNEMANN 64) Verbreitung in den Waldungen an.

Das lockere weise Luft-Myzel ist zu erwähnen. Die Sporangien-Träger entspringen büschelig an den Hyphen. Ihre Länge beträgt 0.5 mm, nur der oberste Teil weist Verzweigung auf. Die 40 μ grossen Sporangien zerfliessen leicht und lassen 20—25 Sporen frei. Die 10—14 μ langen Sporen sind durch einen Oel-Tropfen gekennzeichnet. In der Kultur beobachtet man oft Stiel- und Myzel-Gemmen, deren Grösse ungefähr 20 μ beträgt. Die stachelige Ausbildung derselben ist hervorzuheben.

Mortierella stylospora.

DIXON STEWART 27, 28) erwähnt ihr Vorkommen in Australien. In Jugoslawien isolierten wir sie aus Feldern südlich Beograds.

Fig. 14.
M. stylospora.
Stylo-Sporen.

Der Rasen ist auffallend zart, an der Spitze der Hyphen sind zahlreiche Myzel-Gemmen hervorzuheben. Sehr typisch sind die Stiel-Gemmen, welche in grosser Zahl an kurzen Trägern gebildet werden; die netzig verdickte Wand derselben ist besonders hervorzuheben. Ihre Grösse beträgt ungefähr 18 μ. Sporangien sind nach dem Stande unserer heutigen Kenntnisse nicht bekannt. Fig. 14 zeigt die erwähnten Stylo-Sporen.

LINNEMANN 64) beschreibt in ihrer jüngst erschienen Abhandlung eine Anzahl von Arten, deren Isolierung ihr erstmalig gelingt.

Mortierella humilis.

Waldungen in Deutschland stellen ihr Verbreitungs-Gebiet dar. Wie bei der zuletzt erwähnten Form fehlen Sporangien. Das Substrat-Myzel breitet sich in einzelnen Lappen rosettenartig über das Substrat aus. Das 5 mm hohe Luft-Myzel ist weiss und watteartig ausgebildet. Von den Luft-Hyphen gehen unter einem rechten Winkel, oft in Büscheln gereiht, die Stylo-Sporen Träger ab. Diese ungefähr 80 μ langen Träger endigen mit einer Stylo-Spore, welche 18 μ gross ist und eine feine Bestachelung aufweist.

Mortierella monospora.

Aus dem Gebiete des mittleren Deutschlands ist eine Fund-Stelle bekannt. Das Substrat-Myzel formt eigenartige Zonen, das Luft-Myzel ist dicht und watteartig. Die sehr kleinen Träger sind durch den Besitz einsporiger Sporangien ausgezeichnet. Die 9—18 μ grosse Spore ist kugelig gestaltet und farblos. An den Hyphen sind zahlreiche Chlamydo-Sporen vorhanden.

Mortierella Marburgensis.

Der Fund-Ort in Deutschland unweit der Stadt Marburg liefert der Art den Namen. Das Substrat-Myzel ist rosettenartig angeordnet. Das 1—2 mm hohe Luft-Myzel besteht aus nieder-liegenden Hyphen, welche einzeln oder in Büscheln die Träger entsenden. Die verzweigten Träger weisen eine deutliche Verschmälerung zum Sporangium auf. Die Anordnung der Seiten-Aeste ist quirilig. Das 10—12 μ grosse Sporangium enthält nur wenige Sporen, dieselben sind von kugeliger Gestalt und 6—11 μ gross. Chlamydo-Sporen und Zygoten sind nicht bekannt.

Mortierella minutissima.

Die einzige bis heute bekannte Isolierung stammt aus Deutschland. Die kleinen Grössen-Abmessungen sind für diese Art typisch.

Mortierella hygrophylla.

Dieselbe wird in Fichten-Wäldern, sowie Kahl-Schlägen bei Marburg in Deutschland gefunden. Das Substrat-Myzel entwickelt sich in eigenartigen Zonen. Das Luft-Myzel entsendet typische Rhizoiden. Die Verzweigung des Sporangien-Trägers ist typisch cymös sympodial; die Zahl der Seiten-Aeste kann 25 betragen. Gewöhnlich sind sie unter einem Winkel von 25° angeordnet. Ihre Länge beträgt höchstens 1 mm, gegen die Spitze zu beobachtet man Verjüngung. Nach dem Zerfliessen der Sporen-Membran erkennt man einen deutlichen Kragen. Die unregelmässig kugeligen Sporen sind 16 µ gross und durch einen Oel-Einschluss gekennzeichnet. Im Luft-Myzel erkennt man Chlamydo-Sporen.

Mortierella spinosa.

Aus Deutschland liegt von Waldungen eine Isolierung vor. Das Wachstum in konzentrischen Ringen ist hervorzuheben. Die Vorwölbung der Sporangien weist eine dorn-artige Ausstülpung auf.

Mortierella dichotoma.

LINNEMANN 64) erwähnt diese Form erstmalig in Deutschland. Vergleichs-Studien lehrten uns, dass wir dieselbe Form aus Rüben-Böden Böhmens gezüchtet haben. Recht häufig beherbergen Gemüse-Gärten des Polzen-Tales diesen Pilz. Eine weitere Isolierung gelang uns aus einem Mais-Feld unweit Zagrebs in Jugoslawien.

Das Substrat-Myzel ist völlig glatt; das etwa 5 mm hohe Luft-Myzel ist weiss und watte-artig. Die Sporangien-Träger sind gewöhnlich als einfache Hyphen von ast-artiger Beschaffenheit ausgebildet. Die Länge beträgt ein mm, sie sind gleichmässig dick von der Basis bis zur Spitze. Die 30—40 µ grossen Sporangien enthalten 20 Sporen und sind leicht zerfliesslich. Ein undeutlicher Kragen ist zu sehen. Die Sporen haben zylindrische Gestalt, sie sind ungefähr doppelt so lang, als breit. Im Myzele fallen zahlreiche Chlamydo-Sporen auf.

Die Vertreter der Familie der *ENDOGONACEAE* bilden typische einige Zentimeter grosse Frucht-Körper. Im Inneren derselben befinden sich die Sporangien, Zygoten oder Chlamydo-Sporen, welche hier als Anzygoten aufzufassen sind. Aus der Gattung *Endogone* ist ein Vertreter zu erwähnen und zwar *E. incrassata.* Die Frucht-Körper dieser Art findet man häufig in den obersten Partien der Streu- oder Humus-Schicht von Wald-Böden. Direkt am Myzele werden sehr oft Chlamydo-Sporen gebildet, welche Azygoten sind. Dieselben sind etwa 80 µ lang und 40 µ breit. In ihrem Inneren sind sie dicht von Oel-Tropfen erfüllt. Derartige Chlamydo-Sporen beobachteten wir in Kultur sehr häufig; die Ausbildung von Frucht-Körpern gelang unter diesen Bedingungen nie. Wir glauben nicht fehl zu gehen, wenn wir diese Myzel-Bildungen mit den Chlamydo-Sporen hier einreihen. Als Fund-Stellen sind Wald-Gebiete des Erzgebirges zu erwähnen, ferner sind Gemüse-

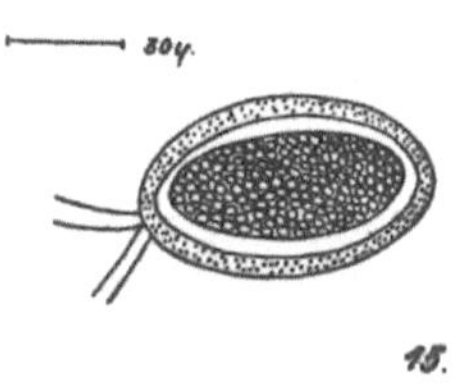

Fig. 15. E. incrassata. Chlamydo-Spore.

Gärtnereien im Polzen-Tale in Böhmen zu erwähnen. Die Fig. 15 zeigt die Chlamydo-Sporen dieser Form.

Diese Gattung, welche in den Waldungen sehr verbreitet ist, wurde bei dem Studium der mikroskopischen Pilze noch gar nicht berücksichtigt. Weitere Studien wären hier noch am Platze.

EUMYCETES.

Unter-Klasse *Ascomycetes.*

A. PROTOASCOMYCETES.

Aus der Ordnung der *ENDOMYCETALES* haben wir die Familie der *ENDOMYCETACEAE* abzuhandeln. Eine bis heute nicht näher beschriebene Art ist in den nächsten Zeilen zu berücksichtigen.

Endomyces roseum scheint warme südliche Lagen zu bevorzugen. Häufig erkannten wir die Art im Boden Jugoslawiens. Die bekanntesten Fund-Orte sind unter Oliven und Pinien bei Dubrovnik zu finden. Einzelne Isolierungen liegen aus Wein-Gärten, sowie von unbebautem Lande bei Split vor. In einem Acker-Felde bei Dubrovnik bestimmten wir sie auch einmal.

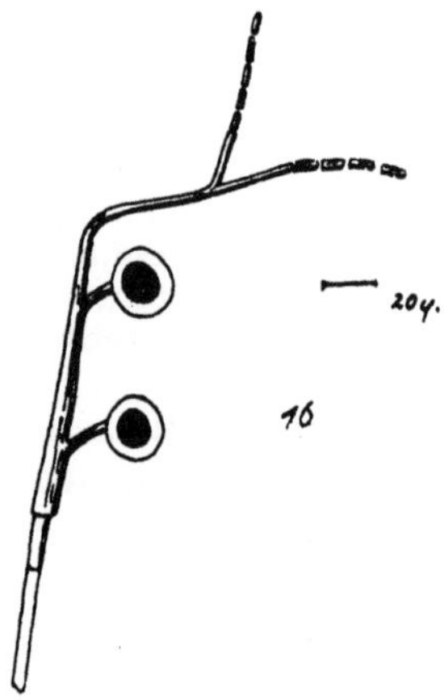

Fig. 16. E. roseum. Chlamydo-Sporen und Oidien.

Das weiss bis rosa getönte Myzel bildet schimmelartige Lager. Die Vermehrung erfolgt einerseits durch Oidien, welche als kleine zylindrische Stücke durch Myzel-Teilungen entstehen, andererseits durch etwa 20 µ grosse Konidien, welche die Ausbildungs-Art von Chlamydo-Sporen nachahmen. Gelegentlich, aber sehr selten kommt es zur Bildung viel-sporiger Schläuche. Fig. 16 zeigt Chlamydo-Sporen und Oidien dieses Pilzes.

Diese Pilz-Gattung wird oft als Parasit auf den unterschiedlichsten Basidiomycetes beschrieben; vielleicht hängt ihr Vorkommen im Boden mit der Anwesenheit dieses Pilzes zusammen.

Auf Vertreter der Gattung *Endomyces* in dem Boden nördlicher Waldungen macht FEHER 33) aufmerksam. Leider sind seinen Angaben keine näheren Beschreibungen beigefügt, so dass wir eine Einreihung nicht vornehmen können.

SACCHAROMYCETACEAE

Ueber die Verbreitung dieser Familie im Boden liegen zahlreiche Angaben vor. Meist erfolgt durch die unterschiedlichsten fleischigen Früchte die Verschleppung in den Boden. Das zahlreiche Auftreten unter Obst-Bäumen und Beeren-Sträuchern hängt mit diesem Umstand zusammen. Die gewöhnlich gegebene Bindung an gewisse Pflanzen zeigt, dass wir keine typischen Pilze des Bodens vor uns haben.

Wichtige milchwirtschaftliche Fragen bilden den Anstoss zur Prüfung des Bodens unter den verschiedenen Weide-Pflanzen. Viele Vertreter dieser Familie sind hier studiert worden. Bienenwirtschaftliche Betrachtungen lenken desgleichen die Aufmerksamkeit auf die Verbreitung dieser Pilze im Boden. Unter Honig-Pflanzen und vor allem unter den sogenannten Bienen-Weiden ist der Nachweis der unterschiedlichsten Vertreter dieser Familie geglückt. Sehr eingehend wurden Garten-Land, sowie Obst-Bäume geprüft. Hier ist der Boden besonders reich an Hefen. Man sieht, dass gewöhnlich ein Zusammenhang mit den Bestands-Pflanzen gewahrt ist.

Systematisch liegen bei vielen Untersuchungen Mängel vor. Unter den Hefen verstehen die meisten Autoren nicht nur die echten Hefen, sondern auch die unterschiedlichen *Torulaceen* und *Dematien*, welche in ganz andere Gruppen einzureihen sind. Wir unterscheiden zwischen diesen einzelnen Gruppen. Eine Bestimmung der Gattungen und Arten ist gewöhnlich nur an Hand der Ascus-Früchte möglich. Bei einer derartigen Untersuchung ist stets Ueberführung auf bestimmte Nähr-Böden notwendig. Besonders geeignet sind Gips-Blöcke, welche die Ausbildung der vier-sporigen Asci ermöglichen. Die vegetative Form zeigt sich als kugelige oder elliptische Einzel-Zelle. Die hier beobachteten Unterschiede genügen nicht zur Bestimmung. Ein richtiges Myzel wird selten geformt. Gelegentlich sieht man myzel-artige Wucherungen. Bei der Auswahl der Kultur-Medien im Laboratorium ist zweckmässigerweise darauf Rücksicht zu nehmen, von welchen Pflanzen die Hefen stammen. Hefen aus Wein-Bergen züchtet man am besten auf Wein-Trauben. Die auf diesen Medien erfolgende vegetative Vermehrung tritt durch Sprossung ein, zur Bestimmung gibt sie keine ausreichenden Anhalts-Punkte.

Unser Bericht über die Verbreitung der Hefen im Boden wird hier sehr dürftig ausfallen, da wir nur jene Formen berücksichtigen, welche im Boden eine allgemeinere Verbreitung aufweisen und die einwandfrei bestimmt sind. Das ganze complizierte Wechsel-Spiel zwischen Pflanzen und Boden können wir hier nicht verfolgen. Die meisten Formen bevorzugen gut durchgelüfteten, schwach sauren Boden.

HANSEN 38) hat ein gutes Einteilungs-Prinzip geliefert, welches wir hier berücksichtigen wollen.

GRUPPE I. Die Zellen bilden in zuckerhaltigen Flüssigkeiten sofort eine Bodensatz-Hefe aus. Erst viel später erkennt man eine Haut, welche stets schleimig ist und nie fest wird. Die glatten Sporen sind oval oder rund.

Die Gattung *Saccharomyces* ist durch die deutlich lichtbrechende Membran ihrer Ascus-Früchte gekennzeichnet. *S. cerevisiae*, welcher eine typische Kultur-Form darstellt, soll nach den Angaben der Literatur im Boden sehr verbreitet sein. Besonders bevorzugt er Garten-Erde und den Boden unter Beeren-Sträuchern. Die Sicherheit dieser Angaben erscheint uns zweifelhaft, da wir eine typische Kultur-Form vor uns haben. welche nur durch bestimmte Pflanzen in den Boden einverleibt werden kann. Nähere Studien müssen noch Klarheit schaffen. Wir selbst isolierten die Art nie. *S. ellipsoideus*, welcher durch seine elliptischen Zellen auffällt ist im Boden sehr verbreitet. Bekannt ist seine Ueberwinterung als Ascus im Boden. Beheimatet ist diese Hefe auf den Früchten des Weins. Von hier gelangt sie in den Boden der Weingärten. Sekundär erfolgt dann die Verschleppung in Garten-Land, sowie in den Boden unter Obst-Bäumen.

Wir selbst isolierten diese Arten sehr oft aus dem Boden von Gärten in Böhmen, Deutschland, Oesterreich und der Schweiz. Besonders verbreitet ist die Hefe unter Apfel- und Birn-Bäumen im nord-böhmischen Elbe-Tale.

Bei der Bestimmung der einzelnen Hefen werden gelegentlich auch die physiologischen Eigenschaften herangezogen. *S. ellipsoideus* fällt durch die starke Gär-Kraft auf. Vergoren werden Dextrose, Saccharose und Maltose. Die Grenz-Werte für eine mögliche Sprossung liegen recht weit auseinander; das Minimum beträgt 0.5° C, das Maximum liegt bei 40° C. Die Kolonien-Form auf Würze-Agar Platten ist durch eine eigene Netzung ausgezeichnet; dieses typische Wachstums-Bild kann neben der elliptischen Gestalt der Zellen zur Bestimmung herangezogen werden. Zu einer verlässlichen Bestimmung ist die Ueberführung auf Gips-Blöcke notwendig. Hier ist dann die Bildung der Ascus Früchte zu verfolgen.

Bereits früher ist auf die Studien NIESENS 75) unter Futter-Plätzen und Weiden hingewiesen worden. Hier sind sehr oft Vertreter der Gattung *Saccharomyces* beschrieben. Eine Bestimmung der isolierten Formen erfolgt nie, so dass wir keine genauen Beschreibungen liefern können. Geprüft werden Gebiete im Norden Deutschlands.

HANSEN 38) weist auf die weite Verbreitung der Vertreter dieser Gattung in dem Boden von Gärten in Dänemark hin.

Genauere Berichte können wir hier nicht bringen. Stets wird man bedenken müssen, dass das Wechsel-Spiel zwischen den Pflanzen und dem Boden besonders wichtig ist.

Die Gattung *Kloekeraspora* wird von NIEHAUS 72) in die Literatur eingeführt und umfasst jene Formen, welche man früher als *S. apiculatus* und *Ps. apiculatus* bezeichnete.

Nach BARTHEL 3) hat diese Gattung ihren natürlichen Entwicklungs-Platz im Boden und gelangt von hier auf die Pflanzen. NIEHAUS 72) weist auf den umgekehrten Weg hin und berichtet, dass die natürliche Heimat auf Wein-Trauben zu suchen ist; durch diese erfolgt dann die Verbreitung in dem Boden.

Wir isolieren diese Hefe sehr oft in den Wein-Gärten der unterschiedlichsten Gebiete; wir erwähnen das mittlere Rhein-Tal, ferner die Umgegend von Split und Beograd, endlich sei noch auf die neapolitanische Kampagna hingewiesen.

Typisch ist die zitronenförmige Gestalt, welche an den Enden eine deutliche Zuspitzung aufweist. Die genaue systematische Ansprechung verlangt eine besondere Kultivierung, welche die Bildung der Ascus-Früchte ermöglicht. Die Gär-Kraft ist schwach entwickelt. Glucose und Fructose können vergoren werden.

Die Gattung *Zygosaccharomyces* ist durch eigenartige Zell-Verschmelzungen vor der Kopulation der Zellen bei der Bildung der Asci gekennzeichnet. Die Beschaffenheit des Bodens scheint von untergeordneter Bedeutung zu sein. Eine grössere Beeinflussung ist durch die Bestands-Pflanzen gegeben. Nach unseren Erfahrungen siedelt sich diese Hefe besonders gern unter Honig-Pflanzen an. Nach STARKEY 107) erwähnen wir noch den Boden von Minnesota in U.S.A. Unsere eigenen Untersuchungen beziehen sich auf Böhmen.

GRUPPE II. Die Zellen bilden in zuckerhaltigen Lösungen sofort eine Kahm-Haut aus, welche fest und trocken ist. Die halbkugeligen Sporen sind oft eckig, gelegentlich ist zitronenförmige Gestalt zu erwähnen. Gär-Kraft fehlt oft. Die häufige Ester-Bildung stellt ein typisches Merkmal dar.

Unter den Hefen des Bodens wird ohne nähere Angabe der Spezies die Gattung *Pichia* angeführt. Diesbezügliche Angaben liegen von STARKEY 107)für Minnesota in U.S.A. vor. Im Boden unter Honig-Pflanzen ist nach unseren Erfahrungen diese Gattung sehr oft zu finden. Für die Gattung sind die rundlichen Ascus-Sporen mit den eigenartigen Ecken typisch. Die starke Myzel-Bildung in der Kultur ist hervorzuheben. Gärkraft geht ganz ab.

Die Gattung *Willia* ist nach den Erfahrungen NIESENS 75) im Boden unter Futter-Pflanzen sehr verbreitet. Diese Angabe bezieht sich besonders auf Deutschland. HANSEN 38) weist auf ihre Verbreitung in der Erde von Gärten hin, dies gilt besonders für Dänemark. Die hut- oder zitronenförmig gestalteten Ascus-Sporen sind ein bei der Bestimmung nützliches Merkmal. Im besonderen wird auf *Willia anomala* hingewiesen, welche sehr oft im Boden unter Obst-Bäumen und Bienen-Weiden zu finden ist. Wir haben eine kleine wurst-artig geformte Hefe vor uns, welche zwischen 1 und 37° C wachsen kann.

Die Gattung *Nadsonia* erwähnt STARKEY 107) im Boden von Minnesota in U.S.A. Systematisch ist sehr wenig bekannt; Kopulations-Vorgänge bei der Bildung der Ascus-Früchte sind wichtig.

Die Gattung *Schizosaccharomyces*, welche reichlich im Boden unter Obst-Bäumen zu finden ist, vermehrt sich durch Spaltung.

Die jetzt abgehandelte Familie weist einen deutlichen Zusammenhang zwischen dem Boden und den Bestands-Pflanzen auf. In unkultivierten Gebieten, sowie in Oed-Land erkennt man diese Pilze selten. Bei unseren eigenen Untersuchungen fiel uns auf, dass diese Familie gegenüber den anderen Pilz-Familien recht zurück-tritt. Für bestimmte Entwicklungs-Stadien, so vor allem für die Bildung der Ascus-Früchte, scheint der Boden der gegebene Stand-Ort zu sein. Ueber den Kreis-Lauf der Hefen in der Natur danken wir HANSEN 38) eine gute Zusammenstellung. In geographischer Hinsicht hängt das Verbreitungs-Gebiet der Hefen von dem der Bestands-Flora ab.

B. EUASCOMYCETES.

PERISPORIALES.

Aus dieser Ordnung ist ein einziger Vertreter und zwar *P. vulgare* der Familie *PERISPORIACEAE* bekannt.

RAILLO 89) danken wir eine Fund-Stelle aus russischer Steppen-Erde. Die schwarzen Perithetien, welche die kugeligen Asci enthalten, sind hervorzuheben. Auf Papier ist ein gutes Wachstum gewährleistet.

PLECTASCALES.

Die Familie der *GYMNOASCACEAE* ist durch Peridien, welche aus einem lockeren Geflechte bestehen ausgezeichnet. Die zu Knäueln vereinten Asci sind von dieser lockeren, lückenreichen Myzel-Hülle umgeben. Die Sporen-Membran ist durch die verschiedensten Färbungen ausgezeichnet.

Aus der Gattung *Arachniotus* ermittelt RAILLO 89) einen Vertreter im Boden des Steppen-Gebietes Russlands und zwar *A. terrestris*. Das feine weisse Myzel ist hervorzuheben. Die rundlichen, lockeren Peridien bestehen aus einem losen, fein verschränkten Myzele. Der runde bis ovale Ascus enthält die farblosen Sporen. Die Fig. 17 zeigt die typischen Asci. Die braune bis violette Färbung der Sporen scheidet die Gattung *Amauroascus* von der vorhin erwähnten Gattung. *A. niger* wird von RAILLO 89) in Russland erkannt. Weide-Land, sowie Steppen-Erde werden angeführt. Die kugeligen bis elliptischen Peridien haben einen Durchmesser von 1—$1^1/_2$ mm. Die ebenso gestalteten Asci enthalten die Sporen, deren Membran braun getönt ist. In Massen erscheinen dieselben schwarz.

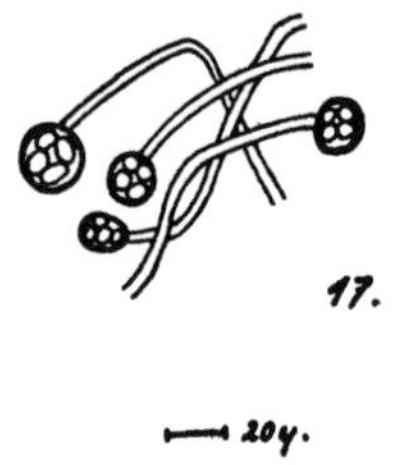

Fig. 17. A. terrestris. Verknäulte Hyphen und Asci.

Bei der Gattung *Pseudogymnoascus* besteht die Peridie aus dickwandigen glatten netz-artig verzweigten Hyphen. Von der vorigen Gattung erfolgt die Scheidung durch das Fehlen der dort verbreiteten Stachel im Myzele. *Ps. roseus* ist durch rosa getönte Peridien ausgezeichnet. Die Peridie besteht aus glatten, reich verzweigten, mehrfach verwobenen Hyphen mit charakeristischen Verdickungen an den Knoten-Punkten. Die einzelnen Sporen sind farblos, in Massen weisen sie eine rosa Tönung auf. Ihre Länge beträgt 3 und ihre Breite 2 μ. *Ps. vinaceus* ist durch dunkel-rote Perithetien ausgezeichnet. Die Peridie besteht aus goldgelben reich verzweigten und netz-artig verschränkten Hyphen. Der runde Ascus enthält 8 Sporen. In Massen sind die Sporen rot, einzeln hyalin. Die Grössen-Abmessungen sind etwas beträchtlicher als bei der vorigen Art. Isolierungen dieser seltenen Art danken wir RAILLO 89) aus russischen Acker-Lande, sowie Steppen-Boden.

Alle in diese Familie gehörigen Arten sind nur von RAILLO 89), weder von mir noch von anderen Forschern im Boden ermittelt worden. Die in der einschlägigen Arbeit niedergelegte Beschreibung lässt eine Fehlbestimmung unwahrscheinlich erscheinen. Vielleicht bringen erneute Studien Isolierungen dieser auf allen synthetischen Medien leicht wachsenden Arten.

ASPERGILLACEAE.

Diese im Boden bekannte Familie ist durch den Besitz einer dicht geschlossenen Peridie ausgezeichnet. Der Frucht-Körper ist klein, hat keinen Stiel und entwickelt sich nie unterirdisch.

Zuerst ist die Gattung *Aspergillus* abzuhandeln. Der Konidien-Träger ist am Ende blasen-förmig erweitert und hier mit zahlreichen Sterigmen bedeckt, welche die Konidien abschnüren. Das eigentliche Myzel wächst im Substrat, nur die Hyphen mit den Konidien-Trägern entwickeln sich über dem Substrat. Die Träger sind meist unverzweigt. Die Anordnung der Arten erfolgt nach Gruppen, von denen jede mehrere nicht leicht zu bestimmende Arten führt. Unser Einteilungs-Prinzip folgt den Erfahrungen nach THOM 113). Zur Bestimmung der Arten verwendet man zweckmässigerweise immer den gleichen synthetischen Nähr-Boden und zwar am besten einen 3%igen Saccharose Agar, welcher die üblichen Nähr-Salze enthält. Die Fig. 18 gibt eine schematische Darstellung der Absonderung der Konidien bei dieser Gattung.

A. clavatus Gruppe.

In Böhmen ist diese Gruppe sehr selten vertreten. Aus dem Gebiete von U.S.A. danken wir WAKSMAN 123, 124, 125) Angaben.

Die rasch-wüchsigen und sich schnell ausbreitenden Rasen sind durch grau-grüne bis dunkel-grüne Färbung gekennzeichnet. Die anfänglich farblose Unterseite erleidet bald eine braune Verfärbung. Die mehrere Millimeter hohen Konidien-Träger haben glatte, sowie ungefärbte Wände. Der fertile Teil derselben stellt eine lang gezogene Blase dar, deren Länge 150 μ beträgt. Die 7—10 μ hohen Sterigmen sind in einer Reihe angeordnet und scheiden in festen Massen die Konidien ab. Dieselben sind 2.5—3 μ gross, elliptisch gestaltet und von grüner Tönung. Die Fig. 19 zeigt die wichtigsten mikroskopischen Merkmale dieser Gruppe. Das Optimum für das Wachstum liegt bei 20° C.

Fig. 18. Schematische Darstellung der Asonderung der Konidien bei Aspergillus Arten.

Fig. 19. A. clavatus. Die langgezogene Blase.

In diese Gruppe gehören mehrere Rassen, welche in einzelnen Merkmalen von der Standard Form abweichen.

A. glaucus Gruppe.

In Böhmen ist diese Art vereinzelt zu finden. RAILLO 89) erwähnt sie in russischem Acker-Boden. DALE 25) isoliert sie an mehreren Stellen in England. Aus U.S.A. danken wir WAKSMAN 123, 124, 125) Angaben. In Australien liegen nach LENNAN 62) einzelne Fund-Stellen vor. Ohne nähere Beschreibung bringt FEHER 33) Isolierungen aus den Waldungen Finnlands und Norwegens. Diese letzte Angabe bringen wir mit Vorsicht, da im allgemeinen die Aspergillus Arten nördliche Lagen meiden.

Die Konidien-Träger sind stets glatt, granuläre Einschlüsse und Kristalle fallen manchmal auf. Eine Serie von Sterigmen schnürt die elliptischen 5 μ grossen Konidien ab, welche rauhe Wände aufweisen. Der Name der Gruppe wird durch den deutlich grün gefärbten Rasen bedingt. Typisch für die Form sind die sitzenden runden Perithetien, welche gelb bis orange gefärbt sind. In den Schläuchen werden farblose Sporen gebildet.

Eine Unterscheidung der einzelnen sehr schwer bestimmbaren Rassen erscheint uns praktisch überflüssig. Angehörige dieser Gruppe bescheiden sich mit einer sehr geringen Menge an Feuchtigkeit. Durch diesen Umstand sind auch in trockenem Boden gute Entwicklungs-Möglichkeiten gegeben.

A. fumigatus Gruppe.

In Deutschland berichtet ADAMETZ 1) über das Vorkommen dieser Gruppe. Für Oesterreich danken wir JANKE HOLZER 48) Angaben aus dem Wiener Becken. Die salzigen See-Marschen der englischen Küsten-Gebiete enthalten nach ELLIOTT 32) Angehörige dieser Gruppe. Für U.S.A. liegen von WAKS-

MAN 123, 124, 125) Angaben vor. In dem gleichen Lande gelingen auch JENSEN 49) Isolierungen.

Sammtige Lager mit gelegentlichen Hyphen-Verknäulungen bieten sich dem Beschauer dar. Die grüne Färbung geht mit zunehmendem Alter immer mehr nach schwarz über. Substrat und Unter-Seite sind meist ungefärbt, seltener gelb getönt. Vereinzelt beobachtet man Rot-Färbung. Die kurzen dicken Träger sind meist in ihren oberen Partien grün gefärbt. Eine flaschenartige Erweiterung trägt vorwiegend an ihrem Ober-Teil, weniger an den Seiten die Sterigmen. Dieselben sind nur in einer Reihe angeordnet und schnüren in 100—150 μ langen Ketten die Konidien ab. Letztere sind rundlich gestaltet, 2.5—5 μ gross und von dunkel-grüner Färbung. Hohe Wachstums-Temperaturen werden bevorzugt, 37° C stellt das Optimum dar, auch höhere Wärme-Mengen werden noch gut ertragen. Gelegentlich wird über Perithetien-Bildung auf Malz-Dekokt mit einem Zusatz von 2% Saccharose berichtet. Wir haben haselnussfarbene Gebilde vor uns, welche in das Hyphen-Geflecht eingesenkt sind. Die Asci enthalten 8 Sporen.

A. fumigatoides gehört als ein besonderer Vertreter in diese Gruppe. Die Träger sind etwas länger und besitzen eine Breite von 5-6 μ. Die blasen-artige Erweiterung des End-Stückes hat einen Durchmesser in der Längs-Richtung von 31—35 μ. Die farblosen 8—14 μ hohen Sterigmen schnüren die rundlichen 2—3 μ grossen Sporen ab. Häufig werden dunkle Perithetien gebildet. Es ist nur eine Isolierung bekannt und zwar nach ELLIOTT 32) in den salzigen See-Marschen Englands.

A. niger Gruppe.

Für Böhmen, sowie Deutschland liegen einzelne Isolierungen vor. Aus Oesterreich beschreiben ihn JANKE HOLZER 48) aus dem Wiener Becken. In dem gleichen Lande beobachtet ihn KUBIENA 59) direkt im Boden. In Italien ist diese Gruppe nach unseren Erfahrungen sehr verbreitet. Unsere Untersuchungen erstrecken sich über die römische, sowie neapolitanische Kampagna und Sizilien. Einzelne Proben wurden auch bei Bergamo und Laurana gezogen. Aus kultiviertem Erdreich bei Volterra beschreibt sie VERONA 118, 119). In Jugoslawien erkennen wir die Gruppe in Wein-Gärten und unter Obst-Bäumen. Eine vereinzelte Angabe aus russischen Feldern liegt von RAILLO 89) vor.

Das Wachstum erfolgt sehr rasch. Das Myzel weist erst helle, später gelbe Tönungen auf. Die farblosen oder gelben Träger entstehen direkt aus dem Substrat-Myzel und sind durch recht dicke, deutlich lichtbrechende Wände ausgezeichnet. Die köpfchenartige Blase schnürt in 2 Reihen von Sterigmen die Konidien ab. Die primären Sterigmen sind keulig, wogegen die sekundären flaschen-förmig ausgebildet sind. Die Konidien weisen rundliche Gestalt auf. Gelbe oder braune Sklerotien können beobachtet werden. Nach dem physiologischen Verhalten sind zahlreiche Rassen vorhanden.

A. calyptratus Gruppe.

Aus den Niederlanden danken wir KONING 58) eine Isolierung. In U.S.A. gelingen WAKSMAN 123, 124, 125) einzelne Isolierungen. Selbst für das Gebiet von Alaska liegt eine positive Angabe vor. Dieser letzte Bericht steht mit Erfahrungen, dass die Vertreter dieser Gattung oft hohe Breiten meiden, nicht in Einklang.

Es werden braune bis rot-braune Rasen mit gelbem Rand und brauner

Unter-Seite ausgebildet. Die septierten vegetativen Hyphen sind hyalin. Die Blase, welche in einer Reihe Sterigmen die Konidien abschnürt ist braun gefärbt. Beobachtet man sie mit den in Ketten abgesonderten Konidien, so gewinnt man den Eindruck einer dunklen Säule. Die einzelnen Konidien sind grau getönt. Die Gestalt ist rund, die Grösse beträgt 2—3 μ. Die Länge der Konidien-Träger beträgt 200—300 μ.

A. nidulans Gruppe.

In Europa sind bis heute keine Isolierungen bekannt. Aus U.S.A. liegen von WAKSMAN 123, 124, 125), sowie GODDARD 36) Angaben vor.

In Kultur beobachtet man sammtige Lager, welche weiss, gelb-grün oder grün gefärbt sind. Bei beginnender Perithetien-Bildung nimmt die Kultur einen wolligen Habitus an. In diesem flockigen Gewebe entstehen die Perithetien. Die Unter-Seite der Kolonie ist braun- oder braun-rot gefärbt. Die septierten leicht geneigten Konidien-Träger sind zimmt-braun gefärbt, ihre Höhe beträgt 50—100 μ. Die Blase macht einen dom-artigen Eindruck. Sie schnürt an 2 Reihen von Sterigmen die Konidien ab, welche parallel mit der Achse des Trägers angeordnet sind. Die rundlichen Konidien sind 3—3.5 μ gross.

A. diversicolor Gruppe.

Aus England danken wir DALE 25) eine Isolierung, in den salzigen See-Marschen des gleichen Landes erwähnt sie ELLIOTT 32). Für U.S.A. danken wir WAKSMAN 123, 124, 125) zahlreiche Angaben.

Die Färbung, welche zwischen weiss, gelb, rosa, orange-gelb und grün spielen kann, gibt der Gruppe den Namen. Unter-Seite und Substrat sind gelb, rosa bis rot getönt. Die Ausbildungs-Form kann starke Myzel-Bildung bevorzugen oder in manchen Fällen auch reichliche Konidien-Bildung. Die farblosen 500—700 μ hohen Träger weisen glatte Wände auf. Der Längs- Durchmesser der köpfchen-artigen Blase beträgt 125 μ. Die Konidien werden an zwei Reihen von Sterigmen abgesondert. Die runden Konidien sind 2.5—3 μ gross, sie sind durch die rauhe Ausbildung ihrer Wand charakterisiert. In den Hyphen beobachtet man manchmal Oel-Tropfen. Auf die Bedeutung des Farben-Spieles macht WAKSMAN 123, 124) besonders aufmerksam. DALE 25) berichtet, dass in einzelnen Fällen Konidien auch direkt vom Myzele abgeschnürt werden. Sie hebt ferner die Dick-Wandigkeit derselben hervor. Bei diesen Beobachtungen handelt es sich jedenfalls um kleine Abweichungen, wie sie durch unterschiedliche Rassen bedingt sein können.

A. conicus Gruppe.

Aus dem Boden ist nur eine Isolierung von DALE 25) aus England bekannt.

Die langsam wachsende Kolonie bildet zunächst eine unregelmässige Masse verknäulter Hyphen, am Rand sind dieselben in das Substrat eingetaucht. Erst beobachtet man eine helle Färbung, mit fortschreitendem Alter tritt Grau- Grün- oder Schwarz-Färbung ein. Die Unter-Seite der Kulturen ist dunkel-grün bis schwarz getönt. Die kurzen Träger fruktifizieren nur an der Spitze der konisch ausgebildeten Blase. Die Konidien sind elliptisch gestaltet, ihre Länge beträgt 4—5 μ, ihre Breite 2—3 μ. Mit zunehmendem Alter wird die Wand derselben beträchtlich verdickt, ebenso ist die Rauheit derselben hervorzuheben. Ihre Färbung ist grün.

A. fuscus Gruppe.

Aus den Niederlanden danken wir OUDEMANNS und KONING 81) eine Beschreibung. In England berichtet DALE 25) über ihre Anwesenheit. Aus U.S.A. danken wir WAKSMAN 123, 124) Angaben. JENSEN 49) liefert eine Beschreibung aus dem Staate New York.

Die Kolonien sind braun gefärbt. Die Träger weisen eine Länge von 200 μ auf. Die Blase ist nur 16—20 μ gross. Fruktifizierung erfolgt nur an dem oberen Teile, an welchem zwei Reihen Sterigmen stehen. Die Konidien sind rund.

A. candidus Gruppe.

DALE 25) erbringt Angaben aus dem Boden Englands. In Russland gelingt RAILLO 89) eine Isolierung. Für Italien danken wir VERONA 118, 119) Angaben. In Gemüse-Beständen Kalabriens erkannten wir diese Gruppe sehr oft. Unter Oliven-Bäumen, sowie Wein-Gärten Jugoslawiens fiel uns das häufige Vorkommen dieser Gruppe auf. Eine weitere Isolierung in diesem Lande gelang unter einem Pinien-Bestand an der südlichen Küste.

Ein eigener Dimorphismus liegt vor. Einmal werden die Konidien-Träger, sowie die Konidien nach dem normalen Aspergillus Typ gebildet. Dem steht dann die Abschnürung von Konidien an kleinen Trägern ohne Ausbildung einer Blase gegenüber. Die nach der letzten Art gebildeten Konidien halten in dichten Lagen oder Ketten zusammen. Der Rasen bewahrt sehr lange seine weisse Färbung, erst mit fortschreitendem Alter wird er gelb.

A. ochraceus Gruppe.

Isolierungen sind nur aus Italien bekannt. Aus unbebauter Erde bei Volterra danken wir VERONA 118, 119) eine Angabe. Selbst ermittelten wir den Pilz aus Erd-Proben von Gemüse-Beständen bei Neapel. Ferner ist eine Isolierung unter Orangen-Bäumen bei Fondi zu finden.

Die Kulturen weisen gelbe Färbungen auf, welche durch die unterschiedlichsten Schattierungen gekennzeichnet sind. Grüne Färbungen gehen ab. Die Konidien-Träger zeigen wechselnde Grösse. Ihre Wände sind gelb gefärbt und leicht aufgerauht. Die farblose Blase ist rundlich gestaltet; in zwei Reihen von Sterigmen werden die elliptischen Konidien abgesondert. Dieselben sind sehr klein und zu festen Ketten zusammen-geballt.

A. flavus Gruppe.

Aus Europa sind bis heute keine Isolierungen bekannt. In U.S.A. macht WAKSMAN 123, 124) auf das Auftreten in den verschiedensten Ländern aufmerksam. Selbst in Hawai und Porto-Rico gelingt es diese Gruppe zu isolieren.

Zunächst werden sehr mächtige, hell getönte Myzel-Lager ausgebildet. Der Konidien-Rasen nimmt eine Gelb-Färbung an, welche die unterschiedlichsten Tönungen aufweist. Mit zunehmendem Alter tritt Braun-Färbung ein. Die Unter-Seite ist gelb bis rosa getönt. Die 400—1.000 μ langen Konidien-Träger haben farblose Wände. Im Inneren weisen dieselben granulierte Massen auf, der Rand ist rauh ausgebildet. Die Blase, welche durch eine rauhe Oberfläche ausgezeichnet ist, sondert an einer Reihe von Sterigmen die runden grünlichen Konidien in langen Ketten ab. Die Form ist sehr wärmeliebend. Das Optimum liegt bei 33° C. Konidien-Bildung ist erst bei 30° C möglich.

A. Wentii Gruppe.

Es ist eine Isolierung durch RAILLO 89) in russischer Erde bekannt. WAKSMAN 123, 124) danken wir Angaben aus dem Gebiete von U.S.A.

Das kräftig entwickelte Luft-Myzel ist erst hell, später wird es gelblich um dann die typische gold-gelbe Tönung zu bekommen. Zunehmendes Alter bedingt Braun-Färbung. Die Unter-Seite nimmt die gleiche Tönung an. Die Träger erreichen eine Länge von 2—3 mm, ihre Breite beträgt 10—12 μ. Sie sind farblos und deutlich septiert. In zwei Serien von Sterigmen erfolgt die Absonderung von Konidien, dieselben haben eine birnen-förmige Gestalt und sind 4—5 μ lang.

Die verhältnissmässig geringe Verbreitung dieser Pilz Gattung im Erd-Reich muss auffallen. Besonders die Zahl der Fund-Stellen in Europa ist nicht gross. Es sind vielfach sehr Wärme liebende Formen, dadurch wird das Verbreitungs-Gebiet naturgemäss eingeschränkt. Sie scheinen meist niedrige Breiten und geschützte Lagen zu bevorzugen. Gerade in diesen Gebieten stehen noch eingehende Untersuchungen aus. Neue Bearbeitungen könnten die Zahl der Verbreitungs-Gebiete noch erhöhen.

Die unterschiedliche Bedeutung, welche den beiden Gattungen *Aspergillus* und *Penicillium* zukommt, bedingt dass wir sie hier scharf voneinander abgrenzen.

Die Gattung *Penicillium* ist im Boden viel verbreiteter, als die vorhin abgehandelte. Die Zahl der Arbeiten über *Penicillien* ist in den letzten Jahren recht gross geworden. Die neuesten Arbeiten der russischen Forscher, so von RICHTER 93) und Mitarbeitern berichten, dass in manchen Böden ihres Heimat-Landes diese Gattung den Grundstock der Pilz-Flora darstellt.

Die Systematik dieser Gattung ist ein sehr schwieriges Gebiet. Alle die vielen Arbeiten über die *Penicillien* sind dem angestrebten Ziel einer raschen Bestimmung der Arten nicht näher gekommen. Die Einführung vieler neuer Formen hat eine Wieder-Erkennung und vor allem Bestimmung überhaupt unmöglich gemacht. Nach gründlichen eigenen experimentellen Studien und unter Verarbeitung der Erfahrungen von SOPP 104) WESTLING 133), WÖLTJE 136) und THOMS 114) machten wir uns ein praktisches Einteilungs-Prinzip. Unser Leit-Gedanke ist einen einfachen Weg, welcher allgemein leicht verstanden wird, einzuschlagen. Nur solche Formen können berücksichtigt werden, welche wir selbst kultivierten.

Vollkommen aussichtslos muss es erscheinen alle die vielen irgendwie beschriebenen Formen zu berücksichtigen.

Jede Bestimmung hat mit der mikroskopischen Kontrolle zu beginnen. Material welches zu dieser benützt wird muss stets auf dem gleichen Nähr-Boden kultiviert werden. Die ohnehin variable Ausbildung des Konidien-Trägers wird sehr leicht durch Ernährungs-Bedingungen beeinflusst. Viele Angaben der Literatur sind zu verwerfen, da sie mikroskopische Merkmale von Proben der verschiedensten Kulturen vergleichen. Wir verwenden zur Ermittlung der mikrospopischen Merkmale Kulturen, welche stets auf dem immer gleich zusammen-gesetzten Czapek Agar gezogen werden. Die Temperatur soll immer 20—22° C betragen. Für Verdunkelung der Platten ist zu sorgen. Das Rezept des erwähnten Nähr-Bodens lautet wie folgt:

Wasser	1.000 ccm
Natrium-Nitrat	2.0 g
Kalium-Phosphat	1.0 g
Magnesium-Sulfat	0.5 g
Kalium-Chlorid	0.5 g
Eisen-Sulfat	0.01 g
Saccharose	30.00 g

Diese Nähr-Lösung wird mit 2% Agar Agar versetzt. Die Anzucht erfolgt in Petri-Schalen. Für Vergleichs-Zwecke ist es unbedingt notwendig Material von Kulturen gleichen Alters zu nehmen. Es ist empfehlenswert die mikroskopische Kontrolle nach einer 4—5 tägigen Kultur-Dauer vorzunehmen. Die Ausbildung der Konidien tragenden Teile ist kein vollkommen constantes Merkmal. Fortgesetzte Über-Impfungen einzelner Konidien lehren dies. Aus diesem Grunde ist es ganz zwecklos eine sehr eingehende mikroskopische Beschreibung zu liefern. Besonders schwankend sind die Grössen-Abmessungen. Wir fassen hier jene mikroskopischen Merkmale zusammen, welche konstant erhalten bleiben.

Mikroskopische Merkmale, welche der Einteilung dienen.

I. Der Konidien tragende Teil des Penicillus besteht nur aus einem Stockwerk. Dies sind die Sterigmen.

II. Der Konidien tragende Absatz setzt sich aus mehreren Teilen zusammen. Es können 4 Glieder und zwar Rami, Ramuli, Metulae und Sterigmen vorhanden sein. Die Aufeinander-Folge dieser einzelnen Partien ist nicht symmetrisch, gewöhnlich erfolgt sie typisch ein-seitig.

III. Die Zahl der Stockwerke kann die gleiche sein, wie bei II, aber die Aufeinander-Folge ist regelmässig. Der Träger macht einen sehr zarten Eindruck.

I. MONOVERTICILLIUM
II. ASYMMETRICUM
III. SYMMETRICUM.

Hervorzuheben ist, dass man auch bei Symmetricum gelegentlich einzelne asymmetrische Abzweigungen findet. Ein weiteres Eingehen auf die mikroskopischen Merkmale zur Unter-Teilung in Gruppen unterbleibt. Einzelne für bestimmte Arten charakteristische Merkmale sind angegeben. Gelegentlich bringen wir auch Grössen-Abmessungen. Zu Einteilungs-Prinzipien dürfen dieselben im allgemeinen nicht herangezogen werden. Fig. 20 gibt eine schematische Übersicht der wichtigsten mikroskopischen Merkmale dieser Gattung.

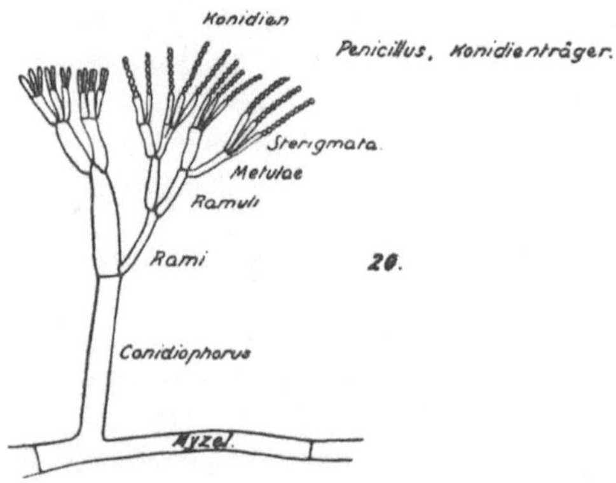

Fig. 20. Schematische Darstellung eines Konidien-Trägers der Gattung Penicillium.

Sehr wichtig ist ein eingehendes Studium der morphologischen

Merkmale. Ein derartiger Vergleich ist selbstverständlich nur auf einem Standard-Nähr-Boden möglich. Sehr viele Angaben der Literatur sind nicht brauchbar, da sie sich bei Vergleichen auf verschiedene Nähr-Medien beziehen. Wir benützen den von SOPP 104) empfohlenen Nähr-Boden, welchen wir als Normal Boden bezeichnen. Es handelt sich um eine normale Fleisch-Gelatine, die einen Zusatz von 5% Rohr-Zucker und 3% Glyzerin erhält. Besonders bei der II. Gruppe ist das Studium der morphologischen Merkmale wichtig.

Morphologische Charakteristik.

I. Monoverticillium ist meist durch dünne und glatte Decken gekennzeichnet.

II. Asymmetricum wird nach der morphologischen Beschaffenheit seiner Decken in drei Gruppen geschieden.
1. Die Decken der Kolonien weisen einen sammtigen Habitus auf.
2. Der Charakter der Kolonien ist vollig oder flockig.
3. Die Kolonie stellt keine geschlossene Decke dar, sondern ist in einzelne Bündel aufgelöst.

In diese Gruppen kann man noch einzelne Unter-Abteilungen einfügen. Die Kolonien des sammtigen Habitus können verschiedene Muster aufweisen. Erfolgt die Anordnung in den Petri-Schalen strahlig in der Richtung der Radien so spricht man von der Unter-Abteilung Radiata, werden stern-förmige Lager gebildet, so heisst diese Unter-Gruppe Stellata.

Perithetien-Bildung ist nach dem Stande unserer heutigen Erfahrungen nicht bei allen Arten bekannt. Weitere Studien und vor allem geänderte Kultur-Bedingungen können auf diesem Gebiete noch manches Neue bringen. Die in der Systematik benützte Scheidung zwischen Formen, welche Perithetien bilden und solchen welche nicht dazu befähigt sind kann keinen bleibenden Wert haben. Unsere aus dem Boden isolierten Formen schreiten häufig zu der Bildung solcher Perithetien und Sklerotien. Auffallend ist die meist grosse Übereinstimmung, welche zwischen diesen Gebilden herrscht. Die Färbung kann weiss, gelb, rosa oder rot sein. Besondere Nähr-Medien benützen wir nicht. Der gewöhnliche Normal-Boden genügt für diese Zwecke. Die Fig. 21 zeigt diese Perithetien-Bildung.

Fig. 21. Perithetien-Bildung eines Penicilliums, vergleiche den einzelnen Ascus.

Ein weiteres wichtiges Merkmal ist das Farben-Spiel. Benützt man Nähr-Böden bestimmter Zusammensetzung so kann diese Eigenschaft zur Identifizierung verwendet werden. Besonders geeignet für diese Zwecke ist RAULIN Gelatine.

Bedeutung des Farben-Spiels zur Identifizierung.

RAULIN Gelatine nachstehender Zusammensetzung wird benützt.

Zu der fertigen Lösung 2 fügt man 66 ccm der Lösung 1 hinzu.

Lösung 1.	Lösung 2.
0.4 g $MgCO_3$	46.6 g Saccharose
0.71 g Weinsäure	2.66 g NH_4NO_3
mit Wasser auf 100 ccm gebracht	0.4 g NH_4HPO_4
	0.16 g $(NH_4)_2SO_4$
	0.04 g $ZnSO_4$
	0.04 g $FeSO_4$
	800—900 ccm Wasser dazu.

Besonders rote und gelbe Töne sind auf diesem Medium gut zu verfolgen. In der Gruppe Symmetricum kann man auf diese Weise zwei wichtige Unter-Gruppen beobachten und zwar die Purpureum und luteum Gruppe.

Die physiologischen Merkmale hat man schon oft versuchsweise zu der Bestimmung benützt. Art und Menge der gebildeten Säuren wird verfolgt. Wir verweisen auf die Studien von WEHMER 127), 128), 129) und WOELTJE 136). Vielfach wird auch das Verhalten gegenüber Giften studiert. Eine systematische Verwertung dieser Eigenschaften erscheint uns bedenklich da hier die Gewöhnung eine grosse Rolle spielen kann. TIUKOV 116) erkennt, dass gewisse Arten zur Bildung von Stärke befähigt sind, andere erzeugen vorwiegend Säuren. Allein auf Grund dieser Eigenschaften ist eine Einteilung nicht möglich, aber als Hilfs-Mittel kann man sie werten.

Bedeutung der physiologischen Eigenschaften für die Bestimmung.

1. Eine Prüfung auf Zitronen-Säure ist stets durchzuführen. Für diese Bestimmung kann man auf WOELTJE Lösung kultivieren.

Wöltje Lösung: 1 g Asparagin, 0.5 g KH_2PO_4, 0.25 g $MgSO_4$, 7.5 g Saccharose, 100 Wasser.

Die Prüfung auf Zitronen-Säure erfolgt mit dem Reagens nach Dèniges.

2. Durch Tritration mit n/10 NAOH ist die Säure-Menge zu bestimmen. Oft wird es auch genügen anzugeben, dass viel oder wenig Zitronen-Säure gebildet wurde.

3. Zu dem Abbau von Fetten sind einzelne Formen befähigt. Will man sich von dieser Fähigkeit überzeugen, so muss man gut gereinigte Substanzen benützen. Durch Verunreinigung kann Wachstum vorgetäuscht werden. Für derartige Untersuchungen benützt man: Rinder-Talg, Palm-Fett und Arachid-Oel. Ein Zusatz von Nähr-Salzen ist gut.

4. Manche Formen können Zellulose abbauen. Für diese Studien wählt man Papier oder Zellulose. Anfeuchtung mit Nähr-Salzen ist gut. Nach STAPP 105) kann man sie alkalisch oder sauer verwenden.

Sauer: 0.5 g $(NH_4)_2SO_4$, 0.25 g KH_2PO_4, 0.1 g $MgSO_4$.

Alkalisch: 0.5 g $NaNO_3$, 0.25 $KHPO_4$, 0.1 g $MgSO_4$. Mit Wasser ist auf 1.000 aufzufüllen.

I. *MONOVERTICILLIUM*

Absonderung der Konidien von dem nur Sterigmen bildenden Konidien-Träger.

Penicillium coeruleum

Aus Norwegen danken wir SOPP 104) eine Isolierung.

Mikroskopie: Typisches Monoverticillium. Der Konidien-Träger ist an der Spitze angeschwollen. Die 5 μ grossen Konidien sind rund. Morphologie: Leichte, glatte Decken. Auf derselben fällt die reichliche Abscheidung von Wasser-Tröpfchen auf. Weisse Sklerotien verleihen in fortgeschrittenem Alter den Decken ein körneliges Aussehen. Farben-Spiel: Die Konidien-Lager sind stahl-blau getönt. Der Rand der Kolonie ist weiss, die Unter-Seite gelb. Physiologie: Zitronen- und Apfel-Säure werden gebildet. Fette und Zellulose werden nicht verarbeitet.

Penicillium albo roseum.

Im Boden unter Obst-Bäumen ist nach unseren Erfahrungen der Pilz sehr verbreitet. Sopp 104) gelingt eine Isolierung aus dem Boden Norwegens.

Mikroskopie: Gegenüber der vor-erwähnten Art keine Unterschiede. Morphologie: Dünne, glatte Decken, dicht mit rosa oder gelben Sklerotien und Perithetien besetzt. Farben-Spiel: Die Konidien-Bildung ist fast unterdrückt, nur die Färbung der Sklerotien ist zu erwähnen. Physiologie: Die starke Bildung von Zitronen-Säure ist zu erwähnen. Zellulose wird kräftig abgebaut. Fette gestatten kein Wachstum.

Penicillium turbatum.

In den Waldungen Böhmens sehr verbreitet. Ein gemeinsames Vorkommen mit Mucorineen ist selten zu beobachten.

Mikroskopie: Die Länge der Sterigmen ist recht beträchtlich, man kan sie mit 12 μ angeben. Die Breite beläuft sich etwa auf 3 μ. Die Gestalt der Konidien ist oval bis birnen-förmig. Morphologie: Die Decken sind dünn und glatt, hervorzuheben sind weisse Sklerotien, durch dieselben nimmt die Kultur ein körneliges Aussehen an. Farben-Spiel: Die Kolonien sind grau-grün getönt. Die Unter-Seite ist gelb bis braun. Physiologische Eigenschaften: Kräftige Bildung von Zitronen-Säure. Fette, sowie Zellulose werden nicht angegriffen.

Penicillum griseum.

In den Wald-Gebieten Böhmens verbreitet. Aus Oesterreich liegen von Janke Holzer 48) Angaben vor. In russischem Weide-Land erkennt Raillo 89) die Form. Aus Norwegen danken wir Sopp 104) eine Angabe.

Mikroskopie: Die Konidien-Träger sind sehr kurz, ihre Absonderung erfolgt unter einem rechten Winkel. An den etwa 8 μ langen Sterigmen werden die hell-grünen Konidien gebildet. Morphologie: Die Decken sind sehr dünn. Farben-Spiel: Die Lager sind blei-grau getönt. Die Unter-Seite ist gelb. Physiologie: Sehr starke Bildung von ZitronenSäure. Fette und Zellulose werden nicht zerlegt.

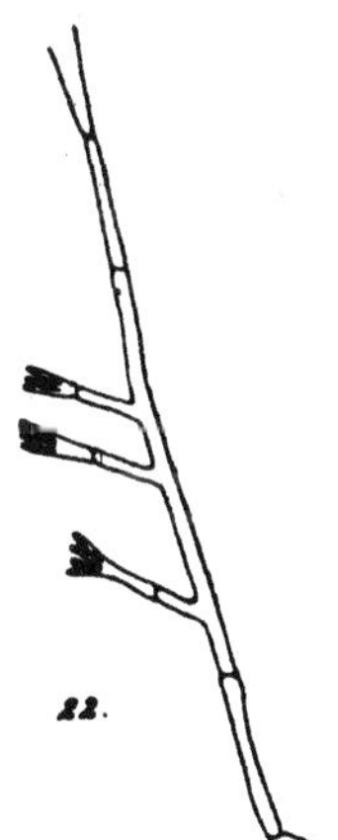

Fig. 22. P. restrictum. Die Konidien-Träger sind in Reihen angeordnet.

Penicillium sanguifluum.

Nach Sopp 104) ist in Norwegen eine Isolierung bekannt.

Mikroskopie: Die Konidien fallen durch die geringe Grösse von $1^1/_2$ μ auf. Morphologie: Der wollige Habitus der Decken ist anzuführen. Farben-Spiel: Das Myzel ist rot getönt, die gleiche Verfärbung erleidet das Substrat. Rote Flüssigkeits-Tropfen sind zu erwähnen. Physiologie: Zitronen-Säure wird gebildet. Fette und Zellulose werden nicht angegriffen.

Penicillium restrictum.

In den unterschiedlichsten Hoch-Mooren Böhmens zu finden.

Mikroskopie: Die kleinen septierten Konidien-Träger, welche als seitliche Äste der Hyphen gebildet werden sind typisch. Die Fig. 22 zeigt diese Ausbildung. Die kleinen Sterigmen sind anzuführen, dieselben sind sehr spitz. Morphologie: Der Habitus der Kolonien ist wollig. Farben-Spiel. Graue Konidien-Lager, der Rand ist weiss, die Unter-Seite bleibt farblos oder gelb. Physiologie: Die Bildung von Zitronen-Säure ist sehr kräftig. Fette und Zellulose werden nicht verarbeitet.

Penicillium virido album.

In den Waldungen Böhmens verbreitet. Aus Norwegen liegen von Sopp 104) Angaben vor.

Mikroskopie: Keine Unterschiede gegenüber der vorerwähnten Art. Einzig die Septen der Träger fehlen. Morphologie: Typisch wollig. Farben-Spiel: Blau-grün bis olive, der Rand ist gelb und die Unter-Seite rot. Physiologie: Reichliche Bildung von Zitronen-Säure. Fette und Zellulose werden nicht zerlegt.

Penicillium fuscum.

Nach Sopp 104) ist eine Isolierung aus Norwegen bekannt.

Mikroskopie: Die ungefähr 6 μ grossen, stacheligen Konidien sind ein deutliches Merkmal. Die birnen-förmigen Sterigmen sitzen an septierten Trägern. Morphologie: Im Vergleiche mit anderen Vertretern der Gruppe ist hervorzuheben, dass die Decken sehr hart sind, die Ausbildung ist fast leder-artig. Farben-Spiel: Die Konidien-Decke ist oliv-grün, die Unter-Seite weist rote Tönungen auf. Physiologie: Zitronen-Säure wird gebildet, Fette und Zellulose bleiben unverändert.

Penicillium simplex.

In Oesterreich erkennen Janke Holzer 48) die Art einmal im Wiener Becken. Aus U.S.A. liegen von Waksman 124), 125) Isolierungen vor.

Mikroskopie: Die birnenförmigen stacheligen Konidien sind typisch. Morphologie: Leichte, wollige Decken sind die normale Art der Ausbildung. Farben-Spiel: Tief-grün, mit einem weissen Rand, die Unter-Seite ist ungefärbt oder rosa. Über die Physiologie ist nichts bekannt.

Peni cillium purpurescens.

Wir kennen nur eine Isolierung von Norwegen, welche wir Sopp 104) danken.

Mikroskopie: Dieses Bild gibt nur die Möglichkeit der Anordnung in dieser Gruppe. Morphologie: Derbe, filzige Decken. Farben-Spiel: die oliv-grüne Decke ist von regelmässigen roten Adern durchzogen. Dieses Merkmal ist sehr typisch. Physiologie: Die Bildung von Zitronen-Säure ist schwach. Fette und Zellulose werden nicht angegriffen.

Penicillium Pfefferianum Gruppe.

Nach Raillo 89) in Russland bekannt. Auf das Vorkommen in U.S.A. weist Waksman 123, 124) hin.

Mikroskopie: Die 3 μ starken und 200 μ langen Konidien-Träger weisen an ihrem Ende eine keulige Erweiterung auf. Die glatten, selten stacheligen Konidien sind farblos oder gelb. Ihre Gestalt ist elliptisch, die Länge beträgt 4—8 μ, die Breite 2—4 μ. Morphologie: Die Decken sind leicht wollig. Farben-Spiel: Die Konidien-Lager sind grau-grün, rote Töne fehlen. Physiologie: Reichlich ist die Bildung von Zitronen-Säure. Fette und Zellulose bleiben unverändert.

Penicillium decumbens.

In Böhmen ist diese Form in Waldungen sehr verbreitet. Man trifft sie unter guten und schlechten Beständen. Für England liegt von ELLIOTT 32) eine Angabe vor. In dem Gebiete von U.S.A. erkennt ihn WAKSMAN 123, 124).

Mikroskopie: Die Konidien-Träger werden als nieder-liegende Äste der Hyphen gebildet. Die 2—3 μ grossen Konidien sind von rundlicher Gestalt. Morphologie: Der sammtige Rasen, welcher durch die überwachsenden Hyphen-Knäuel auffällt, ist typisch. Farben-Spiel: Die Konidien-Decke ist grau-grün mit einem rosa Schimmer. Physiologie: Die Zitronen-Säure-Bildung ist sehr stark. Eine kräftiger Abbau von Fetten und Zellulose ist gegeben. Die beigefügte Fig. 23 zeigt den für die Gruppe MONOVERTICILLIUM typischen Konidien-Träger.

Fig. 23. P. decumbens. Konidienträger in der Art eines Monoverticilliums.

Penicillium cinerascens.

In Böhmen ist diese Art unter Waldungen, sowie in Mooren recht oft zu finden. Manchmal trifft man ihn unter Gemüse-Pflanzen und in Aeckern. Aus Oesterreich danken wir JANKE HOLZER 48) Angaben aus dem Wiener Becken.

Mikroskopie: Die ungefähr 25 μ hohen Konidien-Träger entspringen meist zu zweit aus den Hyphen und endigen in sehr spitze Sterigmen. Die runden Konidien sind 1.5—2 μ gross. Morphologie: Kein Unterschied zur früheren Art. Farben-Spiel: Die Konidien-Decke ist grau-grün, mit fortschreitendem Alter erkennt man braune Verfärbung. Physiologie: Zitronen-Säure wird nur wenig gebildet. Fette, sowie Zellulose erleiden keinen Angriff.

Penicillium citreo-viride.

Uns gelingt eine Isolierung in einem Hafer-Feld der Slowakei. JANKE HOLZER 48) danken wir Isolierungen aus Oesterreich.

Mikroskopie: Die starke Septierung des Konidien-Trägers ist hervorzuheben. Derselbe ist kurz, die maximale Länge beträgt 80 μ. Die runden Konidien weisen Grössen von 2—5 μ, auf. Morphologie: Die Decken sind leicht und dünn ausgebildet. Farben-Spiel: Die Decken sind blau-grün getönt, die gelbe Unter-Seite verleiht den Namen. Physiologie: Reiche Bildung an Zitronen-Säure ist hervorzuheben. Fette und Zellulose erleiden keinen Abbau.

Penicillium lividum.

Fund-Orte sind aus den Rand-Landschaften Böhmens bekannt. Von

Russland danken wir RAILLO 89) Angaben. Auf die Anwesenheit in England macht DALE 25) aufmerksam. Für U.S.A. liegen von WAKSMAN 123, 124) Berichte vor.

Mikroskopie: Dieselbe zeigt nichts Typisches. Morphologie: Sehr dünne Decken. Farben-Spiel: Die Konidien-Decke ist blau-grün, mit weissem Rande. Physiologie: Viel Zitronen-Säure wird gebildet. Kein Abbau von Fetten und Zellulose. Die Fig. 24 zeigt die Konidien-Träger.

Fig. 24. P. lividum. Typisches Monoverticillium.

Penicillium glaber Gruppe.

In Böhmen ist eine weite Verbreitung in den Wald-Landschaften der Rand-Gebiete gegeben. Manchmal trifft man Vertreter dieser Gruppe auch unter Gemüse-Kulturen. In den Waldungen Süd-Deutschlands erkannten wir die Form auch. Nach HOLZER JANKE 48) ist ihre Verbreitung auch in Oesterreich gegeben. In den Alpen gelingen uns Isolierungen. Der Schweiz fehlt die Form desgleichen nicht. Für Russland liegen von RAILLO 89) Beobachtungen vor. Vereinzelt erkennen wir Vertreter dieser Gruppe in Italien. Aus U.S.A. liegen von WAKSMAN 123, 124) Berichte vor.

Mikroskopie: Die stark septierten Träger sondern an 8—9 μ langen Sterigmen die dick-wandigen, manchmal etwas rauhen Konidien ab. Deren Durchmesser beträgt 2—3 μ. Die keulige Erweiterung des Trägers, welcher die Sterigmen entspringen ist hervorzuheben. Morphologie: Die Decken sind dünn und sammtig. Farben-Spiel: Die Konidien-Decke ist grau-grün, auf der Unter-Seite fallen rote Ausscheidungen auf. Der Rand der Lager ist weiss. Physiologie: Die Zitronen-Säure-Bildung ist sehr stark. Fette werden zerlegt. Deutlich ist der Abbau von Zellulose.

Penicillium albicans.

Aus Norwegen ist nach SOPP 104) eine Isolierung bekannt. Für Russland liegen von RAILLO 89) Angaben vor.

Mikroskopie: Lange, derbe Träger mit keulig erweiterten Enden sind zu erwähnen. Die runden Konidien sind 3—4 μ gross. Morphologie: Die Decken machen den Eindruck eines pudrigen Überzuges. Farben-Spiel: Sehr helle Lager, Unter-Seite gelb. Physiologie: Geringe Säure-Bildung. Abbau von Fetten und Zellulose unterbleibt.

Penicillium robustum.

Es ist nur eine Isolierung von SOPP 104) aus Norwegen bekannt.

Mikroskopie: Die sehr derben Sterigmen, welche der Art den Namen geben sind hervorzuheben. Das Myzel ist sehr fein. Die rundlichen Konidien haben eine Grösse von 3.5 μ. Sehr verbreitet sind Kristalle von zitronen-saurem Kalk. Morphologie: Typisch sammtig. Farben-Spiel: Die Konidien-Decke ist grau-grün. Die Unter-Seite erscheint gelb. Physiologie: Die Bildung von Säure ist sehr schwach. Zitronen-Säure ist überhaupt nicht zu erkennen. Abbau von Fetten und Zellulose ist nicht möglich.

Penicillium sublateritium.

In Böhmen nach unseren und in Oesterreich nach JANKE HOLZERS 48) Erfahrungen verbreitet; es kommen vor allem Waldungen in Frage.

Mikroskopie: Ein typisches Monoverticillium ohne nähere Kennzeichen. Morphologie: Sammtige Decken, leichte Zonen-Bildung am Rande. Farben-Spiel: Die hell-blaue Färbung ist typisch. Physiologie: Nahezu keine Säure-Bildung. Kein Abbau von Fetten und Zellulose.

Die beiden Arten, welche nun zu behandeln sind, fallen durch die Verzweigung des Konidien-Trägers auf. Auf diese Weise sind mehrere Konidien absondernde Teile vorhanden.

Penicillium affine.

In Böhmen in Laub-Waldungen zu finden. Die gleichen Stand-Orte können wir vor der Schweiz angeben. In Italien erkannten wir die Form einmal in Garten-Erde.

Mikroskopie: Die hell-glänzenden etwa 1 mm langen stark verzweigten Träger sind typisch. Die länglichen Konidien weisen Ausmasse von 4 μ Länge und 2 μ Breite auf. Morphologie: Wolliger bis filziger Habitus. Farben-Spiel: Die Konidien-Decke ist grün. Die Unter-Seite ist ungefärbt. Physiologie: In geringer Menge wird Zitronen-Säure gebildet. Zellulose wird verarbeitet. Den Träger zeigt die Fig. 25.

Fig. 25. P. affine. Beispiel eines verzweigten Konidien-Trägers bei einem Monoverticillium.

Penicillium flavidorsum.

In einem Torf-Stich im Wiener Becken liefern JANKE HOLZER 48) für Oesterreich eine Angabe.

Mikroskopie: Sehr lange, im unteren Teile unverzweigte Träger liefern das Kenn-Zeichen der Art. Morphologie: Die Decken sind sehr dünn. Farben-Spiel: Grau-grüne Konidien-Lager sind typisch: die Unter-Seite ist gelb bis grün. Physiologie: Die Säure-Bildung ist gering, Zitronen-Säure entsteht überhaupt keine. Zellulose bleibt unverändert.

II. *ASYMMETRICUM.*

Der Konidien-Träger besitzt einen recht komplizierten Konidien absondernden Apparat. Man kann 4 Stock-Werke unterscheiden und zwar Rami, Ramuli, Metulae und Sterigmen. Es ist keineswegs notwendig, dass alle diese vier Teile vorhanden sein müssen. Wichtig ist, dass die nach aufwärts strebende Verzweigung der Konidien ablösenden Teile stets asymmetrisch oder einseitig erfolgt. Ein eingehendes Studium, sowie eine genaue Beschreibung dieser Partien erscheint uns überflüssig, da viele Merkmale sehr variabel sind. Die häufig derben und eckigen Zell-Formen sind hervorzuheben. Bereits erwähnt wurde die Wichtigkeit eines Studiums der morphologischen Merkmale. Man hat folgende Abteilungen zu unterschieden.

VELUTINA oder SAMMTIGE
LANATA oder WOLLIGE
FASCICULATA oder GEBÜNDELTE.

VELUTINA.

Auf Normal-Boden machen die Pilz-Decken einen typisch sammtigen Eindruck. Die von THOM 114) benützte Unter-Teilung kann hier verwendet werden.

1. ELLIPTICA.
2. RADIATA.
3. STELLATA.
4. DIVARICATA.

Nach diesem Einteilungs-Prinzip beginnen wir die Besprechung.

1. Elliptica.

Die elliptischen Konidien, deren Länge nie unter 3 μ liegt, meist aber 4 μ übertrifft sind typisch. Ein weiteres Kenn-Zeichen stellen die dünnen, oft brüchigen Decken dar.

Penicillium digitatum.

Nach WAKSMAN 123, 124) im Gebiete von U.S.A. verbreitet.

Mikroskopie: Der Konidien absondernde Teil des Trägers ist derb ausgebildet; auf fingerartige Verzweigungen ist hinzuweisen. Typisch sind die lang-gestreckten, zylindrischen Konidien, welche eine Länge von 8 μ aufweisen. Morphologie: Die zarten brüchigen Decken sind ein gutes Merkmal. Farben-Spiel: Die Tönung ist matt, eine stumpfe Grün-Färbung ist zu erwähnen. Physiologie: Die in der WOELTJE'schen Nähr-Lösung gebildete Säure-Menge kann durch 2 ccm n/10 NaOH neutralisiert werden. Zellulose-Abbau ist möglich. Fette werden nicht verarbeitet. Ein deutlicher aromatischer Geruch ist zu verspüren. Zwischen 25 und 5° C ist Wachstum möglich.

Penicillium oxalicum.

In einzelnen Feldern Böhmens ist der Pilz zu erkennen. Für U.S.A. gibt WAKSMAN 123, 124) Verbreitung an.

Mikroskopie: Ein typisches Asymmetricum ohne besondere Merkmale ist zu erkennen. Morphologie: Keine Unterschiede gegenüber der vorigen Art. Farben-Spiel: Lebhaft grün, auf der Unter-Seite treten gelbe und rote Ausscheidungen hervor. Physiologie: Die reichliche Bildung an Oxal-Säure scheidet von den anderen Arten. Fette, sowie Zellulose bleiben unverändert.

Penicillium atramentosum.

In Böhmen in Waldungen zu finden. Für U.S.A. danken wir WAKSMAN 123, 124) Angaben.

Mikroskopie: Keine Unterschiede gegenüber der vorerwähnten Art. Farben-Spiel: Blaugrün mit gelber oder brauner Unter-Seite, wesentlich ist die Braun-Färbung, welche man mit zunehmendem Alter auf der Ober-Seite erkennt. Physiologie: Die Säure-Menge kann mit 1 ccm

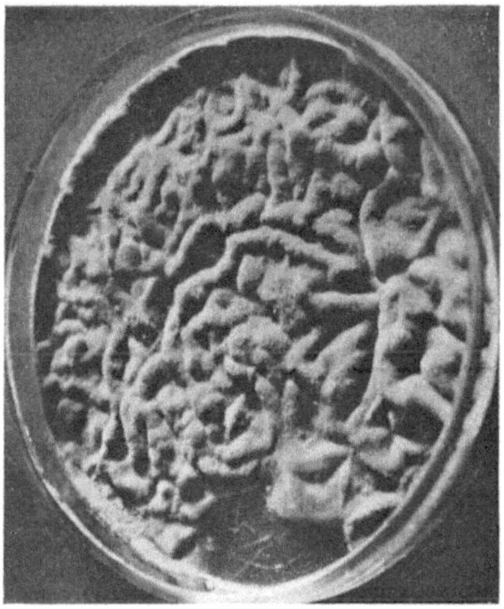

Fig. 1. P. atramentosum. Sammtige Ausbildung.

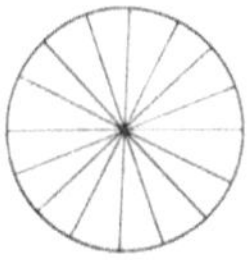

Fig. 2. Schematische Darstellung des Wachstums bei Radiata.

Fig. 3. Konidienträger in der Art eines Asymmetricums. P. notatum.

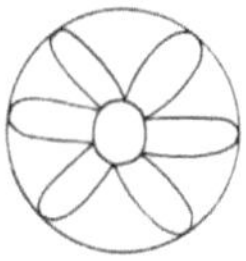

Fig. 5. Schematisches Wachstums-Bild von P. roqueforti.

Fig. 4. Wachstums-Bild von P. notatum.

n/10 NaOH neutralisiert werden. Zitronen-Säure ist nicht zu fassen. Ein eigener Geruch nach Amyl-Azetat ist zu verzeichnen. Fette, sowie Zellulose bleiben unverändert. Die Fig. 1 auf Tafel I zeigt das typische Wachstums-Bild dieser Art.

Penicillium umbonatum.

Nach RAILLO 89) in Russland verbreitet.

Mikroskopie: Die Konidien erreichen gerade die eingangs erwähnten Grenz-Werte. Die nach oben breiter werdenden Sterigmen und Metulae sind ein typisches Merkmal. Morphologie: Die Decken sind sehr zart und lassen in ihrer Mitte eine Erhöhung erkennen. Färbung: Grau-grün, mit einem weissen Rand. Die farblose oder gelbe Unter-Seite ist hervorzuheben. Physiologie: Die Säure-Bildung ist gering. Zitronen-Säure ist nicht vorhanden. Abbau von Fetten und Zellulose unterbleibt.

2. Radiata.

Das Wachstum der in der Petri-Schale kreisförmig ausgedehnten Kolonie erfolgt in der Richtung der Radien. Diesen Radien entsprechen Erhöhungen und Vertiefungen.

Penicillium notatum.

In Böhmen ist der Pilz in unterschiedlichen Acker-Feldern zu finden. Unter Gemüse-Beständen gelingen auch einzelne Isolierungen. Für Deutschland danken wir STAPP und BORTES 106) Angaben aus märkischen Waldungen. In Oesterreich erkennen ihn JANKE HOLZER 48). Für Russland liegt von RAILLO eine Angabe vor. 89) Aus U.S.A. danken wir WAKSMAN 123, 124) Beschreibungen.

Mikroskopie: Sterigmen und Metulae sind gleichmässig angeordnet, dabei fällt auf, dass stets ein Metulae asymmetrisch abzweigt. Recht manigfach sind die Verzweigungen der Rami, welche oft seitlich eigene Äste mit Sterigmen und Metulae absondern. Diese grosse Variabilität des Trägers darf aber nicht zur Aufstellung neuer Arten verleiten. Morphologie: Weiche, sammtige Lager, welche die radiäre Anordnung auf der Ober- und Unter-Seite, meist auf beiden Seiten, aufweisen. Gelegentlich erkennt man am Rande Zonen. Farben-Spiel: Die Konidien verleihen den Decken eine blau-grüne Färbung. Die Unter-Seite ist gelb. Physiologie: Schwache Säure-Bildung; keine Zitronen-Säure. Der Angriff auf Zellulose ist schwach. Fette ermöglichen keine Entwicklung. Auf Agar-Agar fällt ein angenehmer Geruch auf. Fig. 2 auf Tafel I zeigt ein schematisches Wachstums-Bild dieser Art; Fig. 3 auf Tafel I lässt den Konidien-Träger erkennen. Fig. 4 auf Tafel I zeigt im Licht-Bild das Wachstums-Bild.

Penicillium chrysogenum.

In Böhmen gelingen uns einzelne Isolierungen. Aus Oesterreich erwähnen JANKE HOLZER 48) diese Form in Wein-Gärten des Wiener-Beckens. In Russland liefert RAILLO 89) Beschreibungen. In Jugoslawien gelingt uns an der Meeres-Küste eine Isolierung. In Frankreich können wir an der Küste der Bretagne eine Beschreibung liefern. Auf die weite Verbreitung im Gebiete von U.S.A. macht WAKSMAN 123, 124) aufmerksam.

Mikroskopie: Eine Unterscheidung von der vorigen Art ist nicht möglich. Morphologie: Der radiale Anordnung der Decken ist etwas weniger deutlich. In fortgeschrittenem Alter erfolgt ein typisches Überwachsen der Kultur mit weissen oder rosa Hyphen-Knäueln. Farben-Spiel: Die Konidien-Decke ist blau-grün. Die Unter-Seite fällt durch gelbe bis rote Tönungen auf. Zum Unterschiede von der vorigen Art erleidet das Substrat nie eine gelbe Verfärbung. Physiologie: Die gebildete Säure-Menge ist gering. Zitronen-Säure wird nicht gefasst. Ein schwacher Angriff erfolgt auf Zellulose. Palm-Fett erlaubt deutliches Wachstum.

3. Stellata.

Das Wachstums-Bild ist durch die Ausbildung stern- und polygon-artiger Lager kenntlich.

Penicillium Roqueforti.

Die Form ist im Käserei-Betriebe beheimatet. Gelegentlich findet man sie auch im Boden. In diesem Zusammenhange weisen wir auf die Beobachtungen NIESENS 75) hin, dass zwischen Molkerei-Produkten und Pilzen ein Wechsel-Spiel besteht. RAILLO 89) danken wir eine Angabe aus Russland. Aus dem Gebiete von U.S.A. liefert WAKSMAN 123, 124) Isolierungen.

Mikroskopie: Der asymmetrische Konidien-Träger ist derb und weist zahlreiche Sterigmen auf. Morphologie: Dieses Studium zeigt sehr charakteristische Merkmale. Zunächst beobachtet man ein schleierartiges Myzel, welches bald sammtig wird und eine eigene Figurierung in der Art von Stern-Bildern aufweist. Farben-Spiel: Blau-grün, mit fortschreitendem Alter überwiegen braune Töne. Fig. 5 auf Tafel I zeigt dieses eigentümliche Art des Wachstums.

Penicillium suaveolens.

In Böhmen in Acker-Feldern, sowie auf Körnern des Weizens und des Roggens verbreitet. In England gelingt DALE 25) eine Isolierung. Für U.S.A. liegen von WAKSMAN zahlreiche Angaben vor.

Mikroskopie: Ein derber, asymmetrischer Konidien-Träger mit zahlreichen Sterigmen ist vorhanden. Weitere Anhalts-Punkte für die Bestimmung können nicht gegeben werden. Morphologie: Die Decken sind sammtig, mit einem deutlich polygonalen Muster. Diese Art des Wachstums ist sehr typisch; man kann sie als Merkmal zu der Bestimmung nützen. Farben-Spiel: Blau-grün, auf der Unter-Seite gelb, der Rand bleibt weiss. Physiologie: Die Säure-Bildung ist sehr stark; zur Neutralisierung der 20 ccm WOELTJE Lösung werden 4 ccm n/10 NaOH benützt. Zitronen-Säure ist nicht zu fassen. Vielleicht beruhen die Schädigungen, welche dieser Pilz an Getreide-Keimlingen auslöst auf der starken Säure-Bildung. Zellulose wird angegriffen. Fette bleiben unverändert. Fig. 1 auf Tafel II zeigt in sehr anschaulicher Weise das Wachstum.

4. Divaricata.

Der Namen wird von THOM 114) gewählt um zu zeigen, dass die Metulae einen eigenartigen divergierenden Habitus haben. An dem Rande der Decken erkennt man in den Petri-Schalen eigentümliche Wellen-Linien.

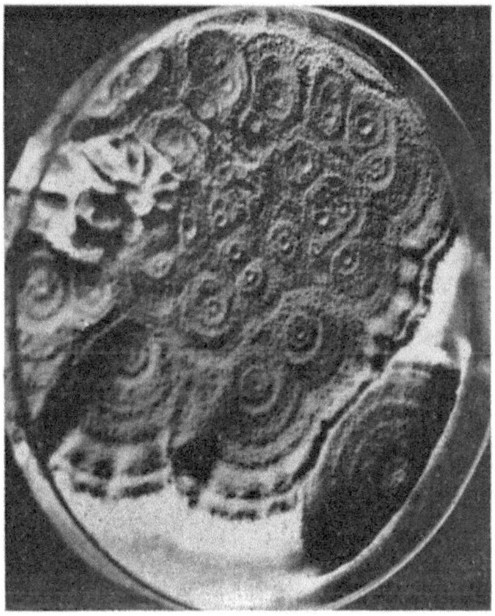

Fig. 1. P. suaveolens. Polygon- und sternartige Bilder.

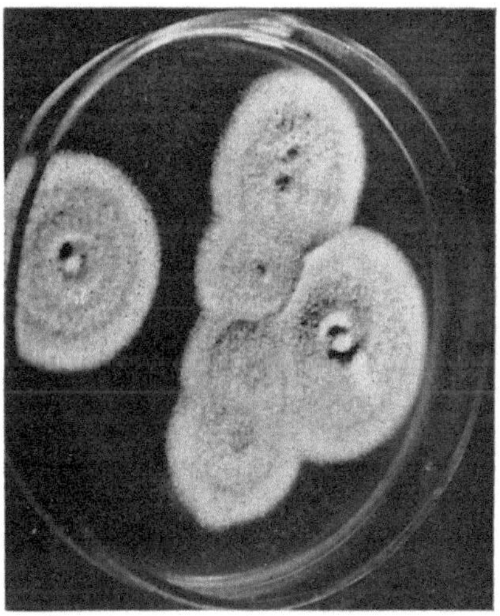

Fig. 2. P. intricatum. Wollige Ausbildung der Decken.

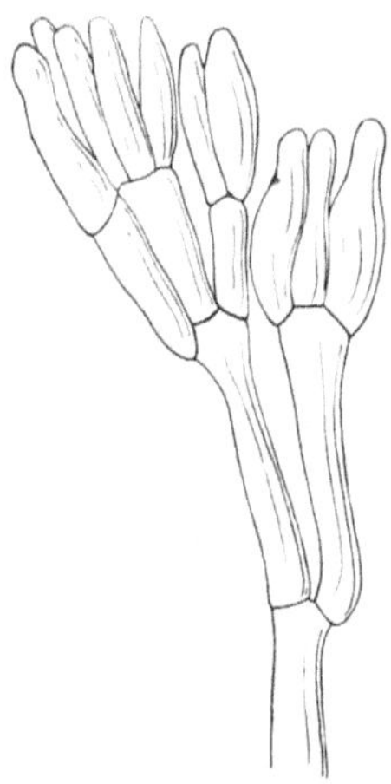

Fig. 3. P. solitum. Ein Konidien-Träger nach dem Typ von Asymmetricum.

Fig. 4. Schematische Darstellung der Sklerotien und Koremien.

Penicillium rubens.

In den Mooren des südlichen Böhmer-Waldes gelang uns eine Isolierung.

Mikroskopie: Die Ausbildung des Konidien absondernden Teiles ist manigfachen Schwankungen unterworfen. Vorwiegend erkennt man asymmetrische Formen, daneben findet man aber auch symmetrische Typen. Gelegentlich ist Sterigmen-Bildung in der Art nach Monoverticillium zu verfolgen. Typisch ist die divergierende Ausbildung der Metulae. Morphologie: Sammtige Decken mit den vorhin erwähnten Wellen-Linien am Rande. Farben-Spiel: Die Konidien-Decke ist blau-grün, die Unter-Seite ist deutlich rosa bis rot getönt und teilt diese Färbung auch dem Substrate mit. Physiologie: Der Herkunft entsprechend ist eine sehr starke Säure-Bildung; 4,5 ccm n/10 NaOH sind zur Neutralisierung der 20 ccm Nähr-Lösung notwendig. Fette, sowie Zellulose bleiben unverändert.

LANATA.

Die Kolonien weisen einen deutlich wolligen Charakter auf. Gelegentlich sind Myzel-Verknäulungen und ausläuferartige Bildungen zu erwähnen. Dieselben verleihen den Kulturen oft ein drahtartiges Aussehen. Die unterschiedliche Färbung der Decken kann zu der Bestimmung genützt werden.

a. Helle Farben, grüne Töne fehlen.

Penicillium lilacinum.

In Böhmen gelingen uns keine Isolierungen. Für Oesterreich ist auf die Angaben Janke Holzers 48) hinzuweisen. Dale 25) danken wir eine Isolierung aus England. Das Gebiet von U.S.A. bearbeitetWaksman 123, 124).

Mikroskopie: Die Träger sind sehr kurz und reich verzweigt. Morphologie: Der Habitus ist wollig bis fleckig. Einzelne sitzende Koremien sind zu erwähnen. Farben-Spiel: Die Lager sind weiss bis rosa getönt; die Unter-Seite ist lila. Physiologie: Keine Säure-Bildung; die Reaktion ist in das alkalische Gebiet verschoben.

Penicillium canescens.

In Böhmen gelingen uns Isolierungen aus Gemüse-Gärten. Eine Fund-Stelle liegt in den sandigen Böden Nord-Böhmens. Aus England danken wir Dale eine Beschreibung 25). In Norwegen erfolgt durch Sopp 104) Erwähnung.

Mikroskopie: Wenig Unterschiede gegenüber der vorerwähnten Art. Die schmalen sehr spitzen Sterigmen sind hervorzuheben. Morphologie: Wollige bis filzige Lager sind die normale Ausbildungs-Form. Farben-Spiel: Weisse bis hell-graue Töne herrschen vor, das Substrat wird purpurn verfärbt. Physiologie: Schwache Säure-Bildung. Über den Abbau von Fetten und Zellulose ist nichts bekannt. Eine Temperatur von 20° C ist das Optimum der Entwicklung. Unter 4° C ist kein Wachstum mehr möglich.

Penicillium intricatum.

In Böhmen, sowie der Slowakei gelingen uns einzelne Isolierungen. Für England liegen von Dale 25) Angaben vor. Aus den Gebiete von U.S.A. stammen von Waksman 123, 124) Angaben.

Mikroskopie: Der Habitus ist deutlich wollig; einzelne Hyphen-Verknäulungen sind hervorzuheben. Farben-Spiel: Grau- bis Grün-Färbung. Die Unter-Seite ist meist gelb oder braun. Physiologie: Über Säure-Bildung ist nichts bekannt. Sehr kräftig ist der Abbau von Zellulose. Fette wurden nicht studiert. Fig. 2 auf Tafel II zeigt die wolligen Decken dieser Art.

Penicillium biforme.

In Böhmen gelingt uns eine Isolierung. Für England weisen wir auf die Angaben DALES 25) hin. Aus russischem Acker-Boden danken wir RAILLO 89) eine Angabe. NIELSEN 73) danken wir ein Erwähnung aus Grönland.

Mikroskopie: Der Konidien-Träger ist viel derber ausgebildet, als bei den beiden vorigen Arten. Die beiden sehr langen, meist aufgerauhten Rami sind zu erwähnen. Die Gestalt der Konidien ist elliptisch. Morphologie: Typische wollige Decke mit einer deutlichen Tröpfchen-Abscheidung. Farben-Spiel: Vorübergehend weiss, dann grau-grün. Leicht fleischfarbene Verfärbung ist hervorzuheben. Die Unter-Seite bleibt farblos. Physiologie: Säure-Bildung ist bekannt. Fette und Zellulose werden nicht angegriffen. Auffallend ist ein sehr unangenehmer Schimmel-Geruch.

b. Gelbe bis grüne Färbungen.

Penicillium terrestrum.

DALE 25) danken wir eine Angabe aus England. RAILLO 89) beschreibt die Art unter dem Namen P. ochraceum aus russischem Boden.

Mikroskopie: Sehr lange Konidien-Träger, deren Verzweigung erst an der Spitze einsetzt sind zu erwähnen. Morphologie: Wollig, mit typischen kolonieartigen Verknäulungen. Farben-Spiel: Gelbgrün mit einem weissen Rande. Die physiologischen Eigenschaften sind nicht studiert.

c. Blaugrüne Färbungen.

Penicillium solitum.

In den Hoch-Mooren des Böhmerwaldes fanden wir die Art oft. Aus Oesterreich danken wir JANKE HOLZER 48), sowie KUBIENA 89) Angaben. In italienischer Rot-Erde bei Laurana gelingt uns eine Isolierung. Aus dem Acker-Land des nördlichen Russland liefert RAILLO eine Beschreibung 89).

Mikroskopie: Die Konidien-Träger erreichen eine beträchtliche Höhe. Die Sterigmen sind flaschenförmig ausgebildet. Die Wände sind durchwegs glatt; hervorzuheben sind Kalkoxalat-Ausfällungen. Morphologie: Die Lager sind wollig mit einer leichten Ring-Bildung am Rande, sowie Myzel-Überwachsungen in der Mitte. Farben-Spiel: Blau-grün, manchmal blau-violett, mit einem weissen Rande. Rote Farbstoff-Ausscheidungen in das Substrat, welche die Kolonien von unten deutlich rot erscheinen lassen sind typisch. Physiologie: 4.5 ccm n/10 NaOH werden zur Neutralisierung der Kulturen benützt. Das hohe Säuerungs-Vermögen passt gut zu den Fund-Stellen. Der Abbau von Zellulose ist deutlich. Fette ermöglichen Wachstum. Die Wachstums-Grenzen liegen zwischen 10 und 35° C. Ein angenehmer esterartiger Geruch ist hervorzuheben. Die Fig. 3 auf Tafel II zeigt einen Konidien-Träger dieser Art. Es handelt sich dabei um eine typische Ausbildungs-Art von Asymmetricum.

Penicillium commune.

Eine allgemein sehr weit verbreitete Pilz-Form. Häufig in der Luft zu finden. In den obersten Partien des Erdreiches gelingt oft Isolierung. Eine Anführung der vielen Fund-Stellen erscheint überflüssig, da keine typischen Bedingungen vorliegen. Interessant ist, dass die Art oft unter Obst-Bäumen zu erkennen ist. Im Einklange damit steht die Erfahrung, dass die Form häufig Fäulen der verschiedensten fleischigen Früchte auslöst.

Mikroskopie: Ein derber asymmetrischer Konidien-Träger ist zu erwähnen. Besondere Merkmale kann man nicht anführen. Morphologie: Schwach wollig, mit konzentrischen Ringen am Rande der Kultur. Unter manchen Bedingungen, so vor allem auf fleischigen Früchten, wie Birnen werden reichlich Koremien ausgebildet. Unter einem Koremium versteht man die Vereinigung von vielen einzelnen fruktifizierenden Konidien-Trägern zu einem grossen Gebilde; dasselbe weisst einen deutlichen Fuss auf, auf diesem sitzt hutförmig der Konidien erzeugende Teil, welcher eine Vielheit kleiner Konidien-Träger darstellt. Fuss und Hut sind meist unterschiedlich getönt. Hier ist der Fuss deutlich weiss gefärbt und der Kopf grün, wie es der Farbe der Konidien entspricht. Diese Koremien-Bildung unterbleibt nun bei dieser Art, sobald man auf Agar- oder Gelatine-Platten überimpft. Eine Rück-Impfung auf Birnen zeigt wieder die schönen, lang-stieligen Koremien. Auch Orangen sind in der Hinsicht ein gutes Medium. Auf die recht launenhafte Ausbildung der Koremien, welche oft mit Ernährungs- oder Wachstums-Bedingungen zusammenhängt haben BLOCHWITZ 12) und WEHMER 128) hingewiesen. Aus diesem Grunde erscheint es uns auch nicht zweckmässig An- oder Abwesenheit von Koremien als systematisches Merkmal zu verwerten. Es handelt sich bei dieser Erscheinung um eine Wuchs-Form. Farben-Spiel: Blau-grün, mit einem deutlichen weissen Rande; Unter-Seite, sowie Substrat sind braun. Physiologie: Säure-Bildung. Zellulose-Abbau ist bekannt.

Penicillium glauco ferrugineum.

Wald-Bestände in den Rand-Landschaften Böhmens. Nach SOPP 104) in Norwegen zu finden. JANKE HOLZER 48) danken wir in Oesterreich eine Isolierung aus dem Wiener Becken.

Mikroskopie: Kleine wirtelig verzweigte Träger mit deutlich angeschwollenen Enden sind zu erwähnen. Das Myzel ist durch besondere Feinheit charakterisiert. Die Konidien haben einen Durchmesser von 2 μ. Morphologie: Wollig; Hyphen-Verknäulungen sind deutlich zu sehen. Farben-Spiel: Blau-grün, mit zunehmendem Alter tritt braune Verfärbung ein. Physiologie: 5.5 ccm n/10 NaOH werden zur Neutralisierung der 20 ccm WOELTJE Lösung benötigt. Zellulose wird angegriffen.

Penicillium glauco griseum.

DALE 25) danken wir eine Isolierung aus englischem Erd-Reich.

Mikroskopie: Sehr derbe, meist stachelige Konidien-Träger sind hervor zu heben. Deutlich erkennbar sind die eckigen, breiten, sehr starken Metulae. Morphologie: Wollig, mit buckelartigen Verknäulungen. Farben-Spiel: Blau-grün, die Unter-Seite ist weiss, mit einem braunen Einschlag. Physiologie: Schwache Säure-Bildung. Die beste Entwicklung ist bei 20° gegeben.

Penicillium stolonifer.

DALE gelingt eine Isolierung in dem Boden Englands 25).

Mikroskopie: Die langen stark zusammen-gedrängten Träger sind hervorzuheben. Rami fehlen meist. Die Grösse der rundlichen Konidien beträgt 3 μ. Die Hyphen entsenden eigene Stolonen, welche eine Art Luft-Myzel formen. Morphologie: Die eben erwähnten Stolonen bedingen ein watteartiges Aussehen der Kolonie. Farben-Spiel: Blau-grün. Die Unter-Seite ist meist farblos, seltener gelb. Physiologie: Bis heute ist nichts bekannt.

FASCICULATA.

Die Konidien-Träger sind in aufrechten Bündeln, sowie Fascikeln vereint. Diese Bündel können sehr oft den Charakter von Koremien annehmen. Viele Vertreter dieser Gruppe bilden auf Agar-Platten Koremien aus, bei manchen hängt die Ausbildung dieser Form von Wachstums- sowie Ernährungs-Bedingungen ab. Wir haben früher bereits erwähnt, dass im letzteren Falle dieses Merkmal keinen bleibenden Wert hat und systematisch nicht berücksicht werden kann. Makroskopisch machen die Kulturen von Vertretern dieser Gruppe einen körneligen Eindruck, wobei hervorzuheben ist, dass das Wachstum gelegentlich in Form deutlich konzentrischer Ringe erfolgt. Diese Zonen-Bildung zeigt sich oft mit verblüffender Regelmässigkeit und kann ein constantes Merkmal vieler Arten sein. In dem Temperatur-Bereich zwischen 28 und 30° C werden oft Sklerotien und in einzelnen Fällen auch Perithetien gebildet. Meist ist die Färbung weiss. Fig. 4 auf Tafel II zeigt in schematischer Anordnung Koremien, sowie Perithetien.

Penicillium patulum.

Aus England liegt nach DALE eine Fund-Stelle vor. 25)

Mikroskopie: Die Konidien-Träger sind gebogen und lassen an ihren Berührungs-Stellen zusammenhängende Filamente erkennen. Die runden Konidien werden in Ketten abgeschnürt. Morphologie: Das Wachstum geht langsam von statten; die Kolonie ist in deutliche Fascikel aufgelöst. Am Rande der Schale fallen konzentrische Ringe auf. Farben-Spiel: Blau-grün, mit breitem weissen Rande und gelber bis rosa Unter-Seite. Über die physiologischen Eigenschaften ist nichts bekannt.

Penicillium majusculum.

Nach RAILLO 89) in russischen. Acker-Lande zu finden.

Mikroskopie: Die zunächst glatten Konidien-Träger nehmen bald ein rauhes Aussehen an. Die Rami fehlen gewöhnlich; von den recht kurzen Trägern werden die Konidien in Ketten abgeschnürt. Morphologie: Die Fascikel-Bildung ist als Gruppen-Merkmal vorhanden. Das Wachstum verläuft deutlich zonenartig. F a r b e n-Sp i e l: Blau-grün, zunehmendes Alter bedingt Braun-Färbung. Der Rand der Kolonien ist weiss; die Unter-Seite erscheint gelb. Über die p h y s i o l o g i s c h e n Eigenschaften ist nichts bekannt. Ein schimmelartiger Geruch ist zu erwähnen.

Penicillium cyclopium.

Aus E n g l a n d liefert DALE 25) eine Beschreibung. Für das Gebiet von U.S.A. liegen von WAKSMAN 123, 124) Angaben vor. Für Porto Rico ist eine Fund-Stelle bekannt.

M i k r o s k o p i e: Das kräftig ausgebildete Myzel enthält Einschlüsse von oxalsaurem Kalke. Typisch sind die rauhen Metulae. M o r p h o l o g i e: Anordnung in Fascikeln. Deutlich körnelige Ausbildung. Abscheidung von Wasser-Tropfen. F a r b e n-S p i e l: Die himmelblauen Lager sind von einem deutlich weissen Rand umgeben. Mit fortschreitendem Alter wird die Färbung stumpf. Die Unter-Seite ist gelb oder orange getönt. P h y s i o l o g i e: Über Säure-Bildung ist nichts bekannt. Abbau von Z e l l u l o s e ist möglich. Temperaturen über 30° C sind für das Wachstum nicht günstig.

Penicillium italicum.

Diese Pilz-Art ist auf den unterschiedlichsten Citrus-Früchten beheimatet. Das Erdreich unter Orangen-Bäumen beherbergt den Pilz sehr reichlich. Unsere Beobachtungen erstrecken sich auf I t a l i e n. In Gemüse-Beständen der neapolitanischen Kampagna, sowie auf Sizilien ist desgleichen Verbreitung gegeben. Für R u s s l a n d liegt von RAILLO 89) eine Isolierung vor. Das Gebiet von U.S.A. beschreibt WAKSMAN 123, 124).

M i k r o s k o p i e: Die deutliche ein-seitige Verzweigung ist zu erwähnen. Die Sterigmen und Metulae sind sehr breit und eckig. Die länglichen Konidien sind 4 μ lang und 3 μ breit. M o r p h o l o g i e: Deutlich körnelig, dabei ist hervorzuheben, dass die einzelnen Fascikel sehr nahe aneinander gerückt sind. F a r b e n-S p i e l: Grau bis blau-grün. Die nach 2—3 Wochen langer Kultur-Dauer erscheinenden Sklerotien verleihen der Kultur eine helle Farbe. Einzelne Sklerotien sind fertil und bilden Asci mit Sporen. Auf dem natürlichen Substrate den Citrus-Früchten ist die Art heller getönt, als auf der Raulin Gelatine. P h y s i o l o g i e: Deutliche Bildung von Zitronen-Säure. Z e l l u l o s e wird abgebaut. Auf diesem Medium ist besonders reichliche Bildung von Koremien zu erkennen. F e t t e ermöglichen eine schwache Entwicklung. Fig. 26 zeigt den Konidien-Träger dieser Art, Fig. 1 auf Tafel III lässt den Habitus der Kolonie erkennen.

Fig. 26. P. italicum. Konidienträger.

Penicillium crustosum.

In Ackern und Weiden B ö h m e n s recht verbreitet. Desgleichen kann die Anwesenheit auf unterschiedlichen Körnern, sowie Keimlingen sicher gestellt werden. Aus I t a l i e n liegt von VERONA 118), 119) eine Angabe vor.

M i k r o s k o p i e: Besonders typische Merkmale sind nicht zu verzeichnen. M o r p h o l o g i e: Am Rande erkennt man konzentrische Ringe mit deutlichen Fascikeln, im Inneren der Kulturen werden eigentümliche Leisten und Wülste geformt. Farben-Spiel: Grau-grün, die Unter-Seite bleibt ungefärbt oder ist schwach braun getönt. Physiologie: Schwache Säure-Bildung. Palm-Fett gestattet Wachstum. Stark ist der Abbau von Zellulose. Auf diesem Medium tritt eine besonders reichliche Bildung von Koremien ein. Fig. 2 auf Tafel III zeigt ein Habitus-Bild dieser Art.

Penicillium expansum.

In den unterschiedlichsten Acker-Feldern Böhmens recht verbreitet. Desgleichen ist Anwesenheit unter Gemüse- und Obst-Kulturen gegeben. In Ungarn gelingt uns auf dem Johannis-Berge bei Budapest eine Isolierung. Von russischem Steppen-Boden liefert RAILLO 89) eine Beschreibung. ELLIOTT 32) erwähnt die Art aus den See-Marschen Englands. Zahlreiche Angaben danken wir WAKSMAN 123, 124) für U.S.A.

Mikroskopie: Dieses Studium lässt keine besonders typischen Erscheinungen erkennen. Die Gestalt der Konidien ist rund bis elliptisch, die Grösse beträgt etwa 3 μ. Morphologie: Die Anordnung der Bündel erfolgt in streng regelmässigen konzentrischen Kreisen und zwar durch die ganze Kultur durch. Dieses Merkmal kann für die Bestimmung genutzt werden. Sehr häufig sind die Fascikel als Koremien mit einem recht kurzen Fuss ausgebildet. Farben-Spiel: Die blau-grüne Tönung ist deutlich ausgebildet. Zunehmendes Alter bringt häufig, aber nicht immer die Ausbildung brauner Koremien mit sich. Physiologie: Säure-Bildung ist bekannt, die Art der Säure ist nicht näher studiert. Diese Lücke sollte gerade hier noch ausgefüllt werden, da Schädigungen durch diesen Pilz, welche in einem Säure-Angriff bestehen sollen, bekannt sind. Zellulose wird abgebaut; die besonders kräftige Koremien-Bildung ist hier hervorzuheben. Fette bleiben unverändert. Die Fig. 3 in Tafel III gibt eine schematische Darstellung des Wachstums dieser Art.

Penicillium corymbiferum.

In der Schweiz gelingt uns im Kantone Tessin eine Isolierung. Aus England liegt von DALE 25) eine Angabe vor.

Mikroskopie: Die Rami sind mit deutlichen Warzen versehen; dieses Markmal ist für die Bestimmung verwertbar. Die Metulae sind sehr derb und eckig. Die Hyphen fallen desgleichen durch ihre grossen Breiten-Abmessungen auf. Sphaero-Kristalle können beobachtet werden. Morphologie: Die Anordnung in Fascikeln ist deutlich, die konzentrischen Ringe sind nicht so charakteristisch ausgebildet, wie bei der vorigen Art. Farben-Spiel: Blau-grün, die Unter-Seite ist gelb bis orange getönt. Temperaturen über 30° C ermöglichen kein gedeihliches Wachstum mehr. Mehr ist über die physiologischen Eigenschaften nicht bekannt. Fig. 4 auf Tafel III zeigt den Konidien-Träger mit den Warzen in den Rami.

Penicillium viridicatum.

Für Russland danken wir RAILLO 89) eine Angabe. In England erfolgt durch DALE 25) Erwähnung. Das Gebiet von U.S.A. prüft WAKSMAN 123, 125).

Mikroskopie: Die kriechenden Hyphen entsenden sehr kurze Konidien-Träger, welche erst im oberen Teile eine Verzweigung aufweisen. Die Konidien-Absonderung erfolgt in Ketten. Morphologie: Die Konidien-Träger

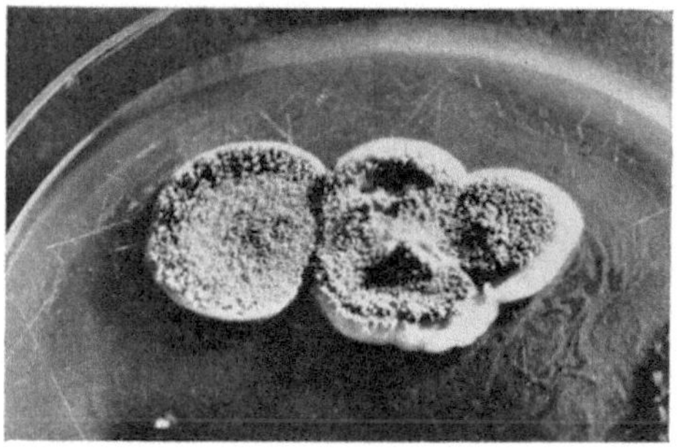

Fig. 1. P. italicum. Habitus der Kolonie.

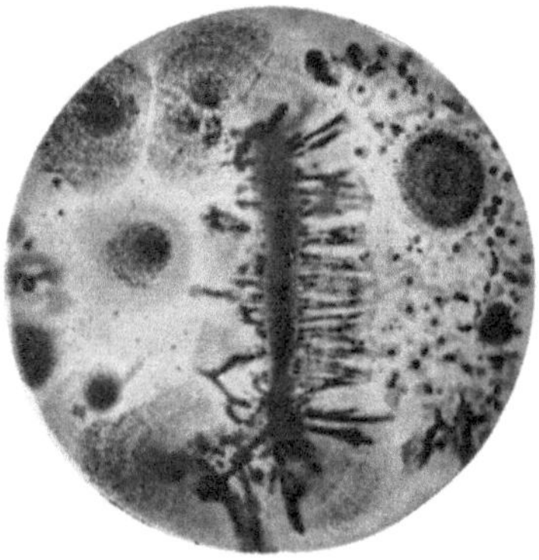

Fig. 2. P. crustosum. Habitus der Kolonie.

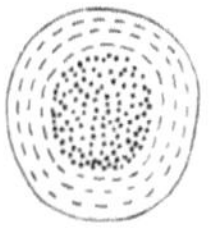

Figur 3. Schematische Darstellung des Wachstums von P. expansum.

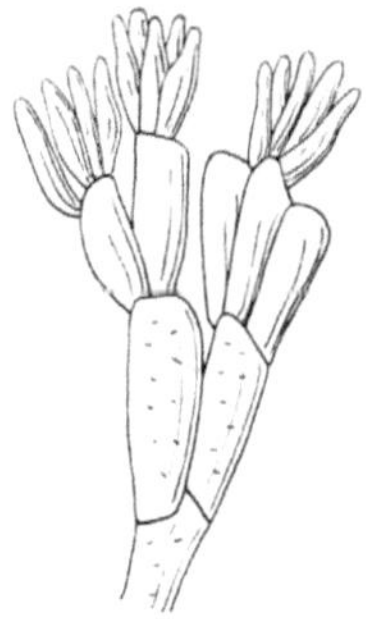

Fig. 4. P. corymbiferum. Konidien-Träger. Die Warzen in den Rami sind deutlich zu ereknnen.

Fig. 5. P. luteum Gruppe. Ausbildung des Konidien-Trägers.

sind zu säulenartigen Koremien vereint, welche das Substrat deutlich überhöhen. Die Ausbildungs-Art des Myzels ist deutlich flockig. Abscheidungen von Tröpfchen fallen auf. Farben-Spiel: Die Konidien-Decke ist grün und lässt einen deutlichen weissen Rand frei. Die Unter-Seite ist gelb. Physiologie: Schwache Säure-Bildung ist bekannt. Zellulose wird abgebaut. Fette bleiben unverändert. Im Gegensatze zu der vorigen Art werden Temperaturen von 30° C und mehr gut ertragen.

Penicillium claviforme.

In den unterschiedlichen Gemüse-Gärtnereien Böhmens sehr verbreitet. Von ELLIOTT 32) liegt aus den englischen See-Marschen eine Isolierung vor.

Mikroskopie: Diese Betrachtung bietet wenig charakteristisches; die Konidien werden in langen Ketten abgesondert. Morphologie: Diese Kontrolle liefert sehr typische Merkmale. Die Konidien-Decke setzt sich zum überwiegenden Teile aus Koremien mit einem sehr derben Fuss zusammen. Farben-Spiel: Die Köpfchen der Koremien sind vorwiegend grau-grün getönt; der Fuss ist rosa oder fleischfarben. Die Unter-Seite der Kolonie weist eine braune Tönung auf. Physiologie: Die Bildung von Säure ist bekannt. Deutlich erfolgt der Abbau von Zellulose. Auf diesem Medium ist besonders reichliche Bildung von Koremien zu erkennen; weiter ist die Verfärbung des Substrates zu erwähnen. Fette bleiben unverändert. Ein kräftiger aromatischer Geruch ist hervorzuheben.

III. *SYMMETRICUM.*

Jene Teile des Trägers, von denen sich die Konidien ablösen sind symmetrisch angeordnet. Sehr häufig erkennt man drei regelmässig angeordnete Metulae, welche ihrerseits die feinen Sterigmen absondern. Gewöhnlich setzt das mittlere der Metulae den Träger fort und die beiden anderen sind genau symmetrisch zu beiden Seiten angeordnet. Sowohl Metulae, als Sterigmen weisen meist abgerundete Formen auf und sind in der Regel viel zarter ausgebildet, als bei Asymmetricum. Bei der bekannt grossen Variabilität des Trägers sind Abweichungen stets möglich. Die Decken sind leicht, sowie fein-wollig ausgebildet. Dic glatte Ober-Fläche der Konidien-Decke ist meist deutlich zu sehen. Intensive gelbe und rote Färbungen sowie Ausscheidungen in das Substrat sind verbreitet. Reichlich ist die Bildung von Perithetien, sowie Sklerotien. Teils bleiben die Sklerotien steril, teils erleiden sie eine Umwandlung zu fertilen Formen. Die Färbung derselben kann gelb oder weiss, manchmal auch rosa sein. Koremien, deren Ausbildung auch hier mit Wachstums-Bedingungen zusammenhängt, sind oft vorhanden.

Bei der Beschreibung der Formen, weichen wir von unseren Vorgängern besonders stark ab, da wir uns mit wenigen Gruppen begnügen wollen, in die wir alle Formen unterbringen. Viele der früher eigenen Formen lassen sich ganz leicht als Wuchs-Formen deuten.

Luteum Gruppe.

Wir wählen absichtlich die Bezeichnung Gruppe, da gezeigt werden soll, dass mehrere Rassen hierher gehören. Ferner ist eine Anzahl von Wuchs-Formen zu berücksichtigen. Wir heben die Gruppen-Merkmale hervor.

M i k r o s k o p i e: Ein typisches Biverticillium, wie es die Fig. 5 auf Tafel III wiedergibt. Metulae, sowie Sterigmen sind deutlich ausgebildet, dabei ist zu bedenken, dass die letzteren die ersteren oft an Länge übertreffen. Wir selbst beobachten die Metulae stets in der Drei-Zahl. WEHMER 127) erwähnt gelegentlich das Auftreten von 4 Metulae. Die Länge des Trägers ist wechselnd, aber nie so beträchtlich als bei Asymmetricum. Häufig ist er durch Septen unterteilt. Die glatten elliptisch gestalteten Konidien sind 2.4—2.8 μ lang und 1.6—2.4 μ breit. Oxalat-Kristalle sind recht verbreitet. Das Myzel ist sehr fein ausgebildet. M o r p h o l o g i e: Leichte weiche, wollige Decken sind zu erwähnen, meist bleibt ein Myzel-Rand stehen. Der Habitus der Kulturen wird später durch das Auftreten von Sklerotien und Perithetien k ö r n e l i g. Diese Gebilde erscheinen erst nach einer mehr-wöchentlichen Kultur-Dauer, aber dann sehr regelmässig. Gelegentlich sind sie in das Hyphen-Geflecht eingebettet. Koremien-Bildung ist nicht in allen Kulturen zu erkennen. Dieselbe hängt jedenfalls mit besonderen Wachstums-Bedingungen zusammen. F a r b e n-S p i e l: Das Myzel ist durch gelbe Farben-Töne gekennzeichnet; am Rande der Kulturen wo die Konidien-Bildung meist unterbleibt, fällt es deutlich auf. In den Hyphen erkennt man oft gelbe körnelige Ausscheidungen. Die Konidien-Decke weist verschiedene Abstufungen von grün auf; die Unter-Seite ist meist orange getönt. Diese Drei-Färbung stellt ein sehr typisches Merkmal dar. P h y s i o l o g i e: Die Säure-Bildung ist schwach. Deutlich erfolgt Abbau von Z e l l u l o s e. Auf diesem Medium ist eine besonders reichliche Bildung von Koremien zu verfolgen. Dieser Entwicklung sind hohe Wachstums-Temperaturen besonders günstig. Selbst Perithetien-Bildung ist unter diesen Bedingungen möglich. F e t t e bleiben unverändert. Die Fig. 1 auf Tafel IV zeigt eine ältere Kultur mit Perithetien und Sklerotien.

Die Pilz-Gruppe hat ein besonders weites Verbreitungs-Gebiet. Hier seien nur die wichtigsten Isolierungen wieder gegeben. B ö h m e n: Waldungen in den Rand-Gebieten; teilweise auch in Laubholz-Beständen im Inneren des Landes. Besonders reichliches Auftreten verfolgen wir in Wäldern, die eine organische Düngung mit Lupinen erhalten hatten; hier sind die Wald-Gebiete bei Rakolus anzuführen. In dem nassen Sommer 1936 konnten wir sogar Perithetien dieser Gruppe unter Moos-Polstern verschiedener Waldungen erkennen. Auch in Kahl-Schlägen ist der Pilz bekannt. In den unterschiedlichsten Gemüse-Gärtnereien erkennen wir diese Gruppe sehr oft. In D e u t s c h l a n d isolieren wir den Pilz in den sandigen Acker-Schlägen der Mark Brandenburg, ferner in Gemüse-Gärtnereien des Spree-Waldes. Diese Stämme sind desgleichen durch starke Perithetien-Bildung ausgezeichnet. Aus Wiesen, Matten und Weiden im Gebiete des toten Gebirges ist über sehr reichliches Vorkommen zu berichten. Bei diesen Rassen kann nie Perithetien- oder Sklerotien-Bildung beobachtet werden. Die Kulturen sind durch ein typisch kreisförmiges Wachstum gekennzeichnet; in der Mitte fällt die grüne Konidien-Decke auf, am Rand erkennt man einen deutlichen gelben Rand, welcher durch das Myzel gebildet ist. Koremien-Bildung, welche wir bei anderen Arten verfolgten, fehlt bei diesen Stämmen. Aus dem Erdreich N o r w e g e n s danken wir SOPP 104) eine Isolierung. In I t a l i e n gelingen uns einige Isolierungen. Unsere Angaben gelten besonders für den Süden des Landes. Verschiedene Kulturen, wie Orangen, Oliven und Gemüse-Bestände sind zu erwähnen. J u g o s l a w i e n weist desgleichen einzelne Fund-Stellen auf. Die Kultur-Gattungen entsprechen den in I t a l i e n erkannten. Alle

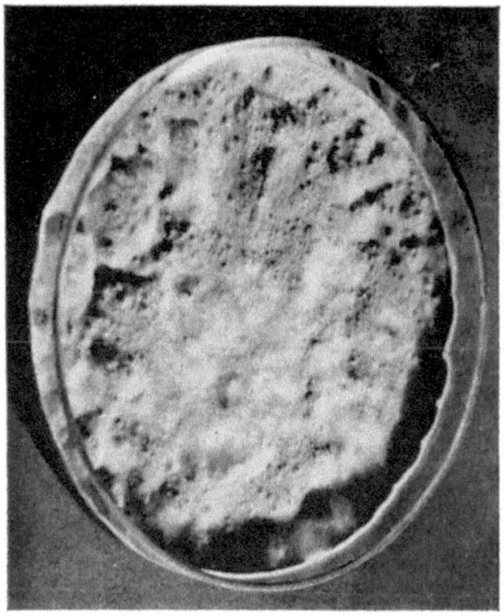

Fig. 1. P. luteum Gruppe. Alte Kultur mit Perithetien und Sklerotien.

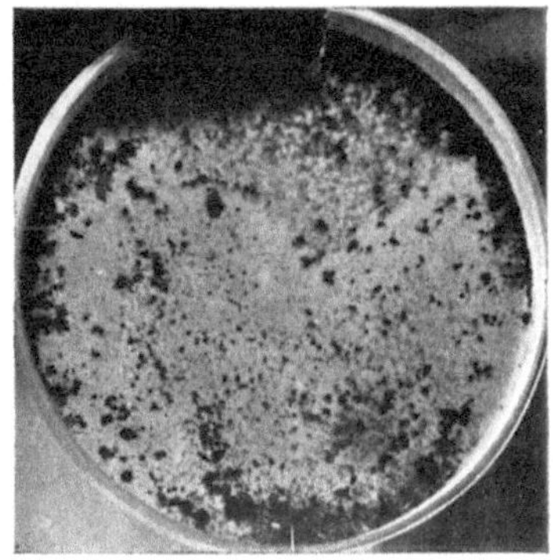

Fig. 2. P. luteum Gruppe. Koremien-Bildung bei der Wuchs-Form P. bicolor.

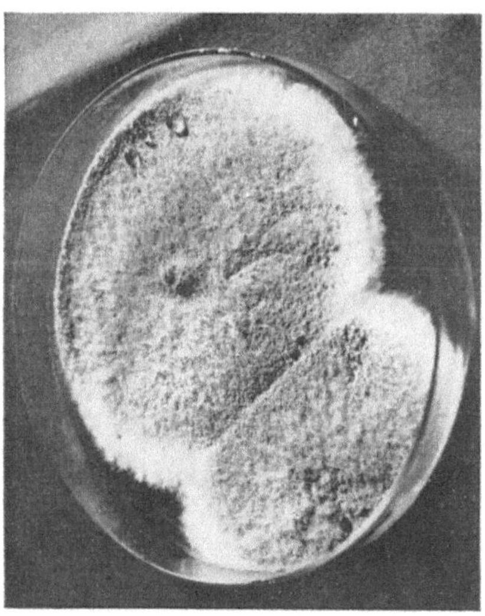

Fig. 3. P. luteum-viridum.

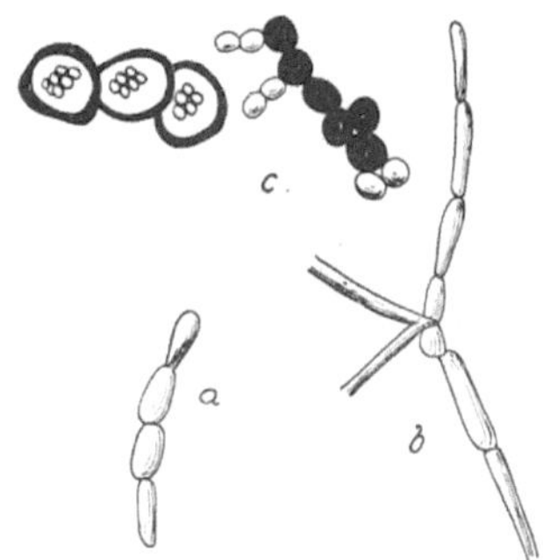

Fig. 4. Monilia nigra. *a.* Hefe-Typus. *b.* Myzel-Typus. *c.* Gemmen.

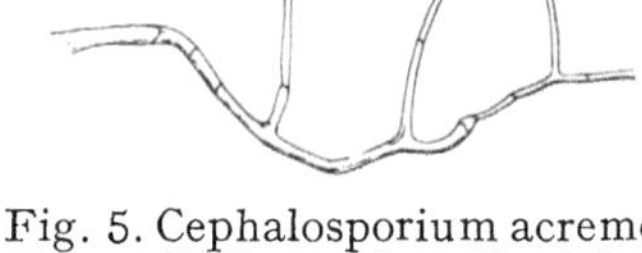

Fig. 5. Cephalosporium acremonium. Bildung der Konidien.

aus dem Süden isolierten Formen sind durch besonders starke Perithetien- sowie Sklerotien-Bildung gekennzeichnet.

Nun erfolgt die Beschreibung verschiedener Rassen, welche in einzelnen Merkmalen von der für die Gruppe gelieferten Beschreibung abweichen. Bei sonst gleicher Ausbildung fällt manchmal eine hell-grün getönte Konidien-Decke auf. Fund-Stellen sind vor allem in Italien bekannt. Wir erwähnen Wein-Gärten bei Fondi, sowie Gemüse-Gärtnereien bei Castellamare, ferner unbebautes Land in Sizilien. Ferner gehört das von THOM 114) beschriebene *P. sulfureum* in diese Gruppe. Sklerotien- und Perithetien-Bildung unterbleibt bei dieser Form. Verbreitung unter Äckern, sowie in Gemüse-Gärtnereien Böhmens ist gegeben. *P. bicolor*, welches von OUDEMANS 81) als weit verbreiteter Pilz humosen Bodens beschrieben wird, gehört als Wuchs-Form in diese Gattung. Die Kultur ist hier bis auf wenige Rand-Partien in Koremien aufgelöst. Der Fuss derselben ist breit und besteht aus gelben Myzel-Verknäulungen. Das Köpfchen setzt sich aus der grünen Konidien-Masse zusammen. Die bei der Haupt-Form gebildeten Koremien sind durch einen langen Stiel kenntlich, die hier gebildeten machen einen deutlich sitzenden Eindruck. Die Fig. 2 auf Tafel IV zeigt die Koremien-Bildung bei *P. bicolor*. Diese Ausbildungs-Form ist besonders in Böhmen sehr verbreitet; man erkennt sie in Wäldern, Mooren, Acker-Land, sowie Gemüse-Gärtnereien. Selbst auf Hut-Pilzen im Böhmerwald konnten wir diese Art beobachten. Einmal erkannten wir die Form auch in den Gärtnereien des Spree-Waldes. Aus Oesterreich bringen wir sie aus dem Helenen-Tal bei Wien mit. In italienischer Erde ermitteln wir sie bei Fondi. Perithetien und Sklerotien werden von dieser Wuchs-Form nie gebildet.

Penicillium luteum viridum

In Wein-Gärten des südlichen Italiens ermitteln wir die Form sehr häufig. Für Russland liegt von RAILLO 89) eine Angabe vor.

Mikroskopie: Die kräftig entwickelten Träger und vor allem die starke Verzweigung derselben rechtfertigt die Aufstellung einer eigenen Art. Morphologie: Die Decken sind wollig, später körnelig ausgebildet. Farben-Spiel: Hell-grün, mit einem deutlichen weissen Rand. Die Abscheidung roter Flüssigkeits-Tropfen ist zu verfolgen. Physiologie: Starke Säure-Bildung muss auffallen. Zellulose wird verarbeitet; Fette bleiben unverändert. Die Fig. 3 auf Tafel IV zeigt die Ausbildung dieser Art.

Penicillium Wortmanni.

In Waldungen ist der Pilz gelegentlich zu finden. Wir weisen auf unsere Erfahrungen in Böhmen, sowie in Deutschland hin.

Mikroskopie: Typisches, symmetrisches Biverticillium. Die Konidien sind sehr klein. Morphologie: Die sehr starke Sklerotien- und Perithetien-Bildung ist typisch. Die Konidien-Bildung wird oft durch diesen Vorgang unterdrückt. Die Kolonie nimmt unter diesen Bedingungen einen deutlich körneligen Habitus an. Farben-Spiel: Die Färbung der Kolonien ist durch die Perithetien gegeben, welche weiss, rosa oder gelb getönt sind. Soweit überhaupt noch eine Konidien-Bildung möglich ist, verleiht sie der Kultur einen grünen Schimmer. Physiologie: Starke Säure-Bildung ist bekannt. Der Abbau von Zellulose erfolgt sehr energisch. Fette bleiben unzersetzt.

P. purpureum Gruppe.

Die Anordnung erfolgt in der gleichen Weise, wie bei der Gruppe luteum, welche durch die gelben Farbstoff-Abscheidungen kenntlich ist. Hier sind die roten Abscheidungen massgebend. Mikroskopie: Der Konidien ablösende Teil des Trägers ist typisch symmetrisch gestaltet. Einzelne Verzweigungen des Trägers, die aber stets regelmässig sind, sind hervorzuheben. Morphologie: Weiche sammtige Decken. Gelegentlich werden lang-stielige Koremien geformt. Der Fuss derselben ist rot oder rosa. In einzelnen Fällen beobachten wir auch sterile Sklerotien, welche ebenfalls rosa getönt sind. Farben-Spiel: Die Konidien-Lager sind olive-grün oder blau-grün. Das Myzel weist gelbe Tönung auf. Die Unter-Seite nimmt oft rote Färbungen an. Das Substrat erleitet rote Verfärbungen. Durch die Sklerotien-Bildung geht der dunkle Ton der Konidien verloren und macht einem hellen Schimmer Platz. Physiologie: Die gebildete Säure-Menge ist gering. Zellulose wird stark abgebaut; Fette bleiben unverändert.

In Böhmen isolierten wir den Pilz recht oft. Gemüse-Kulturen ohne Rücksicht auf ihre geographische Lage beherbergen ihn reichlich. Hier ist auf die besonders schöne Koremien-Bildung hinzuweisen. Laubholz-Bestände bei Tetschen, sowie ein Rotfichten-Schlag in West-Böhmen führen die Art. Der rosa-rote Fuss der Koremien dieser Rassen kann eine Länge von 1 cm annehmen. Besonders reiche rote Farbstoff-Abscheidungen charakterisieren eine Form, welche wir unter einem Wiesen-Rain bei Deutsch Gabel in Böhmen fanden. In der Schweiz enthält eine Erd-Probe von Erdbeer-Kulturen bei Lugano den Pilz. Diese Rasse ist nicht zur Koremien-Bildung befähigt. Dafür erkennt man zahlreiche Sklerotien. Die gleiche Wuchs-Form isolieren wir in Sizilien, sowie unter Rot-Erde in Laurana. Jugoslawien: Ein vegetationsloser Hang beim Cetinje-Fall, sowie Obst-Kulturen bei Dubrovnik führen die erwähnte Art; hier ist wieder reichliche Sklerotien-Bildung zu erkennen. Aus Oesterreich und zwar in der Umgegend Wiens wird von uns die Koremien bildende Form isoliert. Die unter südlichen Breiten gebildeten Formen scheinen mehr zur Sklerotien-Bildung befähigt zu sein, als die an nördliche Breiten gewohnten. In England erkennt DALE einmal den Pilz 25). Für U. S. A. liegen von WAKSMAN 123, 124) Angaben vor.

Penicillium sanguineum.

In Böhmen erkennen wir die Form im Urwald des Kubany. Desgleichen ist er im toten Gebirge in Oesterreich zu finden. Die südlichste Isolierung gelingt uns in unbebautem Lande Siziliens.

Mikroskopie: Charakteristische Merkmale, welche von der vorigen Art scheiden könnten. fehlen. Im Myzele erkennt man einzelne Kalk-Oxalat-Ausfällungen. Morphologie: Die Decken sind wollig. Farben-Spiel: Dieses liefert Anhalts-Punkte für die Bestimmung. Die Hyphen sind rot-gelb getönt und scheiden den gleichen Farbstoff in das Substrat aus. Die dunkel-grüne Konidien-Decke wird nur im mittleren Teil der Kolonie gebildet, der äussere Gürtel bleibt orange getönt. Diese Kontrast-Färbung ist ein sehr typisches Merkmal. Physiologie: Die Säure-Bildung ist stärker, als bei den früher erwähnten Formen. Z e l l u l o s e wird verarbeitet. Auf diesem Medium, aber nach unseren Erfahrungen nur auf diesem, erfolgt starke Koremien-Bildung. F e t t e werden abgebaut; hier ist die Bildung von Perithetien zu verfolgen. Die beiden Beispiele lassen erkennen, wie sehr die Möglichkeit der Gewinnung von Koremien und Perithetien durch die Ernährungs-Bedingungen beeinflusst wird. Ein angenehmer Geruch ist zu erwähnen.

Die G a t t u n g *Scopulariopsis* ist eng an die G a t t u n g *Penicillium* anzuschliessen. Die Konidien-Träger sind sehr unregelmässig gestaltet; oft fehlen dieselben ganz und die Sterigmen werden direkt am Myzele gebildet. Die recht grossen Konidien sind meist durch ihre rauhe Ober-Fläche gekennzeichnet. Bei vielen Arten ist ein typischer Arsenik-Geruch zu verzeichnen. Zwei Gruppen sind zu unterscheiden.

1. Bei *Acaulium* werden die Konidien von sitzenden Sterigmen abgesondert. SOPP 104) hebt in seiner Monographie hervor, dass es sich hier um typische Boden-Pilze handelt, denen im Erdreich die Fähigkeit starken Zellulose-Abbaues zukommt. Im mitteldeutschen Wald-Gebiet macht PISTOR 84) auf diese Gruppe aufmerksam. In B ö h m e n erkennen wir ihre weite Verbreitung in Waldungen. Eine Art, welche hier näher abzuhandeln ist, hat besondere Wichtigkeit.

Acaulium albo-nigrescens.

Die Heimat der Art ist in Waldungen zu suchen. In B ö h m e n erkannten wir sie sehr oft in diesen Gebieten. Unter den Kiefer-Beständen der märkischen Sand-Böden ist der Pilz sehr verbreitet. Aus N o r w e g e n 104) liegt von SOPP eine Beschreibung vor.

M i k r o s k o p i e: Das Myzel ist durch besonders feine Hyphen gekennzeichnet. Die Sterigmen sitzen meist als dicke einzellige Gebilde direkt am Myzel, da die Konidien-Träger fehlen. Die Konidien sind recht gross, eckig, sowie stachelig. Ihre Absonderung erfolgt in Ketten. Die D i c k w a n d i g k e i t der Konidien, deren Durchmesser 8 μ beträgt ist besonders hervor-zuheben; weiterhin fallen Fett-Einschlüsse auf. M o r p h o l o g i e: Ein submerses Myzel entsendet wollige Luft-Hyphen, in welchen die Bildung der dunkeln Perithetien erfolgt. Dieselben sind für die Art charakteristisch. Diese Perithetien sind in dem weissen Hyphen-Geflechte als dunkle Punkte mit freiem Auge leicht erkennbar. F a r b e n-S p i e l: Das Myzel ist hell getönt; die Konidien sind gelb bis braun gefärbt; sie verleihen den Kolonien eine dunkle Tönung. Die Perithetien durchsetzen die Lager als dunkle Punkte. Eine besondere Eigentümlichkeit der Art ist, dass die Perithetien-Bildung oft die Absonderung von Konidien vollkommen unterdrückt. Diese Perithetien werden in Kultur bei gewöhnlicher Zimmer-Temperatur rasch und zahlreich gebildet. Unter diesen Bedingungen erkennt man in der Kolonie nur zwei Färbungen, das weisse Myzel, sowie die darin eingeschlossenen Perithetien. Nähere mikroskopische Betrachtung lehrt, dass diese Perithetien aus einer gelben Hüll-Substanz bestehen, in welche dann die dunkeln Asci mit den bräunlichen Sporen eingelagert sind.

Diese Form ist fast stets mit *T r i c h o d e r m a K o n i n g i* vergesellschaftet. Möglicherweise besteht zwischen diesen beiden Formen ein Wechsel-Spiel. Weitere Forscher werden bei der Betrachtung der mikroskopischen Boden-Flora ihre Aufmerksamkeit in erhöhtem Masse dieser Pilz-Gruppe zuwenden müssen. Die Fähigkeit des besonders starken Zellulose Abbaues deutet auf wichtige Leistungen im Boden hin.

2. Bei *Scopulariopsis* ist der Konidien-Apparat in manchem dem eines Penicilliums ähnlich. Die Anordnung der Rami und Sterigmen kann sehr verschiedenartig erfolgen. Die Metulae fehlen oft. Gewöhnlich ist der Träger sehr kurz und fällt durch seine gedrungene sowie klobige Gestalt auf. Die Konidien sind meist durch zugespitzte Enden, sowie rauhe Wände ausgezeichnet. Die für die Gattung *Penicillium* oft typischen Farben-Töne fehlen. Bündelartiges Überwachsen der Kolonien ist eine häufige Erscheinung.

Scopulariopsis communis.

In Böhmen erkennen wir die Form nie. Aus Norwegen danken wir Sopp 104) Angaben. Im nördlichen Italien glückt uns eine Isolierung.

Mikroskopie: Der Träger ist sehr kurz und gedrungen. Die ovalen Konidien sind in eine Spitze ausgezogen, ihre Dickwandigkeit ist hervorzuheben. Die Absonderung derselben erfolgt in Ketten, wobei zu beachten ist, dass die einzelnen Konidien durch ihre stacheligen Wände verzahnt werden. Morphologie: Deutliche Hyphen-Verknäuelungen. Farben-Spiel: Zunächst erweckt die Kolonie einen farblosen Eindruck; später herrscht Creme-Färbung. Physiologie: Deutlicher Abbau von Zellulose ist zu verzeichnen.

Die Gruppe *Scopulariopsis* wird unter den mikroskopischen Pilzen des Bodens sehr oft erwähnt, aber meistens ohne genaue Angabe der Spezies. Dieser Grund bedingt, dass wir hier nicht mehr gesichertes Material liefern können. Der starke Abbau von Zellulose muss auch hier interessieren.

Die Gattung *Stysanus* steht desgleichen *Penicillium* nahe. Uns gelang nie eine Isolierung. Die Gattung ist durch die starke Bildung von Koremien charakterisiert. Dieselben sind aufrecht, starr, braun oder schwarz getönt. Sie sind mit einem Stiel versehen. Das Köpfchen ist hier zylindrisch oder kugelig, rundliche Gestaltung ist selten zu treffen. Die Form der Konidien ist ei-artig, zitronenförmig oder spindelig. Die Absonderung erfolgt in Ketten.

Stysanus stemonites.

Aus Norwegen danken wir Sopp 104) eine Isolierung. In Russland liegen von Raillo 89) Beschreibungen vor. In Alaska, sowie in Canada danken wir Waksman 123, 124) Isolierungen.

Typisch ist die Ausbildung der gesellig auftretenden Koremien. Ihre unverzweigten, nicht septierten Stiele entspringen an den Hyphen. Diese dünnen, braun getönten Träger endigen in einen zylindrischen Kopf, an welchem die ei-förmigen bis zitronenförmigen Konidien abgeschnürt werden. Letztere sind 6—8 μ lang, sowie 4—5 μ breit durchscheinend und blaugrün gefärbt. Bei Betrachtung mit freiem Auge erweckt die Kolonie einen borstigen, grau-grün gefärbten Eindruck. Perithetien sind bis heute nicht bekannt.

Stysanus medius.

ELLIOTT 32) danken wir eine Beschreibung aus den salzigen Seemarschen Englands.

Im Gegensatz zu der vorerwähnten Art fallen die Kulturen durch ihre weisse oder helle Tönung auf. Die gleichfalls hell gefärbten Träger sondern an rundlichen Köpfchen in Ketten die Konidien ab; dieselben sind hyalin, stets 3 µ lang und etwas weniger breit.

Stysanus Caput Medusae wird von DALE 25) in England beschrieben. Die Absonderung der Konidien erfolgt von einem kopf-artigen Gebilde, welches die zitierte Forscherin mit einem Medusen-Haupte vergleicht.

Die Gattung *Gliocladium* weist desgleichen Zusammenhänge mit der Gattung *Penicillium* auf. Ein abweichende Merkmal sind die Schleim-Massen, durch welche die Konidien zusammengehalten werden. Über die Verbreitung im Erdreich ist nicht viel bekannt. Die wenigen Angaben, welche vorliegen, sind häufig ohne nähere Spezies-Beschreibung erfolgt. Diese Gründe machen es begreiflich, dass hier eine Erwährung unterbleibt.

Gliocladium salmonicolor ist von RAILLO 89) aus Russland beschrieben. Rami, sowie Sterigmen sind vorhanden und sondern die hyalinen, elliptischen Konidien, welche durch Schleim zusammengehalten werden ab. Die lachsfarbene Tönung der Decken ist hervorzuheben. Interessant ist, dass Saege-Spaene eine Entwicklungs-Möglichkeit liefern.

Die Ordnung der *DISCOMYCETES* ist durch die Unter-Ordnung der *PEZIZINEAE* hier vertreten. Aus der Familie der *HELOTIACEAE* sind zwei wichtige Gattungen anzuführen.

Die Familie der *HELOTIACAE* enthält eine Anzahl erdbewohnender Arten. Meist handelt es sich um Formen, welche aus der Gruppe der *Fungi imperfecti* hier eingereiht wurden. Oft ist der Zusammenhang zwischen der Bestands-Flora und den einzelnen isolierten Pilzen gegeben. Auf den verschiedensten fleischigen Früchten sind ihre Sklerotien zu finden. Die Gattungen *Botrytis* und *Monilia* sind zu behandeln.

Botrytis cinerea.

Bei diesem Namen handelt es sich nach KLEHAHN 54) um eine Sammel-Bezeichnung für die verschiedensten Rassen. Die Konidien-Träger entspringen in einer erweiterten Fuss-Zelle und können eine Breite von 10 µ haben. Die Länge kann 1.000 µ betragen. Knapp unterhalb der Spitze bilden sich Seiten-Zweige, welche an rundlichen Enden, den sogenannten Ampullen die Konidien entstehen lassen; dieselben sind dünn-wandig, 8—15 µ lang und 5—9 µ breit. Das oft eingesenkte Myzel ist grau-braun, die Konidien sind farblos. Die Unter-Seite auf Agar-Kulturen ist dunkel getönt, sie fällt meist durch eigenartige Wellen-Linien auf. Die Bildung eines reichlichen Luft-Myzels unterbleibt.

Die zu dieser Gruppe gehörigen Sklerotien werden meist auf unterschiedlichen Pflanzen-Teilen geformt. Sie sind unter dem Namen Sklerotinia bekannt. Auch in der Kultur erkannten wir oft derartige Sklerotien. Manchmal verläuft diese Sklerotien-Bildung nicht vollständig, das heisst es kommt nur zu Hyphen-Verknäulungen von recht derben Habitus. Eine Zustellung zu *Botrytis* ist, wenn nicht gleichzeitig Konidien erzeugt werden schwer.

Eine Beschreibung und Scheidung der einzelnen *Sklerotinia* Arten kann hier unterbleiben, da wie keine typischen Boden-Bewohner vor uns haben. Es handelt sich meist um Parasiten auf den unterschiedlichsten fleischigen Früchten. Nach den Erfahrungen ZIMMERMANNS 144) liegen meist ganz bestimmte Anpassungen vor. In der zitierten Arbeit sind die wesentlichen Einzelheiten nachzulesen. Meist handelt es sich um das Interessen-Gebiet des Pathologen. Neben diesen Sklerotien, welche gewöhnlich erst in fortgeschrittenem Alter zu beobachten sind, können auch Oidien erkannt werden. Im Alter werden diese Kulturen dunkel, die Unter-Seite ist meist schwarz.

In Böhmen erkennen wir den Pilz vorwiegend unter Obst-Bäumen; ein genaues Eingehen auf die Fund-Stellen ist nicht nötig. In England liefern DALE 25), sowie ELLIOTT 32) Beschreibungen. Bei den zuletzt erwähnten Fund-Stellen ist kein Zusammenhang zwischen dem Boden und den Bestands-Pflanzen gegeben. Für U. S. A. liegen von WAKSMAN 124) Angaben vor.

Einen typischen Boden-Pilz haben wir hier nicht vor uns, da oft ein Zusammenhang zwischen der Spezies und bestimmten Pflanzen gegeben ist.

Botrytis pyramidalis ist durch einen weissen Rasen gekennzeichnet. Die Konidien-Träger sind in eine grosse Zahl kleiner unseptierter Ästchen, welche in je eine blasenartige Erweiterung ausgehen, geteilt. An Sterigmen werden die Konidien abgeschnürt. Die einzige Fund-Stelle ist in den See-Marschen Englands zu suchen.

Botrytis Bassiana ist gleichfalls durch einen weissen Rasen kenntlich. Die Konidien-Träger sind entweder gar nicht oder nur in einzelne Seiten-Äste verzweigt. Die Absonderung der Konidien erfolgt in kleinen Köpfchen. Sklerotien-Bildung konnten wir in der Kultur nicht erkennen. Unter natürlichen Bedingungen scheint ihre Bildung häufiger möglich zu sein; sterile Sklerotien entwicklen sich gelegentlich zu fertilen Perithetien. Eine Isolierung gelingt unter Obst-Bäumen in Nord-Böhmen. RAILLO 89) erkennt sie in Russland.

Die zweite wichtige Gattung umfasst die *Monilia*-Arten. Zu einzelnen Arten sind fertile Sklerotien bekannt, welche man gleichfalls unter dem Namen *Sklerotinia* zusammenfasst. Bei vielen Arten ist nach dem Stande unseres heutigen Wissens die höhere Frucht-Form noch nicht bekannt.

Monilia nigra.

In der Kultur sind dunkle Einzel-Kolonien hervorzuheben. Die wollige Ober-Seite ist braun-schwarz getönt; die Unter-Seite ist glänzend schwarz. Im mikroskopischen Bilde sind zwei Ausbildungs-Formen zu erwähnen. 1. Der Myzel-Typ. Zahlreiche Septen und tröpfchenartige Einschlüsse in den Zellen sind hervorzuheben. 2. Der Spross-Typ, welcher aus hefe-ähnlichen Zellen hervorgeht. Die Konidien werden in Ketten abgeschnürt; Oidien-Bildung kann eintreten. Die Ausbildung dunkler Gemmen mit fortschreitendem Alter stellt ein typisches Merkmal dar. Eine eingehende Beschreibung dieser Form danken wir MAURIZIO und STAUB 66). Fig. 4 auf Tafel IV zeigt die Ausbildungs-Formen dieser Art.

In Böhmen erkennen wir den Pilz sehr oft unter Obst-Bäumen. Gelegentlich ist derselbe auch in Stein-Brüchen bei Prag zu beobachten; im besondern wollen wir auf sein Vorkommen auf Diabas-Rosen und den Hlubočeper Knollen-Kalken hinweisen. In dem südlichen Teile Jugoslawiens ist diese Form sehr verbreitet. Die Pflanzen-Art spielt dabei keine grosse Rolle, man trifft sie unter Oliven-, Feigen- und Quitten-Bäumen, Wein-Berge enthalten die Form auch. Unweit Kuparis beherbergt sie ein Mais-Feld. In englischem Erdreich weist DALE 25) auf eine ähnliche Form hin; unseres Erachtens handelt es sich dabei um die hier erwähnte *Monilia*.

ZIMMERMANN 144) beschreibt, dass sich die höheren Frucht-Formen unterschiedlicher *Monilia*-Arten sehr oft als Sklerotien auf den manigfachsten Gräsern befinden. Hier können sie, wie neuer Erfahrungen lehren Erstickungs-Krankheiten der Halme auslösen.

Monilia candida.

In Böhmen gelingen uns vereinzelte Isolierungen. Aus England danken wir DALE 15) eine Angabe.

Das Wachstum geht langsam von statten;das eingesenkte Myzel weist rosa bis weisse Tönungen auf. Nach einiger Zeit wird ein creme-farbenes Luft-Myzel geformt; die Hyphen sind durch starke Septen-Bildung ausgezeichnet. Die Konidien-Bildung setzt spät ein und erfolgt durch Abschnürung an den Hyphen, wobei dieselben fest in einer Kette zusammenhalten. Die Gestalt derselben ist rundlich, die Wand sehr zart.

Monilia sitiphola.

Ein ausgesprochener Zusammenhang zwischen dem Boden und der Bestands-Flora ist nicht zu beobachten. In Italien gelingen uns einzelne Isolierungen. In Jugoslawien können wir bei Dubrovnik auf ihre Anwesenheit aufmerksam machen. Für U. S. A. liegen von WAKSMAN 123, 124) Berichte vor.

Das reich verzweigte Myzel besteht aus deutlich gefächerten Hyphen. Wo Berührung mit der Luft erfolgt tritt eine deutliche orange Färbung ein. Mikroskopisch sieht man in den Hyphen rote kugelige Einschlüsse. Die eiförmigen bis zylindrischen Konidien werden in Ketten an kurzen Seiten-Zweigen abgesondert.

Monilia humicola.

OUDEMANS 81) berichtet über ihr Vorkommen in den Niederlanden. Wir selbst isolieren die Form in Jugoslawien. DALE 25) liefert eine Beschreibung aus England. Für das Gebiet von U. S. A. liegen von WAKSMAN 123, 124) zahlreiche Angaben vor.

Der dichte weisse Rasen zeigt ein kreisförmiges Wachstums-Bild. Die sterilen Hyphen setzen sich aus verschieden langen, sowie breiten Stücken zusammen. Mit fortgeschrittenem Alter weisen sie einen körneligen Inhalt auf und die Gestalt wird regelmässiger. Der aufrechte stark septierte Konidien-Träger sondert an zylindrischen Seiten-Ästen die Konidien ab. Dieselben sind von kugeliger bis ellipsoidischer Gestalt, 4—10 μ lang und 2.5 μ breit. Die grünen Konidien-Lager verleihen der Kolonie ein dunkles Aussehen.

Zum Schlusse führen wir nochmals an, dass in den von uns gezogenen Kulturen nie Perithetien-Bildung erfolgte. Auf diese Schwierigkeit weist auch DANDENO 26) hin, Er erwähnt, dass manchmal auf im Grase liegenden Früchten Ascus-Bildung zu beobachten ist.

Aus der Ordnung der *PYRENOMYCETES* haben wir zunächst die Unter-Ordnung der *HYPOCREINEAE* zu erwähnen. Allgemein ist angegeben, dass hierher verschiedene *Sepedonium* Arten als niedere Frucht-Form gehören. Auf einzelne Familien ist nicht hingewiesen. Aus England danken wir DALE 25) eine Angabe über das Vorkommen von *Sepedonium chrysospermum*. Die Hyphen bilden einen deutlichen Rasen; dieselben erzeugen an kurzen Seiten-Ästen endständige, kugelige mit Stacheln versehene Chlamydo-Sporen. Besonders auffallend ist die dicke Membran, sowie die lebhafte Färbung.

Die Unter Ordnung der *SPHAERIINEAE* stellt mehrere Familien, welche Boden bewohnende Pilze enthalten. Rundliche Frucht-Körper mit einer deutlichen Mündung sind bekannt. Die dunkle Peridie ist häutig oder ledrig ausgebildet, gewöhnlich sitzt sie auf dem Substrat. Zunächst ist die Familie der *CHAETOMIACEAE* zu erwähnen. Die Gattung *Chaetomium* ist durch Frucht-Körper der ersteren Art ausgezeichnet. Ein besonderer Haar-Schopf fällt an denselben auf. Diese Haare sind meist in typischer Weise ausgebildet und können als Bestimmungs-Merkmal genützt werden. Chlamydo-Sporen und Konidien sind als Neben-Fruchtform bekannt und werden bei *Sporotrichum* und *Verticillium* eingereiht. Wir selbst fanden bei unseren Untersuchungen nie Vertreter dieser Gattung. Vielleicht gehören die von uns ermittelten *Verticillium* Arten als niedere Frucht-Form in diese Gattung. Leider ist es uns aber nicht selbst gelungen den Zusammenhang nachzuweisen; unter diesen Bedingungen kann vorläufig noch keine Einreihung in diese Gattung vorgenommen werden. Erst die Möglichkeit der Perithetien-Bildung aus der Konidie kann hier einen sicheren Beweis erbringen.

Chaetomium spirale.

In Norwegen isoliert TRAAN 117) diese Art unter Laub-Waldungen, sowie Acker- und Wiesen-Land. In England weist DALE 25) auf eine Fund-Stelle hin.

Die ei-förmigen Perithetien sind an der ganzen Oberfläche mit pfriemlichen, olive-braunen von Kalk-Oxalat inkrustierten Borsten bekleidet. Die braunen zylindrischen Haare des terminalen Schopfes sind zu einer langen, gleichmässig gewundenen Spirale eingerollt. GÄUMANN 34) erwähnt als Konidien-Form verschiedene Vertreter von *Sporotrichum*.

Chaetomium finestre.

RAILLO 89) danken wir eine Angabe aus Russland.

Die Perithetien sind mit Borsten bedeckt; am Grunde derselben greifen dunkle docht-artige Rhizoiden in das Substrat ein, durch welche das Perithetium gesprengt wird.

Chaetomium crispatum.

ELLIOTT 32) erwähnt eine Fund-Stelle in den salzigen See-Marschen Englands.

Zwei Arten von Haaren des terminalen Haar-Schopfes dienen der Erkennung. Die einen sind pfriemförmig, gerade oder schwach wellig, durch-scheinend, sowie braun gefärbt; die anderen sind zylindrisch korkzieher-artig gedreht und von dunkel-brauner Färbung.

Chaetomium affine.

Nach RAILLO 89) in russischem Ackerlande verbreitet. Die glatten Peritherien sind durch eine ellipsoidische Gestalt gekennzeichnet. Am Kopfe derselben sind die einfachen Haare zu einem Schopf vereint. Eine kurze papillen-artige Mündung an der Spitze ist hervorzuheben.

Die Familie der *SPHARULINEAE* stellt eine sehr wichtige Gattung und zwar *Sphaerulina*. Eine Wuchs-Form, welche hierher gehört ist früher unter den echten Hefen abgehandelt worden.

Sphaerulina intermixta.

Die im Erdreich verbreitete Entwicklungs-Art wird als *Dematium pullulans* bezeichnet. Auf Bierwürze-Agar ist sie durch braune bis schwarze sammtige Lager, mit einer glänzenden schwarzen Unter-Seite gekennzeichnet. Überimpft man auf die unterschiedlichsten fleischigen Früchte so werden lack-artige schwarze Lager gebildet. Im mikroskopischen Bilde sind die reihenweise angeordneten dickwandigen schwarzen Gemmen typisch. An den Hyphen und Gemmen werden seitlich Spross-Zellen abgesondert. Die höhere Frucht-Form beschreibt BENNET 7); er isoliert sie von Weizen-Blättern. Uns gelang nie die Ausbildung dieser höheren Frucht-Form, auch im Erdreich suchten wir sie vergebens.

Diese Gemmen bildende Wuchs-Art ist im Boden sehr verbreitet; ebenso oft erkennt man sie auf fleischigen Früchten, sowie an Samen. Wir scheinen keinen autochthonen Boden-Pilz vor uns zu haben, sondern eine durch Früchte und andere Pflanzen-Teile in das Erdreich verschleppte Form. Dieses Wechsel-Spiel zwischen dem Erdreich und den Wirts-Pflanzen erinnert an die Hefen. Bei diesen ist die Ascus-Bildung sehr oft im Erdreich möglich. Hier scheint die Ascus-Bildung an bestimmte Pflanzen gebunden zu sein. Die Keimlinge des Roggens und Weizens sind stets reich an Keimen von *Dematium pullulans*, leider fanden wir auf denselben nie die höhere Frucht-Form. Eigene Fund-Orte geben wir nicht an, da der Hinweis der weiten Verbreitung im Boden der verschiedensten Länder im Zusammenhange mit den unterschiedlichen Wirts-Pflanzen vor allem Obst-Bäumen genügen muss.

Die Familie der *DIPLODIELLACEAE* ist zu erwähnen, da Konidien-Formen aus der Gruppe der ***Fungi imperfecti*** einzureihen sind. In die Gattung *Diplodiella* gehört *Coniothyrium* als Konidien-Form. In Russland erwähnt RAILLO 89) diese Form. Aus dem Gebiete von U.S.A. danken wir WAKSMAN 123, 124) Angaben. Die weisse flockige Kolonie erleidet mit vorgerücktem Alter eine schwarze Verfärbung; das gleiche gilt für die cremefarbene Unter-Seite. Die dunkel-braunen Pyknidien sind mit freiem Auge erkennbar, die hell-braunen elliptischen Sporen haben zugespitzte Enden. Neben diesen Pyknidien werden auch direkt am Myzele Konidien abgeschnürt.

Die Gattung *Pleospora* enthält als Konidien-Formen die unterschiedlichen *Helminthosporium* Arten.

FUNGI IMPERFECTI.

Dieselben sind im Erdreich in sehr grosser Zahl vertreten. Zu einzelnen Formen sind bereits die höheren Frucht-Formen ermittelt und damit die Möglichkeit zur Einreihung bei den *Ascomycetes* gegeben. Vielfach ist dieser Nachweis noch ausständig oder sind die Versuche, welche von der genau determinierten Konidie zur Ascus-Form führen noch nicht endgültig abgeschlossen. Aus diesem Grunde sind noch sehr viele Arten hier einzureihen. In besonderen Fällen weisen wir auf die Möglichkeit hin, dass wahrscheinlich eine spätere Einreihung bei den *Ascomycetes* möglich sein wird.

Durch weiteres genaues Beobachten wird man vielleicht bei vielen Arten die Ascus-Form noch ermitteln können. Eine Überwinterung der Konidien oder Sporen im Freien während des Winters regt zur Bildung von Perithetien an. Abgestorbene Blätter, sowie Pflanzen-Teile sind ein sehr beliebter Aufenthalts-Ort, auf welchen manchmal die sehr versteckten Perithetien beobachtet werden können.

Formen-Reihe: **HYPHOMYCETES**

Die Familie der *MUCEDINACEAE* ist durch eine Anzahl sehr wichtiger Gattungen vertreten. Die Gattung *Oospora*, wird häufig mit dem Namen *Oidium* belegt. Einzelne Boden bewohnende Formen sind hier anzuführen. Allgemein werden *Oidium* Arten als die niedrige Frucht-Form der verschiedensten *Ascomycetes* und *Basidiomyceten* angeführt.

Oospora lactis.

RAILLO 89) danken wir Angaben aus Russland. Für U. S. A. liegen von WAKSMAN 123, 124) Angaben vor.

Weit ausgebreitete sammtige Lager werden gebildet. Die Färbung derselben ist weiss. Das Myzel besteht aus septierten, unregelmässig verzweigten Hyphen, deren Breite recht wechselnd ist und zwischen 6—12 μ schwanken kann. Die Vermehrung erfolgt durch den Zerfall der Hyphen in unregel-mässige Teil-Stücke. Nach der Loslösung runden sich diese als Oidien bezeichneten Stücke ab und nehmen eine regelmässig zylindrische Gestalt an. Die Länge kann 16 μ betragen.

Oospora lupuli.

In Böhmen ist diese Form unter Obst-Bäumen verbreitet; seltener ist sie in Acker-Feldern zu finden. In Deutschland gelangen uns Isolierungen unter Wein-Gärten. ELLIOTT 32) danken wir eine Beschreibung aus England.

Schimmel-artige weisse bis rosa gefärbte Rasen oder Kissen sind zu beobachten. Die kriechenden, septierten Hyphen sondern in kurzen Ketten die oidien-artigen Konidien ab. Zum Unterschiede von der vorigen Art sind dieselben rot getönt.

Aus der Gattung *Geotrichum* ist nur eine Art aus dem Boden beschrieben.

Geotrichum candidum.

Diese Fund-Stelle liefern JANKE HOLZER 48) aus dem Wiener Becken.

Der weisse, kissen-artig angeordnete Rasen nimmt mit fortschreitendem Alter eine gelbe Färbung an. Auf der Unter-Seite ist desgleichen Gelb-Färbung zu erwähnen. Die kurzen Konidien-Träger, welche in Reihen angeordnet sind, sondern regelmässig zylindrisch gestaltete einzellige Konidien ab. Die Länge derselben beträgt 8 μ. Ein obst-artiger Geruch ist hervorzuheben. Das Temperatur-Maximum liegt bei 30°.

Die Gattung *Hyalopus* stellt einen Vertreter.

Hyalopus cristallinus.

Eine Fund-Stelle aus einem Gebirgs-Boden in den Beskiden ist durch KUBIENA 59) beschrieben. Die Kolonie formt einen niedrigen, weissen Rasen; die aufrechten Konidien-Träger sind von der gleichen Färbung, an ihrem Ende werden die Konidien in einem Köpfchen durch Schleim-Massen zusammengehalten. Die Grösse der Konidien beträgt etwa 3 μ.

In der Gattung *Cephalosporium* sind eine Anzahl wichtiger bodenbewohnender Pilze untergebracht. Die sterilen Hyphen können einen wolligen Rasen bilden oder als ein dünn eingesenktes Myzel auftreten. Die Bildung der Konidien setzt meist sehr spät ein. Die Konidien-Träger werden als kurze aufrechte Seiten-Äste abgesondert und an ihrem Ende ist nie eine köpfchen-artige Erweiterung. Die Spitze des Trägers sondert einzeln die Konidien ab; jede nachfolgende schiebt die vorangehende zur Seite, welche durch eine Schleim-Masse stets mit den anderen vereint bleibt. So wird das für die Gattung typische Konidien-Köpfchen geformt. Diese Art der Konidien-Bildung dient zur Bestimmung der Gattung. GÄUMANN 34) bezeichnet *Cephalosporium* als eine Mikrokonidien-Form von *Nectria,* welche in die Ordnung der *HYPOCREALES* zu stellen ist. Weder uns noch den anderen Forschern ist es geglückt bei dem Studium der Boden bewohnenden Cephalosporium-Arten eine höhere Frucht-Form, das heisst Perithetien zu finden. Unter diesen Bedingungen erscheint uns heute noch die Einteilung bei den ***FUNGI IMPERFECTI*** richtig zu sein. Nach der Färbung der Kolonien ist eine Einteilung gegeben.

a. Weisse, dichte Rasen mit einem rötlichen Anflug.

Cephalosporium acremonium.

In Böhmen, sowie in Oesterreich gelingen uns einzelne Isolierungen. Aus russischen Acker-Boden danken wir RAILLO 89) eine Angabe. In England gelingt DALE 25) eine Isolierung, aus den salzigen See-Marschen des gleichen Landes erwähnt sie ELLIOTT 32). In Sizilien erkennen wir die Form einmal. Aus dem Gebiete von U. S. A. beschreibt WAKSMAN 123, 124) ihre Anwesenheit.

Der wollige dichte weisse Rasen nimmt mit zunehmendem Alter eine rötliche Tönung an. Unter ungünstigen Wachstums-Bedingungen erkennt man nur feine kriechende Hyphen. Das Myzel setzt sich aus hyalinen, schwach septierten, etwa 2.5—5 μ starken Hyphen zusammen. Die aufrechten 60 μ langen KonidienTräger werden als gerade Seiten-Äste der Hyphen abgesondert. Die

Ablösung der hyalinen Konidien erfolgt in der zitierten Weise. Fig. 5 auf Tafel IV zeigt die Konidien-Bildung.

Cephalosporium humicola.

In dem Boden Böhmens können wir weite Verbreitung angeben. Besonders erwähnen wir die Waldungen der Rand-Gebiete. Seltener trifft man die Art in Gemüse-Gärtnereien. OUDEMANS 81) bringt eine Isolierung aus den Niederlanden. In der südlichen Schweiz erkennen wir die Art einmal. In Italien können wir auf die weite Verbreitung hinweisen. In den salzigen See-Marschen Englands liefert ELLIOTT 32) eine Beschreibung. Aus Alaska liegt von WAKSMAN 124) ein Angabe vor.

Das zonenförmige Wachstum scheidet von der vorigen Art.

b. Kriechender spinnwebartiger Rasen, welcher bald rosa wird.

Cephalosporium roseum.

Unter Fichten-Beständen im böhmischen Erzgebirge gelingt uns eine Isolierung.

Zunächst ist nur ein dünnes spärliches Myzel zu beobachten; sobald die Konidien-Bildung einsetzt überziehen deutliche rote Flecken das Substrat. Die eiförmigen rot gefärbten Konidien werden an kurzen Trägern abgesondert.

c. Spinnewebe-artiger Rasen, welcher bald grün wird.

Cephalosporium asperum.

Im böhmischen Erzgebirge erkennen wir die Art einmal. Unter Waldungen des Wiener Beckens beschreiben JANKE HOLZER 48) die Art.

Die weissen Kolonien nehmen sofort nach der Konidien-Bildung einen grünen Ton an, welcher mit fortschreitendem Alter immer stärker wird. Die einzelnen Konidien sind blass-grün, oval bis birnförmig gestaltet.

Cephalosporium curticeps.

Eine Isolierung, sowie Beschreibung liefert RAILLO 89) aus russischem Acker-Lande. Die hyalinen Hyphen des weissen Rasens sind dicht mit Oel-Tropfen gefüllt. Die grün gefärbten glänzenden Konidien, welche in der üblichen Weise abgesondert werden, verleihen der Kolonie eine grüne Färbung.

d. Schwach entwickelter Rasen mit grau-brauner Tönung.

Cephalosporium coremoides.

Uns gelingt unter Fichten im böhmischen Erzgebirge eine Isolierung. Aus Russland danken wir RAILLO 89) eine Angabe.

Das schwach entwickelte Myzel erleidet bald eine grau-braune Verfärbung. Die Konidien-Träger formen Gebilde, welche an Koremien erinnern.

Die Gattung *Trichoderma* enthält wichtige und allgemein verbreitete Boden-Pilze. Die sterilen Hyphen bilden je nach der Ausbildung, welche von äusseren Bedingungen beeinflusst ist, kräftige oder zarte Rasen. Die einfachen Konidien-Träger werden als Seiten-Äste der Hyphen gebildet. Oft stehen die Verzweigungen einander gegenüber. Die Bildung der Konidien setzt meist sehr spät ein.

Trichoderme Koningi.

Das Verbreitungs-Gebiet des Pilzes ist sehr gross. Allgemein ist anzuführen, dass er in Wäldern, Mooren, Wiesen, Aeckern, Gemüse-Gärtnereien und unbebautem Lande zu finden ist. In höhen, sowie mittleren Breiten ist er heimischer, als in südlichen. Fund-Stellen sind für nachstehende Länder bekannt: Böhmen, Deutschland, Oesterreich, Schweiz, Norwegen (TRAAN 117), England (DALE 25), Russland (RAILLO 89), Italien, Jugoslawien, U. S. A. (WAKSMAN 124). Eine in Einzelheiten gehende Aufzählung hat bei dem so grossen und manigfachen Verbreitungs-Gebiete keine Bedeutung.

Der niedrige weisse Rasen ist von zartem Habitus und kreisförmig angeordnet. Ein angenehmer Geruch ist zu verspüren. Die Konidien-Bildung setzt erst nach längerer Dauer ein. Diese geht an verzweigten Seiten-Fäden der Hyphen vor sich. Die drei-geteilten End-Verzweigungen, die jeweils in ein kugeliges Schluss-Stück auslaufen sind ein typisches Merkmal. Die rundlichen 3 μ grossen Konidien sind tief-grün getönt. Die dunkel grünen, zahlreichen Konidien-Köpfchen erkennt man bereits bei schwachen Vergrösserungen. Lehrreich ist ferner die makroskopische Betrachtung der Konidien-Bildung. Dieselbe setzt punktweise ein und schreitet regelmässig in der Richtung der Radien fort. Ist die Konidien-Bildung beendigt, so durchziehen die Konidien-Lager als erhöhte Polster die Kolonien und drücken das weisse Myzel in das Substrat. Eine starke Chlamydo-Sporen-Bildung in fortgeschrittenem Alter darf nicht übersehen werden. In einem Falle konnten wir die Ausbildung

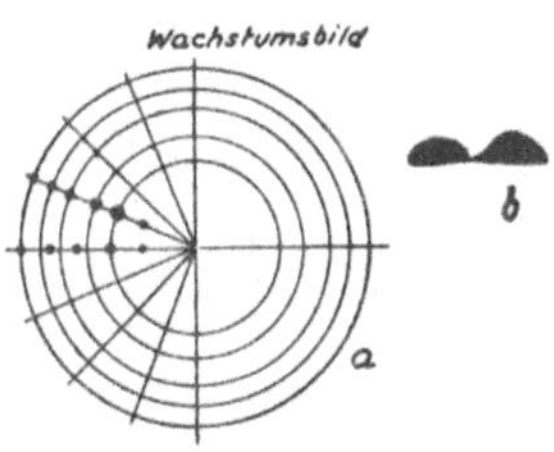

Fig. 27. *a.* Schematisches Wachstums-Bild. *b.* Einzel-Kolonie.

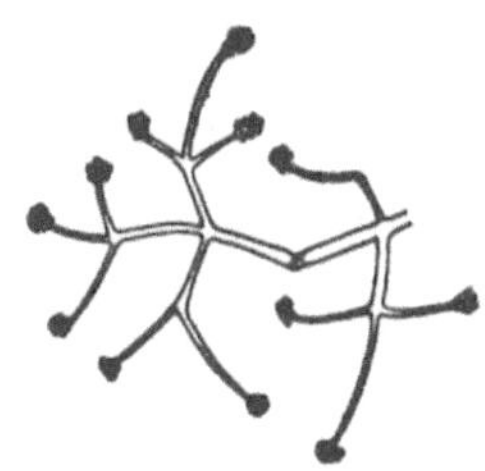

Fig. 28. Konidien-Träger und Köpfchen.

Fig. 29. Konidien-Köpfchen mit den kugeligen Anschwellungen.

Fig. 30. Perithetien und einzelner Ascus.

von Perithetien verfolgen. Dieselben fallen als dunkle Punkte in der Kultur auf und sind durch eine kugelige Gestalt gekennzeichnet. An ihrer Spitze sind sie mit einer länglichen Oeffnung versehen. Im mikroskopischen Bilde erkennt man eine gelblich getönte Hüll-Substanz und im Inneren die dunkel gefärbten Asci. Der einzelne Ascus ist von länglicher Gestalt, an den Spitzen gebogen und enthält 8 Sporen. In späteren Versuchen mit Proben neuer Isolierungen erzielten wir die Bildung der höheren Frucht-Form nicht wieder. Die Fig. 27—30 zeigen das Wachstums-Bild der Kolonie, ferner die Konidien-Träger mit den typischen Köpfchen und die Perithetien.

GÄUMANN 34) beschreibt für *T. viride* Frucht-Körper, welche er in die Ordnung der *HYPOCREALES* einreiht. Die Ausbildung der Perithetien und Asci bei der von uns beobachteten Form legt Zusammenhänge mit der Ordnung *SPHAERIALES* nahe.

Trichoderma lignorum.

Zwei wichtige Merkmale unterscheiden von der vorigen Form. Den End-Verzweigungen fehlen als Abschluss die kugeligen Gebilde. Die Färbung der ellipsoidisch gestalteten Konidien ist gelb-grün. Das Verbreitungs-Gebiet fällt mit dem der vorigen Art zusammen.

Trichoderma album.

Diese Form ist nur von WAKSMAN 124) aus Wiesen und Feldern beschrieben.

Makroskopisch ist eine pulvrige, weisse opake Masse hervorzuheben. In fortgeschrittenem Alter nimmt diese eine creme-farbene Tönung an. Das Myzel besteht aus sehr feinen Hyphen, die Konidien sind durch geringe Grösse ausgezeichnet. Gelegentlich ist das Myzel in das Substrat eingesenkt; die Hyphen erleiden gewöhnlich eine Verdickung und sind durch ihren orange-roten Inhalt gekennzeichnet.

Die drei erwähnten Arten sind nur aus dem Erdreich bekannt und als typisch Boden bewohnende Arten anzusprechen. *Trichoderma Koningi* und *lignorum* stellen nach unseren Erfahrungen jene Pilze dar, welche im Boden die grösste Verbreitung aufweisen, dabei spielt die Bestands-Flora und ihre Zusammensetzung nur eine untergeordnete Rolle. Vergesellschaftung mit den manigfachsten Pilzen konnte beobachtet werden. Die *Trichoderma* Arten sind befähigt auf den verschiedensten anderen Pilz-Kolonien zu wachsen. Unter diesen Bedingungen können sie auch fruktifizieren.

Vertreter der Gattung *Acremonium* sind von FEHER in den Boden Finnlands erwähnt 33). Dabei handelt es sich vorwiegend um Waldungen. Art-Beschreibungen erfolgen von dem erwähnten Forscher nicht, uns selbst gelingt ihre Isolierung nicht. Unter diesen Bedingungen wollen wir vorläufig von einer Abhandlung dieser Arten Abstand nehmen.

Die Gattung *Sporotrichum* ist gelegentlich im Boden zu erkennen. Die morphologische Ausbildung der Arten ist je nach dem stärkeren oder geringeren Auftreten des Rasens unterschiedlich. Die Konidien-Träger sind aufgerichtete Seiten-Äste der Hyphen. Die Konidien werden terminal oder seitlich abgeschnürt, manchmal erfolgt die Absonderung auch direkt am Myzele. Selten sind Sterigmen zu verzeichnen. Die kugeligen bis ei-förmigen Sporen werden sehr zahlreich erzeugt. Sie sind hyalin oder weisen eine lebhafte Färbung auf.

GÄUMANN 34) erwähnt, dass *Sporotrichum*-Arten als niedrige Frucht-Form von *Chaetomium* und *Hypomyces* bekannt sind. Die einzige Form, welche im Erdreich verlässlich bestimmt wurde, ist *Sporotrichum roseum.* WAKSMAN 124) erkennt diese Form in dem Gebiete von U.S.A. Die schmutzig weissen bis purpur-grauen Lager entstehen in langsamen Wachstum, das meist submers erfolgt. Die reichlich verzweigten Hyphen sondern an den Enden kurzer Seiten-Zweige zahlreiche Konidien ab. Es erfolgt immer die Bildung einer Konidie, welche sich dann ablöst und neben dem Träger liegen bleibt. Eine Verklebung mit Schleim tritt nicht ein. Die ei-förmigen etwa 8 μ langen Sporen enthalten deutlich sichtbare Oel-Tropfen.

Die Gattung *Verticillium* ist durch reichlich septierte, sowie verzweigte Hyphen ausgezeichnet, die einen kriechenden Rasen bilden. Der Konidien-Träger formt einen deutlichen Haupt-Stamm an welchem in quirliger oder alternierender Art die Seiten-Zweige abgegliedert werden. An den zugespitzten Enden derselben werden die Konidien abgeschnürt. Die Bildung der manchmal deutlich gefärbten Konidien erfolgt einzeln. Gelegentlich ist Schleim-Bildung zu verzeichnen. Die höheren Frucht-Formen sind nach GÄUMANN 34) bei *Hypomyces* und *Chaetomium* zu suchen. Das Auftreten der Konidien-Form scheint vielfach an den Boden gebunden zu sein, wogegen die höhere Frucht-Form gerne auf den verschiedenen Pflanzen zur Entwicklung gelangt. Das Wechsel-Spiel zwischen Boden und Bestands-Flora ist hier gegeben.

Die einzelnen aus dem Boden bekannten Formen sind durch ihre Färbung geschieden.

Verticillium terrestre.

Nach WAKSMAN 124) in U.S.A. zu finden.

Die aufrechten Konidien-Träger entsenden vier-gliedrige Ast-Quirle, welche an ihrer Spitze meist eine Verdickung aufweisen. Die pudrigen Konidien-Lager bedingen eine rosa Verfärbung der Kolonien.

Verticillium chlamydosporum.

KUBIENA 60) beschreibt die Form einmal aus dem Gebiete von U.S.A.

Das feine Myzel formt erst weisse, später creme-farbene Lager, deren Unter-Seite gelb ist. Der Konidien-Träger sondert an paarigen Ästen, welche seitlich entspringen die Konidien ab. Zahlreiche gelbe Chlamydo-Sporen sind zu erwähnen.

Verticillium glaucum.

In den Waldungen der Rand-Gebiete Böhmens erkennen wir die Form oft. RAILLO 89) erwähnt russisches Acker-Land. Für das Gebiet von U.S.A. liegen von WAKSMAN 124) Angaben vor.

Die deutliche grüne Färbung, welche an manche Penicillien erinnert, ist typisch.

Verticillium albo-atrum.

Im Boden der unterschiedlichsten Gemüse-Gärtnereien in Böhmen erkannten wir die Form oft. Gelegentlich erkennt man sie auch unter Beeren-Sträuchern.

Der olive-grüne Rasen erleidet mit fortgeschrittenen Alter eine braune Verfärbung. Der dunkel getönte Konidien-Träger führt acht-gliedrige Wirtel; an seinem Ende geht er in eine Spitze aus. Die einzelnen Äste weisen meist Verzweigung auf. Die länglich gestalteten Konidien sind meist braun gefärbt.

Die Myzel-Bildung kann, wie wir jetzt gesehen haben im Erdreich erfolgen. Häufig beobachtet man sie aber auch auf den Blättern der unterschiedlichsten Pflanzen. Als höhere Frucht-Form gibt GÄUMANN 34) *Hypomyces* an. Ausbildungs-Möglichkeit auf den verschiedensten Kultur-Pflanzen ist gegeben.

Diese Gattung ist dem Pathologen besonders gut bekannt, da ihre Vertreter die unterschiedlichsen Welke-Krankheiten auslösen.

Die septierten verzweigten Hyphen der Gattung *Acrostalagmus* formen einen kriechenden Rasen. Der aufrechte Konidien-Träger ist quirlig verzweigt; an der Spitze der End-Verzweigungen werden die Konidien und zwar mehrere nacheinander gebildet. Schleim-Massen halten sie zu einem Köpfchen beisammen. Erst nach der Loslösung sind die ei-förmigen, länglich gestalteten Konidien erkennbar. Die unterschiedliche Färbung derselben dient zur Scheidung.

Acrostalagmus albus.

In Oesterreich danken wir JANKE HOLZER 48) eine Isolierung. Aus England liefert ELLIOTT 32) eine Isolierung. Für das Gebiet von U.S.A. liegen von WAKSMAN 124) zahlreiche Angaben vor. Besonders ist anzugeben, dass WAKSMAN 125) eine Isolierung aus Hawai erwähnt.

Der dünne, schwach wollige Rasen ist ausgebreitet, sowie von weisser Färbung. Die kriechenden sterilen Hyphen haben wenig Septen. Die etwa 200 μ langen Konidien-Träger entspringen als Seiten-Äste des Myzels und endigen in quirliger spitz zulaufender Verzweigung. Die länglich gestalteten Konidien sind 3 μ lang und etwa $1^1/_2$ μ breit.

Acrostalagmus cinnabarinus.

ELLIOTT 32) erwähnt die salzigen Seemarschen in England. Aus humöser Erde in den Niederlanden liegen von OEDEMANNS 81) Angaben vor. In dem Sand-Boden der Bretagne gelingt uns eine Isolierung. Für das Gebiet von U.S.A. danken wir WAKSMAN 124) zahlreiche Angaben. Im besondern machen wir auf die Fund-Stellen in Hawai, sowie in Alaska aufmerksam.

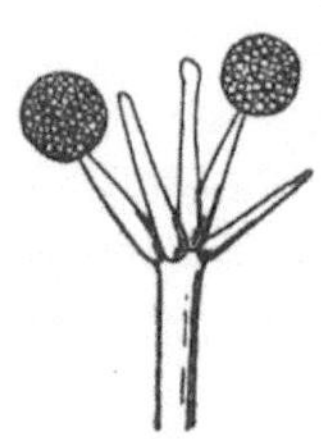

Figur. 31. Acrostalagmus cinnabarinus. End-Stück des Konidien Trärges.

Der deutlich rosa getönte Rasen ist weit ausgebreitet; sein Habitus ist pulvrig. Die sehr starren Konidien-Träger endigen in einem fünffachen Quirl; seitliche vier-gliedrige Quirle sind desgleichen vorhanden. Die elliptischen Konidien sind beiderseits abgestumpft, 3—4 μ lang, sowie 1.5 μ breit. Sie sind durch den Besitz von Oel-Tropfen ausgezeichnet. Durch die weisse Färbung ist *A. albus*, welchen JANKE HOLZER 48) beschreiben, unterschieden. Die Fig. 31 zeigt den Träger und die Konidien.

Acrostalagmus fungicola.

Von JANKE HOLZER liegen Beschreibungen aus dem Erdreich des Wiener Beckens vor.

Der dichte weisse Rasen wird erst nach der Konidien-Bildung grün. Die pyramiden-förmig verzweigten Träger sondern die blass-grünen Konidien ab, welche in der üblichen Weise durch Schleim zusammengehalten werden. Vermehrt man durch Ein-Spor-Kulturen so erkennt man Entwicklung in der

Art von *Monosporium*. Diese zwei Wuchs-Formen scheinen miteinander abzuwechseln. Höhere Frucht-Formen sind vorläufig nicht bekannt.

Bei der Gattung *Monosporium* sind die morphologische Ausbildung, sowie die Verzweigungs-Art der vorigen Gattung ähnlich. Die Konidien werden an den letzten Abzweigungen der baum-artigen Träger einzeln abgesondert. Sie sind grösser, als bei der vorigen Form und durch die ei-förmige Gestalt kenntlich. Aus russischem Acker- und Weide-Land beschreibt RAILLO 89) *Monosporium minutissimum*.

Die Gattung *Humicola* ist wenig bekannt und unzureichend beschrieben. Ein wolliger bis filziger Rasen wird beschrieben: auf der Unter-Seite sind dunkle Tönungen anzugeben. An kurzen Seiten-Zweigen der Hyphen erfolgt die Bildung dunkler Chlamydo-Sporen, dieselben stehen meist einzeln, gelegentlich fällt ein kleinere untere Zelle auf. Diese Chlamydo-Sporen sind rundlich gestaltet, haben eine stark verdickte Wand und in ihrem Inneren Fett-Einschlüsse. Die Ähnlichkeit mit *Sepedonium*, welches wir bei *Hypomyces* abhandelten, ist hervorzuheben. Ohne nähere Spezies-Beschreibung isolieren JANKE HOLZER 48) einen Vertreter dieser Gattung im Wiener Becken. TRAAN 117) beschreibt in Norwegen zwei Formen, welche ohne Rücksicht auf die Boden-Art und den Pflanzen-Bestand sehr verbreitet sind. Von späteren Untersuchern sind die Arten nie wieder erkannt worden. *Humicola fusco-atra* bildet grau-braune Decken mit einer deutlichen weissen Rand-Zone. Die Unter-Seite ist dunkel. An kurzen Ästen werden die rundlichen, dunkeln Chlamydo-Sporen abgesondert. Durch die immer fortschreitende Bildung derselben werden die Decken schwarz-braun getönt. Erst jetzt entsteht ein dünnes Luft-Myzel, welches in Ketten Konidien abschnürt. *Humicola grisea* ist von der eben beschriebenen Art durch die graue Färbung der Lager geschieden.

Bei weiteren Untersuchungen wird zu prüfen sein ob nicht auch mittlere Breite-Lagen diese Formen enthalten.

Die Gattung *Spicaria* ist nur durch eine Art und zwar *S. griseola* im Boden vertreten. Die Hyphen bilden einen weissen bis grauen Rasen. Der aufrechte Konidien-Träger zeigt pyramiden-artige Verzweigung. Die Enden der Seiten-Zweige sondern an spitzen Sterigmen in langen Ketten die Konidien ab. Dieselben sind 2.5 μ lang und 1.5 μ breit, sowie farblos.

ELLIOTT 32) macht in den salzigen See-Marschen Englands auf diese Form aufmerksam.

Die Gattung *Nematogonium* stellt einen Vertreter und zwar *N. humicola*. Eine Beschreibung liefert DALE 25) aus englischem Boden. In Kultur auf Agar-Platten sieht man erst weisse meist gelatinöse Massen. An erweiterten fertilen Hyphen-Stückchen werden in dichten sitzenden Gruppen die Konidien abgesondert. In dem sterilen Myzele fallen häufig keulen-artige Erweiterungen auf.

Aus der Gattung *Geomyces* beschreibt TRAAN 117) einige sehr typische Formen. Bei Kultur-Versuchen auf Bier-Würze erkennt man zunächst nur Substrat-Hyphen, erst später setzt die Bildung von Luft-Hyphen ein. An ihren Seiten-Ästen sondern dieselben in einfacher Verzweigung die Konidien ab. Dieselben sind unregelmässig bis birn-förmig gestaltet und weisen einen deutlich rauhen Rand auf. Luft-Myzel, sowie Konidien verleihen der Kultur einen staubig filzigen Habitus. *Geomyces vulgare* ist durch graue Farben-Töne mit einem roten oder grünen Einschlag gekennzeichnet. *Geomyces sulphureus* und *auratus* erscheinen gelb und rot-gelb getönt. *Geomyces cretaceus* weist zunächst eine schneeweisse Konidien-Decke auf, welche bald braune Verfärbung erleidet.

Bei allen erwähnten Arten sind die Hyphen stets hyalin, die Färbung wird erst durch die Konidien bedingt, welche einzeln von den Konidien-Trägern abgelöst werden.

Eine Zustellung zu einer bereits beschriebenen Gattung erscheint nicht möglich, somit wird hier eine eigene Gattung angeführt. In einem anderen Lande sind diese Formen bis heute noch nicht gefunden worden. Das häufige Vorkommen in Norwegen veranlasst uns hier die Aufzählung vorzunehmen. Möglicherweise handelt es sich bei dieser Pilz-Gruppe um eine Anpassung an das Leben in höheren Breiten und fehlt sie den mittleren, wie südlichen Lagen.

Die Gattung *Cephalotaecium* ist nur durch eine Form hier vertreten und zwar *C. roseum*. Die kriechenden Hyphen sondern aufrechte Konidien-Träger ab, welche unverzweigt bleiben. In einem länglichen Köpfchen werden die birn-förmigen Konidien geformt. Die Absonderung erfolgt endständig, gelegentlich sind dieselben zwei-zellig. Die Färbung ist rosa.

In Böhmen ermitteln wir die Form einmal in einer Gärtnerei. In dem Gebiete von U.S.A. gibt WAKSMAN 124) weite Verbreitung an. Eine Isolierung gelingt auch auf Porto Rico.

Einzelne Formen der Gattung *Mycogone* werden als niedrige Frucht-Formen zu *Hypomyces* gestellt. Für die dem Erdreich entnommenen Formen steht der Nachweis der Perithetien-Bildung aus der Konidie noch aus. Sobald dieser Versuch geglückt, ist kann die Einreihung bei den ***Ascomycetes*** erfolgen. Die septierten verzweigten Hyphen bilden einen deutlichen Rasen. Die Konidien-Träger sind Seiten-Äste der Hyphen und sondern endständig die hyalinen oder lebhaft gefärbten Konidien ab. Dieselben bestehen aus zwei Zellen, die obere ist kugelig gestaltet und mit Warzen, sowie Stacheln versehen; ferner ist die Dick-Wandigkeit hervor-zuheben. Die untere Zelle ist halbkugelig, sowie glatt.

Mycogone alba ist von RAILLO 89) in dem Steppen-Gebiet Russlands isoliert worden. Der Rasen ist weiss, die zwei-zelligen Konidien sind 30 μ lang, sowie 15 μ breit.

Mycogone nigra ist desgleichen von RAILLO 89) beschrieben. Dunkle Färbung der oberen Konidien-Zelle, sowie die kleineren Ausmasse scheiden von der vorigen Art.

Die zweite hier abzuhandelnde Familie umfasst die *DEMATIACEAE*; dieselbe enthält sehr wichtige Boden bewohnende Pilze.

Die Gattung *Torula* ist durch die ihr zukommende Fähigkeit der Vermehrung mittels Sprossung früher meist zu den *SACCHAROMYCETACEAE* gestellt worden. Die fehlende Endosporen-Bildung macht eine

Einreihung dort unmöglich. Diejenigen Formen, welche durch die Absonderung eines roten Pigmentes gekennzeichnet sind, hat CIFFERI mit seinen Mitarbeitern beschrieben 20). Statt der Bezeichnung *Torula* wählt er den Namen *Torulopsis.*

Zunächst sind jene wichtigen Formen zu behandeln, denen die Ausbildung eines fädigen Myzels abgeht. Man erkennt ellipsoidische Zellen wechselnder Abmessungen; selten sind Spross-Verbände. Das schwache Lichtbrechungs-Vermögen, sowie die kleineren oder grösseren Oel-Tröpfchen in den Zellen sind hervorzuheben. Meist handelt es sich um luft-liebende Formen denen Gär-Kraft abgeht. Besonders sind die Farbstoff bildenden Arten hervorzuheben. Die unterschiedlichen fleischigen Früchte sind gewöhnlich reich an rot gefärbten Vertretern der Gattung *Torulopsis.*

Im Zusammenhange damit erscheint es begreiflich das man diese Formen häufig im Erdreich unter Obst-Bäumen, sowie unter Beeren- Sträuchern findet. Auf den bekannten Gemüse-Arten des Handels erkennen wir desgleichen diese rot gefärbten Formen. Diesem Befund entspricht ihre häufige Isolierung aus Gemüse-Gärten. Auf die weite Verbreitung dieser Formen unter den verschiedensten Futter-Pflanzen in Deutschland macht NIESEN 75) aufmerksam. Im Erdreich Russlands liegt von HOROWITZ-WLASSOVA 41) eine Isolierung vor. In den verschiedensten Wein-Gärten Deutschlands, sowie Italiens und Jugoslawiens beobachten wir sehr oft diese roten hefe-artigen Gebilde.

Ein Eingehen auf die einzelnen Rassen, die meist nicht morphologisch, sondern physiologisch zu scheiden sind, soll hier unterbleiben.

Weiter sind noch diejenigen Arten zu berücksichtigen, bei welchen die Bildung eines Spross-Myzels in den Vorder-Grund tritt.

Torula Allii.

Es ist nur von ELLIOTT 32) eine Fund-Stelle bekannt und zwar aus den salzigen See-Marschen Englands.

Reich verzweigte kriechende Hyphen sind zu beobachten, welche an kurzen Seiten-Zweigen die Konidien ausbilden. Die Ausbildung derselben erfolgt in leicht gekrümmten Ketten; die Grösse der einzelnen Konidie beträgt etwa 12 μ

Torula herbarum.

Uns gelingt eine Isolierung in der Slowakei. In Jugoslawien erkennen wir sie in einem Mais-Feld bei Kupari, sowie in der Macchia bei Dubrovnik.

Man sieht einen braunen ausgebreiteten Rasen welcher bald schwarz wird. Der Habitus ist sammtig. Die aufrechten kurzen Konidien tragenden Hyphen sondern in leicht zerfallenden Ketten die kugeligen 6—7 μ grossen grün-schwarzen Konidien ab.

Torula lucifuga.

Wir danken OUDEMANS 81) eine Fund-Stelle aus dem humösen Boden der Niederlande.

Der Rasen liefert ein deutlich rundes Wachstums-Bild. Die Hyphen sind stroh-gelb getönt, nach der Konidien-Bildung tritt dunkle Verfärbung ein. Die Konidien werden stets in der Drei-Zahl an kurzen Seiten-Ästen gebildet. Die Unter-Seite fällt durch grün-schwarze Tönung auf.

Torula glutinosa.

STARKEY 107) ermittelt diese Art in U.S.A.

Unregelmässig geformte rote Lager sind hervorzuheben. Das septierte Myzel schnürt an den Spitzen einzelne runde an den Enden scharf zulaufende Zellen ab. Über die Gattung müssen noch weitere systematische Untersuchungen Klarheit bringen.

Aus der Gattung *Hormiscium* beschreibt RAILLO 89) eine nicht näher bezeichnete Form aus Russland. An den Fäden sind eigentümliche dunkle gemmen-artige Bildungen zu erwähnen. Die stets in gleicher Grösse gebildeten Konidien weisen eine würfel-artige Gestalt auf. Eine genauere Beschreibung liefert RAILLO nicht.

Bei der Gattung *Echinobotryum* ist die Ausbildung der sterilen Hyphen auf ein Minimum beschränkt. Die ei- oder flaschen-förmigen Konidien sind meist an kurzen Seiten-Zweigen traubig oder köpfchen-artig angeordnet.

Echinobotryum laeve.

In den salzigen See-Marschen Englands erkennt ELLIOTT 32) den Pilz. Wir selbst beobachten ihn einmal in einem Wein-Garten bei Klis in Dalmatien, ebenso in unbeabutem Lande bei Dubrovnik.

Es wird ein lockerer, schwarz getönter Rasen gebildet. Gegen das Ende der Träger sind die Konidien in lockeren, köpfchen-artigen Trauben abgeordnet. Die einzelnen Konidien sind ei-förmig bis spindelig gestaltet und 12 μ lang, sowie 6—7 μ breit. Die beigefügte Fig. 32 zeigt diese Art.

Figur 32. Echinobotyrum laeve.

Echinobotryum subterraneum.

RAILLO 89) danken wir eine Isolierung aus russischem Weide-Land.

Das dünne farblose Myzel weist deutliche Verflechtungen auf. Die Konidien werden an den Hyphen einzeln oder in Rosetten abgesondert, sie sind von dunkel-brauner Färbung und durch deutlich glatten Habitus gekennzeichnet.

Aus der Gattung *Periconia* ist nur eine Art und zwar P. *felina* bekannt, welche von ELLIOTT 32) aus den salzigen See-Marschen Englands beschrieben wird. Charakteristisch ist ein dichter ausgebreiteter Rasen, welcher zunächst weiss, später grau-grün getönt ist. Der aufrechte nur in seinen unteren Partien gelegentlich verzweigte Konidien-Träger sondert an seiner Spitze mit kurzen regelmässig angeordneten Seiten-Ästen die Konidien ab. Dieselben weisen schwarze Färbung ,sowie eine Länge von 8—10 μ auf. Schleim hält die einzelnen Konidien zusammen und ruft so eine köpfchen-artige Bildung hervor.

Die Gattung *Synsporium* enthält eine aus dem Boden isolierte Form und zwar *S. biguttatum.*

JANKE HOLZER 48) erwähnen diese Form in dem Wiener Becken; für England liegt von DALE 25) eine Angabe vor.

Ein weiss-graues später nach-dunkelndes Myzel wird geformt. Der zunächst hyaline, später braune Konidien-Träger weisst Septen, sowie einfache Verzweigungen auf; an den Enden hat er durch Schleim zusammen-gehaltene

Konidien-Köpfchen. Die Konidien werden in zwei Reihen an Sterigmen abgesondert, sie sind hyalin bis braun. Hervorzuheben sind die in ihrem Inneren häufigen Oel-Tröpfchen. Koremien-Bildung ist zu verfolgen.

WAKSMAN 124) danken wir die Beschreibung eines Vertreters der Gattung *Stachybotrys*. *St. alternans* wird in dem Boden von Porto Rico gefunden. Wir haben kriechende, wenig septierte, häufig mit Papillen versehene schwarz-braune Hyphen vor uns. Der aufrechte grau-braune Konidien-Träger weist an der Spitze verkehrt ei-förmige etwa 10 μ lange hyaline bis graue Sterigmen auf. Die ei-förmigen Konidien nehmen sehr bald eine dunkle, sowie undurchsichtige Tönung an. Gelegentlich enthalten sie Oel-Tropfen.

Aus der Gattung *Trichosporium* ermittelt ELLIOTT 32) aus den salzigen See-Marschen Englands einen Vertreter und zwar *T. murorum*. Die unregelmässig verzweigten Hyphen formen grau-weisse bis orangefarbene Lager. Direkt an den Hyphen werden seitwärts die ei-förmigen, leicht zugespitzten Konidien abgesondert. Dieselben sind 15 μ lang und etwa 6 μ breit; ihre Färbung ist schwarz. Einzelne Oel-Tropfen sind hervorzuheben.

Ohne nähere Angabe der Art berichtet WAKSMAN 124) über Isolierungen der Gattung *Zygodesmus*. Seine Untersuchungen erstrecken sich auf das Gebiet von U.S.A. Die kriechenden unregelmässig verzweigten und verworbenen Hyphen von dunkler Tönung weisen hie und da ein-seitige Anschwellungen auf, welche durch eine Scheide-Wand abgetrennt sind. An diesen Anschwellungen oder auch an kurzen seitlichen Gabel-Auszweigungen werden die Konidien abgesondert. Dieselben weisen kugelige Gestalt auf und sind durch einen mit Stacheln besetzten Rand gekennzeichnet.

Aus der Gattung *Basisporium* erwähnt WAKSMAN 124) im Gebiete von U.S.A. *B. gallorum*. Die flockige bis weisse Kolonie zeigt mit zunehmendem Alter braune bis schwarze Verfärbung; die Unter-Seite ist gelb bis dunkel-braun getönt. Das verzweigte kriechende Myzel sondert seitlich von den Hyphen runde braune bis schwarze Sporen ab; dieselben sind 8—12 μ lang, sowie 4—6 μ breit. Manchmal bestehen sie aus zwei Zellen.

Aus der Gattung *Acremoniella* führt WAKSMAN 124) in dem Gebiete von U.S.A. *A. fusca* an. Eine Isolierung gelingt ihm in den Berg-Landschaften Alaskas. Das Myzel ist spinnweben-artig ausgebildet und weist braune Tönung auf. An kurzen Seiten-Zweigen der Hyphen werden einzeln oder zu zweit die birn-förmigen Konidien abgesondert, welche durch ihre beträchtliche Grösse auffallen.

Einen Vertreter der Gattung *Haplographium* beschreibt RAILLO 89) aus russischem Acker-Land. *H. chlorocephalum* ist durch fast unsichtbare sterile kriechende Hyphen ausgezeichnet. Der aufrechte septierte Konidien-Träger ist braun gefärbt. Gewöhnlich bleibt er unverzweigt. An der Spitze besteht er aus mehreren kleinen Ästchen, von welchen in Ketten die Konidien abgesondert werden. Die elliptischen bis kugeligen Konidien sind leicht abgekantet und olive getönt. Die Grösse beträgt 4—6 μ.

Eine Art der Gattung *Stachylidium* beschreibt ELLIOTT 32) aus den salzigen See-Marschen Englands. *St. extorre* wird erwähnt. Die

Form ähnelt *Acrostalagmus*. Die kriechenden Hyphen bilden ein dünnes Myzel. Der aufrechte Konidien-Träger ist wirtelig verzweigt und sondert an den Zweig-Enden die zu einer Kugel verklebten, rundlichen Konidien ab; dieselben sind 4—5 μ dick und von schmutzig-grauer Färbung. Die Kolonien formen ausgebreitete Lager von sammtigen Habitus und rauch-grauer Färbung.

Die Gattung *Cladosporium* hat im Erd-Boden weite Verbreitung. Gewöhnlich werden sammtige, dunkel-olive grüne Lager mit einem hellen Rand gebildet. Die Kolonie macht einen aufgewölbten Eindruck. Die Unter-Seite ist meist schwarz und fädig ausgebildet. Die Konidien werden in Ketten erzeugt; die eine schliesst dicht an die andere an. Die end-ständige ist meist die jüngste.

Eine morphologisch, sowie physiologisch differente Rasse ist *Hormodendron*. Eine Aufteilung der Hyphen in kleine Glieder-Stückchen fällt hier besonders auf. Weiter sind diese beiden Rassen durch die Ausmasse, sowie die Färbung der Konidien geschieden. Bei *Cladosporium* sind dieselben gelb-grün, sowie 3 μ lang. Bei *Hormodendron* ist die Tönung grau-grün, sowie die Länge 5 μ. Stets muss man zwischen submersem Myzel, sowie Luft-Myzel scheiden. 26° C stellt die Höchst-Temperatur für ein gedeihliches Wachstum dar; dasselbe erfolgt am besten im alkalischen Gebiete.

Cladosporium herbarum.

Dieser Pilz ist im Boden sehr verbreitet und gehört zu den wichtigsten Arten. Böhmen: Im Gemüse-Kulturen des ganzen Gebietes zu finden. In Getreide-Feldern ein ständiger Begleiter. Häufig erkennen wir den Pilz in Wald-Beständen und zwar unter Fichten bei Rakolus, ferner unter Kiefern des Böhmerwaldes. In Schwemmland-Boden an Flüssen beobachten wir ihn desgleichen. Deutschland: Roggen-Schläge in der Mark Brandenburg zeigen ein besonders starkes Auftreten dieses Pilzes; im Zusammenhange damit ist anzuführen, dass wir ihn im gleichen Gebiete sehr oft an den Halmen, sowie den Aehren der Bestands-Pflanzen beobachten. Aus einem Kartoffel-Feld des Wiener Beckens liefern JANKE HOLZER eine Beschreibung 48). Geröll-Halden im toten Gebirge in Oesterreich beherbergen nach unseren Erfahrungen diesen Pilz häufig. In dem Zusammenhange wollen wir auf sein Vorkommen in Stein-Brüchen bei Prag hinweisen. Aus den Steppen-Böden des südlichen Russlandes danken wir RAILLO 89) eine Isolierung. In Kultur-Land bei Volterra in Italien ermittelt ihn VERONA 118, 119). Aus dem Gebiete von U.S.A. besitzen wir durch die Studien WAKSMANS reichliche Erfahrungen über sein Vorkommen 124).

Bezüglich der morphologischen Merkmale machen wir auf die der Gattung eigentümlichen Ausbildungs-Formen aufmerksam. Die ei-förmig gestalteten an der Aussen-Seite gewölbten Konidien sind typisch; im Inneren derselben ist eine mehr oder minder deutliche Septe hervorzuheben. Die in kurzen Absätzen durchgeführte Septierung des Myzels ist ein weiteres wichtiges Merkmal. Makroskopisch erscheint die Kolonie grau-grün, mit fortschreitendem Alter schwarz-grün. Mikroskopisch sind die Hyphen braun-grün getönt.

Zahlreiche Rassen sind bekannt, welche vielfach nur gering-fügige Abweichungen zeigen. Eigens ist die Rasse *Hormodendron cladosporoides* hervorzuheben; hier sind Unterschiede in der Grösse und Färbung der Konidien festzuhalten. Unter diesen Namen berichtet ELLIOTT 32) über Isolierungen aus den salzigen See-Marschen E n g l a n d s. Hervorzuheben ist, dass in höheren Breiten, besonders in N o r w e g e n sowohl *Cladosporium*, als *Hormodendron* im Boden selten sind.

Bei unseren eigenen Studien ist uns die häufige Vergesellschaftung mit unterschiedlichen *Fusarien* aufgehallen. In den Kultur-Versuchen ist zu verfolgen, dass *C l a d o s p o r i u m h e r b a r u m* diese Fusarien überwächst und auf demselben eine sehr gute Entwicklung zeigt. Umgekehrt wird *Cladosporium* auf Agar-Schalen gerne von *Penicillien* überwachsen. Es wird auf diese Weise sehr häufig der Vorgang der Konidien-Bildung unterdrückt. In der Natur besiedelt diese Form mit besonderer Vorliebe absterbendes Pflanzen-Material. Fig. 33 zeigt die Konidien-Bildung bei *C l a d o s p o r i u m h e r b a r u m.*

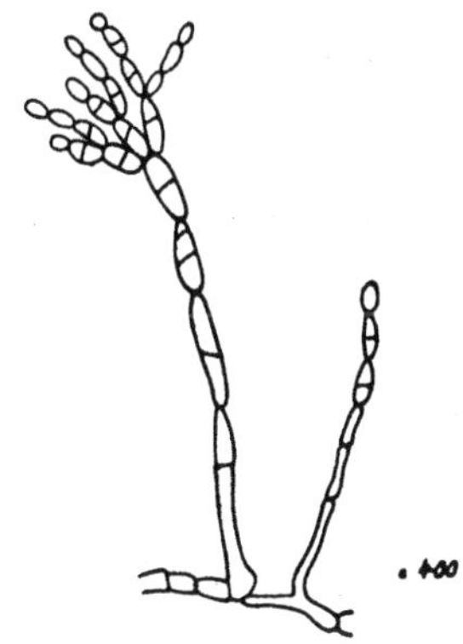

Fig. 33. Cladosporium herbarum. Konidien-Bildung.

C l a d o s p o r i u m e p i p h y l l u m.

In J u g o s l a w i e n gelingen uns von dieser Art zahlreiche Isolierungen. In I t a l i e n erkennen wir sie desgleichen oft. Eine Fund-Stelle können wir in der S c h w e i z angeben. DALE 25) erwähnt die Art in Kalk-Boden E n g l a n d s. Aus dem Gebiete von U.S.A. liefert WAKSMAN 123, 124) Angaben.

Die Kolonien weisen zunächst eine gelb-grüne, später braune Färbung auf. Die Unter-Seite ist schwarz. An einfachen Seiten-Zweigen werden massenhaft Konidien gebildet. Dieselben sind zylindrisch bis rundlich gestaltet und weisen gewöhnlich eine Septe auf.

Die filzigen schwarzen Rasen von *C l a d o s p o r i u m l i g n i c o l a* beschreibt ELLIOTT 32) aus den e n g l i s c h e n S e e-M a r s c h e n. Der kurze Konidien-Träger sondert die länglichen zwei-zelligen Konidien ab.

Als höhere Frucht-Form zu unterschiedlichen nicht näher beschriebenen *Cladosporium* Arten wird *Pleospora* aus der O r d n u n g *MYRINGIALES* angegeben. Die Perithetien derselben sind auf den Blättern der unterschiedlichsten Pflanzen zu finden. In der Richtung scheint das Wechsel-Spiel zwischen Erdreich und den Bestands-Pflanzen bei *Cladosporium* besonders ausgeprägt zu sein. In den unterschiedlichen Gemüse-Gärtnereien treten die manigfachsten *Cladosporium*-Arten auf und sind teils aus dem Erdreich, teils von den Bestands-Pflanzen zu erwähnen.

Die nächsten Zeilen lassen erkennen, dass einzelne der nun folgenden Gattungen Ähnlichkeit mit *Cladosporium* aufweisen und man zur Trennung sehr genau auf die verschiedenen Unterscheidungs-Merkmale hinweisen muss.

Hier ist die G a t t u n g *Alternaria* anzuschliessen, deren höhere Frucht-Form auch bei *Pleospora* zu suchen ist. In der Natur ist häufige Vergesellschaftung mit *Cladosporium* zu beobachten; beide Gattungen sind gemeinsam unter dem Namen Schwärze-Pilze bekannt. Auch hier besteht eine grosse Anzahl verschiedener Rassen, deren genaue Einteilung stets eine individuelle Angelegenheit ist. Eine deutliche Unterscheidungs-Möglichkeit zu *Cladosporium* bieten die Konidien, welche umgekehrt keulig gestaltet sind. Gewöhnlich sind sie lang in die Spitze gezogen und in ihrem unteren Teile mauer-artig geteilt. Dunkel-Färbung ist charakteristisch. Die Ausbildung des Rasens ist bei beiden Gattungen recht ähnlich. *Alternaria* ist meist etwas heller getönt.

Alternaria tenuis.

In Böhmen ist Verbreitung in den verschiedenen Gemüse-Gärtnereien gegeben. In Getreide-Beständen ist sie seltener, als *Cladosporium.*

Gelegentlich beobachten wir die Art in Deutschland. In der Nähe von Volterra in Italien liegt nach VERONA 118) eine Fund-Stelle vor. Aus humöser Erde in den Niederlanden danken wir OUDEMANS 81) eine Isolierung.

Die Konidien tragenden reichlich septierten Hyphen sind kurz und zeigen reichliche Septen. Die Konidien werden reihen-förmig, übereinander-stehend abgesondert und sind durch den Besitz von drei bis fünf Scheide-Wänden ausgezeichnet.

Fig. 34. Alternaria tenuis. Konidien.

Die Färbung ist oliv-grün bis braun-schwarz und die Grösse sehr variabel. Die Länge kann 13—50 μ und die Breite 5—16 μ betragen. Die Fig. 34 zeigt die Konidien dieser Art.

Alternaria humicola.

OUDEMANS 81) danken wir eine Isolierung aus den Niederlanden. In dem Gebiete von U.S.A. liegt von WAKSMAN 124) eine Angabe vor. Für Australien danken wir LENNAN 62) Berichte.

Der kreis-förmig ausgebildete Rasen ist schwarz-grün gefärbt. Die traubig verzweigten Konidien-Träger sondern die verschieden gestalteten Konidien ab; dieselben können zylindrisch, flaschen-förmig oder länglich sein. Ihre Färbung ist grau-schwarz. Längs- und Quer-Wände scheiden in mehrere Kammern. Die Länge kann bis zu 100 μ betragen. Die Breite beläuft sich meistens auf 14—16 μ.

Die Gattung *Macrosporium* ist besonders auf lebendem und totem Pflanzen-Material zu finden. Durch dasselbe dürfte auch die Verbreitung in den Boden erfolgen. Die höhere Frucht-Form ist bei *Pleospora* zu suchen. Dieser Grund bedingt, dass wir die Gattung hier anschliessen. Die geraden meist unverzweigten braunen Konidien-Träger sind in Gruppen angeordnet und haben eine längliche bis ovale Gestalt. Sie sind derber als bei der vorigen Gattung und durch mehrere Quer-Wände, sowie einzelne Längs-Septen unterteilt. Der dicke meist dunkle Rasen ist von der vorigen Art meist nicht sehr unterschieden. In Kulturen auf Agar fällt die glänzend schwarze Unter-Seite auf. Im Gegen-Satz zu *Cladosporium* ist dieselbe nicht fädig, sondern weist eine deutliche Marmorierung auf. Die Konidien sind meist braun gefärbt.

Macrosporium commune.

In Gemüse-Gärtnereien Böhmens weit verbreitet. Einzelne Isolierungen gelingen uns in Deutschland. Nach ELLIOTT 32) in den salzigen See-Marschen Englands zu finden.

Die büschelig angeordneten Konidien-Träger sind deutlich septiert und sondern einzeln die länglichen derben Konidien ab. Dieselben sind oliv-grün oder braun; sie weisen 3—5 Quer-Wände auf, sowie einzelne unregelmässige Längs-Septen.

Macrosporium cladosporoides.

Eine einzige Fund-Stelle nach DALE 25) ist in England bekannt.

Graue Konidien-Lager werden gebildet deren Unter-Seite gelblich ist. Die knotig verdickten Konidien-Träger sondern die Konidien ab, welche von länglicher bis ei-förmiger Gestalt sind. Eine feine Granulierung derselben ist bekannt, die Zahl, der Septen kann 10 betragen. Im mikroskopischen Bilde ist die starke Septierung und die gelegentliche Krümmung derselben hervorzuheben.

Macrosporium instipitatum.

DALE 25) danken wir eine Isolierung aus England.

Der Rasen weist starke Ausbreitung auf. Die Färbung ist schwarz. Der unverzweigte Konidien-Träger zeigt deutliche Krümmungen. Die viel-gestaltigen Konidien sind braun gefärbt und oft aufgeblasen. Die mauer-artige Teilung erfolgt durch 4—6 Quer-Wände.

Nach WAKSMAN 125) wird allgemein auf die Verbreitung von *Macrosporium* ohne nähere Angabe der Art hingewiesen. Als Verbreitungs-Gebiet ist U.S.A. angegeben. BECKWITH liefert die gleichen Angaben aus Nord Dakota 51).

Zu *Pleospora herbarum* aus der Ordnung *MYRIANGIALES* werden *Cladosporium*, *Alternaria* und *Macrosporium* als Konidien-Formen angegeben. Aus diesem Grunde haben wir die Gattungen hier neben-einander angeordnet. Bei den aus dem Erdreich isolierten Formen ist nie aus der Konidie die Bildung des Perithetiums geglückt. Solange dieser Vorgang nicht einmal experimentell gelingt bleibt die Einordnung bei den ***Fungi imperfecti***. Die spätere Zuordnung wird bei den zitierten Ordnungen erfolgen.

Zu *Pleospora gramineum* gehört die Konidien-Form *Helminthosporium*. Die Heimat dieses Pilzes ist vorwiegend auf Pflanzen-Geweben zu suchen. Das Vorkommen im Erdreich dürfte sekundärer Natur sein. Braune bis schwarze sammtige Lager sind zu erkennen. Die aufrechten Konidien-Träger sondern an ihrer Spitze oder seitlich die Konidien ab, welche dunkelbraun gefärbt sind und durch abgerundete Ecken auffallen. In U.S.A. berichten JENSEN und WAKSMAN 49) und 124) über das Vorkommen von *Helminthosporium* im Boden.

Helminthosporium interseminatum wird von DALE 25) im südlichen England beschrieben. Die Hyphen sind durch zahlreiche Septen in kleine Teil-Stückchen zergliedert. Eigenartige Anschwellungen sind besonders hervorzuheben. Das Myzel weist eine grau-braune Färbung auf. Die 25 μ langen, sowie 5 μ breiten Konidien werden end-ständig an aufrechten, unseptierten Trägern abgesondert. Meist bleiben sie an der Spitze fächer-artig vereint. Durch mehrere Quer-Wände wird in einzelne Kammern geschieden. Die Färbung ist gold-gelb. In alten Kulturen fallen dunkle inter-calare Chlamydo-Sporen auf. Durch Hyphen-Verknäuelungen, welche eine dunkle Färbung annehmen können, entstehen sklerotien-artige Bildungen.

Bei den Gattungen *Diplococcium*, *Clasterosporium* und *Septosporium* sind bis heute höhere Frucht-Formen nicht bekannt.

Aus der Gattung *Diplococcium* isoliert ELLIOTT 32) aus den See-Marschen Englands *D. resinae*. Der ausgebreitete, leicht wollige Rasen setzt sich aus sparrig verzweigten Hyphen zusammen. Die Färbung ist braun bis schwarz. Die Konidien tragenden Äste sondern in verzweigten Ketten perlschnur-artig die Konidien ab. Dieselben weisen elliptische Form auf, sind zwei-zeilig und braun getönt. Gelegentlich fällt eine warzige Ober-Fläche auf. Die Länge beträgt maximal 9 μ, die Breite 5 μ.

Einen Vertreter der Gattung *Clasterosporium* erwähnt ELLIOT 32) aus England. Es handelt sich um *Cl. carophyllum*, welches sich als dunkle Masse über das Substrat ausbreitet. An kurzen Seiten-Ästen des Myzels werden die 20—60 μ grossen Sporen, gewöhnlich neben-einander in der Drei-Zahl abgesondert. Die Enden sind rundlich, das Innere ist durch Quer-Septen gekammert.

Die Gattung *Stemphylium* formt dunkle deutlich ausgebreitete Lager. An kurzen derben Seiten-Ästen der Myzels werden die ei-förmigen bis keuligen Konidien abgesondert. Die Kammerung derselben ist deutlich, aber vollkommen unregelmässig.

Stemphylium botryosum.

OUDEMANS 81) erwähnt nur humöses Erdreich in den Niederlanden. RAILLO 89) danken wir eine Angabe aus Russland.

Der flockige grüne Rasen zeigt erst helle Färbungen, welche bald nachdunkeln und braun werden. Eine grosse Anzahl olive-grüner bis schwarzer Sporen sehr unregelmässiger Gestalt wird abgesondert. Hervorzuheben ist, dass die Keim-Kraft derselben bald verloren geht.

Stemphylium macrosporoides.

TRAAN 117) berichtet über die Verbreitung dieses Pilzes in Norwegen. RAILLO 89) erwähnt ihn in Russland.

Der deutlich ausgebreitete Rasen ist dunkel getönt. Die unregelmässig verzweigten dünnen Hyphen erwecken einen fädigen Eindruck. Die Konidien werden an kurzen stiel-förmigen Seiten-Ästen einzeln entwickelt. Die Gestalt ist nahezu kugelig. Zunächst bleiben sie ein-zellig, mit fortschreitendem Alter tritt Teilung in vier Kammern auf. Die Färbung derselben ist kastanien-braun.

Eine nicht näher bezeichnete Art der Gattung *Septosporium* erwähnen JANKE HOLZER 48). Mit den Beschreibungen der Literatur ist keine Übereinstimmung zu finden. Diese aus dem Wiener Becken isolierte Form bildet weisse bis grau-braune Decken. Die Unter-Seite ist dunkel-braun bis braun-schwarz. Die Bildung der Konidien erfolgt an dünnen und sehr kurzen Myzel-Fäden. Die Konidien sind mehr-zellig, wobei Längs- und Quer-Septen hervor-zuheben sind. Bei der braunen Färbung derselben fallen die hyalinen Spitzen deutlich auf.

In der Familie der *TUBERCULARIACEAE* erwähnt DALE 25) ohne nähere Spezies-Beschreibung einen Vertreter der Gattung *Periola*. In der Kultur erscheinen weisse kissen-artige Konidien-Lager. Dieselben bestehen, wie bereits der Namen sagt aus langen Ketten von Konidien, welche fest zusammenhalten. Nähere Angaben stehen aus.

Viel wichtiger ist die Gattung *Fusarium*. Diese in der Pflanzen-Pathologie wichtige Gattung führt viele Boden-Pilze. Einzelne Formen werden sekundär durch abgestorbene Pflanzen in das Erdreich gebracht und warten nur auf den Augenblick einer günstigen Weiter-Entwicklung an entsprechenden Pflanzen.

Diese Gattung hat, obgleich zu vielen Arten die höhere Frucht-Form bekannt ist, ihre Stellung noch unter den ***Fungi imperfecti***. Eine ausgezeichnete Darstellung der bis heute bekannten Arten danken wir WOLLENWEBER und REINKING 135), auf deren Studien wir uns bei der Wiedergabe der im Erdreich heimischen Formen stützen. Die jüngst von RAILLO 90) gegen diese Art der Einteilung erhobenen Einwände, lassen wir hier unberücksichtigt, da unsere eigenen Erfahrungen für die oben ausgewählten Einteilungs-Prinzipien sprechen.

WOLLENWEBER und REINKING 135) nehmen als Grundlage für die Anordnung der Arten Gestalt und Form der Konidien her. Die polaren, meist dorsi-ventralen, verschieden gebogenen Konidien sind typisch. Man unterscheidet gewöhnlich grössere mehr-zellige Makro-Konidien, sowie die ein-zelligen Mikro-Konidien. Die Ausbildung der Konidien hängt stark mit den Kultur-Bedingungen zusammen, besonders auf Agar-Platten verläuft dieselbe oft kümmerlich. Unter diesen Bedingungen herrschen meist die Mikro-Konidien vor. Eine sehr gute Bildung von Konidien erzielt man auf Kartoffeln. Geht man bei der Impfung von Konidien-Stückchen aus, so erzielt man eine reichliche Bildung von Konidien. Wählt man Myzel-Stückchen bei der Übertragung auf neue Nähr-Böden, so entwickelt sich ein üppiges Myzel und die Bildung von Konidien wird unterdrückt. Die Konidien können direkt am Myzel abgesondert werden, sie bilden Schleim-Kugeln in Form falscher Köpfchen, sie erscheinen als schleim-artige Lager, wobei sie in direkter Schicht dem Substrat aufliegen können und dann als Pionnotes bezeichnet werden. Gelegentlich erkennt man die Konidien-Bildung in dem plektenchymatischen oder sklerotialen Stroma als Sporodochien. Die Färbung der Konidien ist hell bis lebhaft, nie sind schwarze Färbungen zu verzeichnen. Die septierten Hyphen sind verzweigt und können spärlich oder reichlich auftreten. Gelegentlich ist das Myzel fast überhaupt nicht erkennbar, in anderen Fällen beobachtet man dichte watte-artige Lager. Manchmal vereinen sich die Hyphen zu plectenchymatischen oder koremien-artigen Gebilden. Oft ist submerses Wachstum zu verfolgen. Das Myzel weist gelegentlich lebhafte Färbungen auf, welche rot oder braun sind. Farbstoff-Ausscheidungen in das Substrat, wobei auch blaue Töne auffallen, sind keine Seltenheit. Die von dem Myzel abgesonderten Gebilde, welche manchmal als Konidien-Träger bezeichnet werden, haben für die Systematik keinen Wert. Sehr häufig sind Chlamydo-Sporen von kugeliger bis birn-förmiger Gestalt hervorzuheben. Manchmal weisen dieselben einen stacheligen Rand auf. Durch diese Chlamydo-Sporen erleiden ältere Kulturen eine dunkle Verfärbung. Die Ausbildung erfolgt terminal oder inter-calar, ein- bis zwei-zellig. Anordnung in langen Ketten ist zu verfolgen. Sklerotien der verschiedensten Färbungen, wobei auch blaue Töne nicht fehlen, sind hervorzuheben. Zuordnung bei folgenden höheren Pilz-Formen unter den *Ascomycetes* ist möglich: *Nectria, Giberella, Calonectria, Hypomyces.*

Für die Einreihung der *Fusarien* in den unterschiedlichen Gruppen ist Form, Ausbildungs-Art, wie Septierung der Konidien von der grössten Bedeutung. Die Fig. 35 bis 42 zeigen die wichtigsten Formen der Konidien. und Chlamydo-Sporen. Zunächst finden die Makro-Konidien Berücksichtigung, sowie die Zahl und Anordnung der Septen; weiter sind die Chlamydo-Sporen und die Mikro-Konidien angeführt.

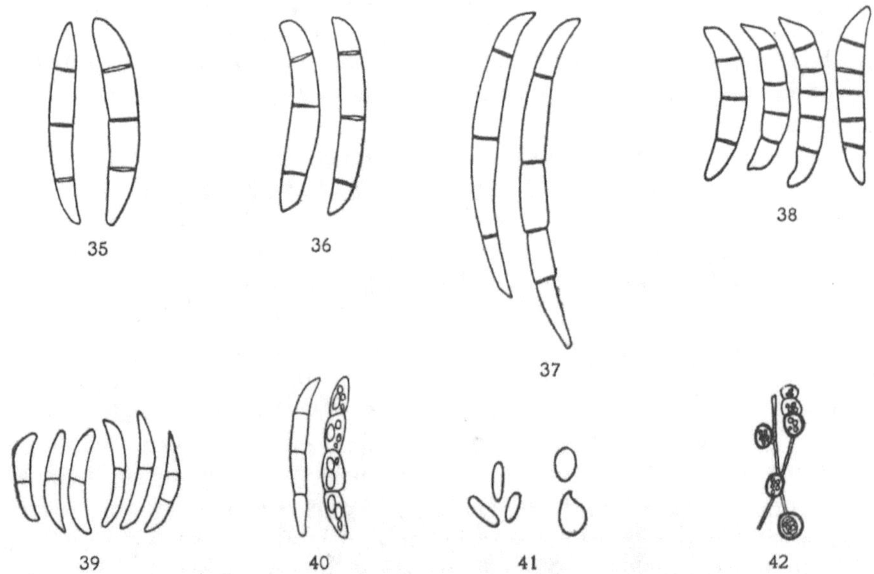

Verschiedene Formen der Makro-Konidien bei Fusarien.
35. F. coeruleum. 36 F. solani. 37. F. Martii. 38. F. discolor. 39. F. dimerum. 40. F. orthoceras. 41. Mikro-Konidien. 42. Chlamydo-Sporen.

Gruppe: *Eupionnotes.*

Das Wachstum erfolgt langsam, es wird ein unscheinbares, meist immerses Stroma gebildet. Die Konidien formen einen gelben, rosigen oder orangefarbenen Schleim, welcher aus einzelnen Tröpfchen besteht. Die Konidien selbst sind zart und pfriem-förmig gestaltet. Die Länge kann die Breite um das 11—20 fache übersteigen. Selten ist eine zylindrisch wurst-förmige Gestalt zu beobachten. An beiden Enden tritt stets eine Verjüngung ein; die Kanten sind elliptisch abgerundet. Chlamydo-Sporen, sowie Sklerotien können vorhanden sein. Als höhere Frucht-Form ist *Nectria* anzugeben.

Fusarium merismoides.

In Böhmen ist Verbreitung in Acker-Land, Gemüse-Beständen und unter Wiesen-Rainen gegeben. Wald-Gebiete führen die Art selten. In Deutschland fällt uns die weite Verbreitung in den sandigen Acker-Schlägen der Mark Brandenburg auf. In Russland beschreibt RAILLO 89) den Pilz unter dem Namen F. udum.

Das blasse Myzel ist spärlich ausgebildet. Die Konidien werden in Schleimen rötlicher bis orange-roter, später verblassender Färbung abgelagert. Sie sind spindelig gestaltet, an beiden Enden tritt Verjüngung ein. Meist sind drei

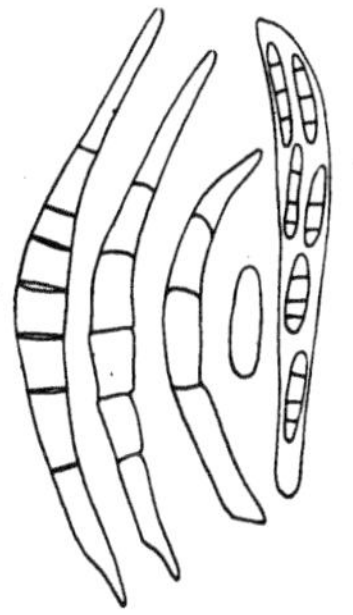

Fig. 1.

F. scirpi. Makro-Konidien, Mikro-Konidie, sowie ein Ascus.

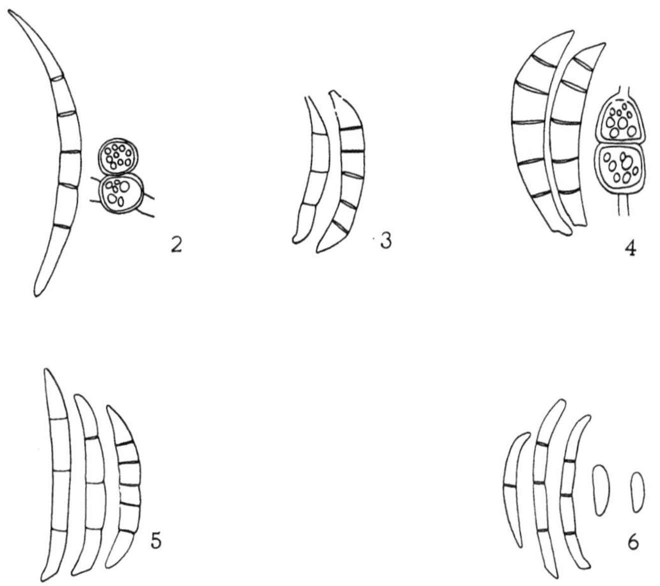

Verschiedene Konidien-Formen und Chlamydo-Sporen der Fusarien.

Fig. 2. F. anguioides. Fig. 3. F. sambucinum. Fig. 4. F. culmorum. Fig. 5. F. graminearum. Fig. 6. F. lactis.

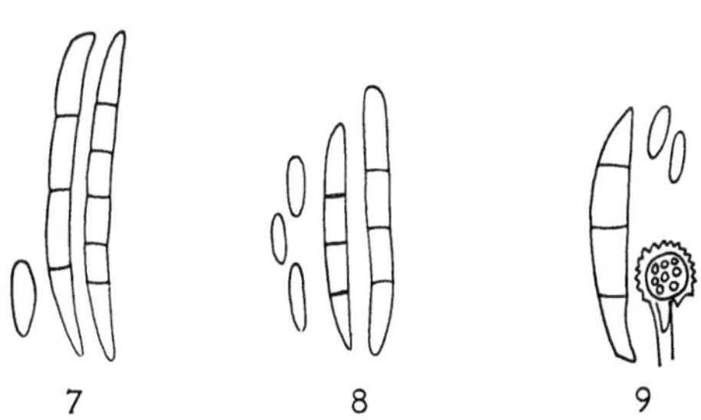

Konidien-Formen, sowie Chlamydo-Sporen einzelner Fusarien.

Fig. 7. F. orthoceras. Fig. 8. F. bulbigenum. Fig. 9. F. oxysporum.

Septen vorhanden; gelegentlich beobachtet man eine grössere Zahl. Kugelige etwa 7 μ grosse Chlamydo-Sporen sind bekannt. Die durchschnittliche Länge der Konidien beträgt 25—50 μ; die Breite etwa 3—4 μ. Vergleiche Fig. 43. In Agar-Kulturen tritt oft keine vollwertige Entwicklung ein; sehr gutes Wachstum erzielt man auf Kartoffeln.

Fusarium dimerum.

Nach WOLLENWEBER und REINKING 135) im Humus Europas, Amerikas und Australiens verbreitet. In Gemüse-Gärtnereien Böhmens erkennen wir die Art sehr oft. Gelegentlich aber viel seltener beobachten wir den Pilz in den Waldungen des Erzgebirges, sowie des Böhmerwaldes. Oesterreich: In den Matten, sowie den Geröllen des Toten Gebirges sehr verbreitet. Eine Isolierung gelingt uns bei Wien. In Garten-Land Italiens glücken uns auch Isolierungen. REINKING 92) beschreibt die Form unter Bananen- sowie Cacao-Pflanzungen in Mittel-Amerika.

Stroma und Myzel sind weiss bis incarnat-farben getönt. Die spindeligen bis sichelförmigen Konidien sind an beiden Enden spitz und weisen kleine Ausmasse, sowie nur eine Septe auf. Die Länge beträgt 15—20 μ, die Breite 2.7—3.8 μ. Meist bilden die Konidien Pionnotes, seltener Sporodochien. Grosse inter-calare Chlamydo-Sporen sind typisch. Vergleiche Fig. 44.

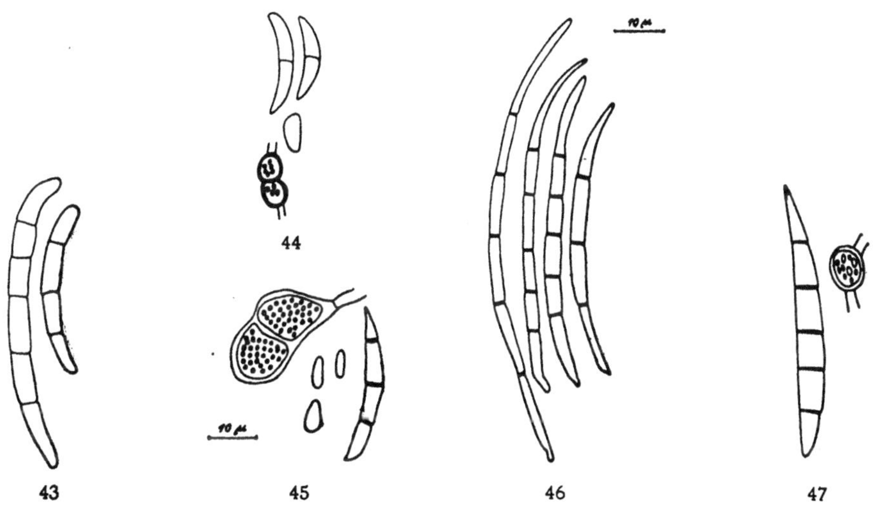

Konidien-Formen und Chlamydo Sporen der bekanntestem Fusarien.
43. F. merismoides. 44. F. dimerum. 45. F. chlamydosporum.
46. F. avenaceum. 47. F. semitectum.

Gruppe: *Sporotrichiella.*

Makro- sowie Mikro-Konidien sind dieser Gruppe eigen. Chlamydo-Sporen-werden häufig erkannt. Die 2 zelligen Mikro-Konidien sind kugelig, oval, zitronen- oder birn-förmig gestaltet; sie überwiegen meist gegenüber den sichelförmigen Makro-Konidien. Das Stroma ist karmin,gelb, ocker-farben und in fortgeschrittenem Alter durch die dunkeln Chlamydo-Sporen braun gefärbt.

Fusarium chlamydosporum.

Böhmen: In Gemüse-Gärtnereien, sowie in Acker-Land sehr verbreitet. In allen anderen von uns geprüften Ländern erkennen wir den Pilz nie. WOLLENWEBER und REINKING 135) liefern Beschreibungen aus Mittel-Amerika, sowie Süd-Afrika. In Europa ist von den beiden Forschern keine Fund-Stelle angegeben.

Die flockigen Frucht-Lager können karmin, schwefel-gelb, ocker-farben oder braun getönt sein. Die zahlreichen, dunkeln, inter-calaren oder terminalen Chlamydo-Sporen sind zu erwähnen. Die Gestalt ist rundlich bis länglich, die Grösse kann 20 μ erreichen. Die ellipsoidisch geformten Mikro-Konidien überwiegen die sichel-förmigen Makro-Konidien. Vergleiche Fig. 45.

Gruppe: *Roseum.*

Die pfriem-förmigen dünnen, zart-häutigen Konidien sind ein wichtiges Merkmal, in Massen sind sie orange getönt. Mikro-Konidien fehlen. Beobachtet man kleine Konidien so hat man Kümmer-Formen vor sich, welche nach unseren Erfahrungen durch die Ernährung bedingt sind. Das Stroma kann gelb, karmin oder braun gefärbt sein. Oft fallen mehrere Färbungen auf. Das Luft-Myzel spielt in weissen, gelben oder rötlichen Tönen. Die Konidien-Lager sind verschiedenartig ausgebildet, entweder im Stroma oder im Luft-Myzel. Nach unseren eigenen Erfahrungen ist die Bildung von Pionnotes zu erkennen. Gelegentlich sind blaue sklerotiale Bildungen vorhanden. Chlamydo-Sporen sind nicht zu erkennen. Eine höhere Frucht-Form ist nicht bekannt.

Fusarium avenaceum.

Nach WOLLENWEBER und REINKING 135) ist weite Verbreitung in der gemässigten Zone gegeben. Vor allem sind die verschiedensten Kultur-Pflanzen anzuführen. Durch verseuchte Pflanzen gelangt er in das Erdreich. Manchmal erreicht er auf diese Weise eine grosse Verbreitung. Eine genaue geographische Begrenzung kann nicht gegeben werden, da das Auftreten von den Verbreitungs-Gebieten der Kultur-Pflanzen abhängt. Besonders reichlich finden wir den Pilz in den sandigen Acker-Schlägen bei Kalmswiese in Böhmen. Unterschiedliche Landschaften bei Volterra in Italien führen den Pilz nach den Erfahrungen VERONAS 119). Sehr häufig isolieren wir die Art von jungem Saat-Getreide.

Eine genaue Beschreibung dieses Pflanzen-Parasiten bringen wir nicht, sondern wir verweisen auf die reichliche pflanzen-pathogene Literatur und im besondern auf die Monographie von WOLLENWEBER und REINKING 135). Die Fig. 46 zeigt die typischen Konidien.

Gruppe: *Arthrosporiella.*

WOLLENWEBER und REINKING 135) bringen in dieser Gruppe jene Formen unter, welche nicht zu *Roseum* und nicht zu *Sporotrichiella* zu stellen sind. Reichliches Luft-Myzel, sowie deutliches Stroma ist vorhanden. Die Farben-Schattierungen wechseln von gelb über rosa zu rot und ocker-braun. Sporodochien und Pionnotes fehlen fast ganz. Die Konidien sind meist an dem Luft-Myzel angeordnet, die Grösse derselben ist wechselnd. Die Gestalt kann spindel-keil- oder lanzen-förmig sein. Nie ist eine fusszellenartige Ausbildung gegeben. Gelegentlich sind braune Chlamydo-Sporen, sowie Sklerotien vorhanden.

Fusarium semitectum var. majus.

WOLLENWEBER und REINKING 135) weisen auf die grosse Verbreitung dieser Form im Boden hin. Sie ist in allen Welt-Teilen zu finden. Die eigentliche Heimat ist auf Pflanzen, durch dieselben erfolgt die Verschleppung in den Boden. Wir selbst erkennen sie im Erdreich Böhmens, Deutschlands, der Schweiz, sowie Oesterreichs, seltener ist sie in Jugoslawien, ferner in Italien zufinden. Das Vorkommen ist meist auf Kultur-Land beschränkt.

Das Luft-Myzel zeigt weisse, inkarnat-farbige, sowie isabelline Töne. Das Stroma ist plectenchymatisch und braun getönt. Intercalare Chlamydo-Sporen sind vorhanden. Die spindeligen bis lanzen-förmigen Konidien sind im Luft-Myzel eingebettet, gewöhnlich sind sie zu Ballen verklebt. Die durchschnittliche Zahl der Septen beläuft sich auf 5, es können aber auch mehr oder weniger vorhanden sein. Die mittlere Grösse beläuft sich auf 30—55 μ Längen-Ausdehnung, sowie 3.7—3.8 μ Breite. Kümmer-Formen fallen wieder auf, welche meist durch mangelhafte Ernährung bedingt sind. Vergleiche Fig. 47.

Fusarium anguioides.

ELLIOTT 32) erwähnt und beschreibt diese Form aus den englischen See-Marschen. WOLLENWEBER und REINKING geben Verbreitung in dem Boden Amerikas und Asiens an. 135).

Die Verschiedenartigkeit der Konidien ist zu erwähnen 1.) Kurze, spindelige, welche an beiden Enden abgerundet sind und 0—3 Septen haben 2.) Typisch sind die langen schlangen-artig gewundenen Konidien, die 1—15 Septen haben und Längen bis zu 90 μ aufweisen. Die Konidien-Massen sind rosig bis orange getönt, das Stroma ist gewöhnlich braun. Rundliche Chlamydo-Sporen, die gewöhnlich zu langen Ketten vereint sind, stellen ein wichtiges Merkmal dar. Vergleiche Fig. 2 auf. Tafel V.

Gruppe: *Gibbosum.*

Das Luft-Myzel ist weiss bis braun. Lebhafte Färbungen gehen ab. Das Stroma ist meist dunkel ausgebildet, gold-gelbe bis karmin-rote Färbungen sind möglich. Sklerotien werden beobachtet. In jüngeren Kulturen, vor allem auf Agar-Platten herrschen zunächst die kleinen Konidien vor, die typischen Formen treten erst später auf. Die grossen Konidien liegen als eine schleimhafte Masse in Sporodochien oder Pionnotes, deren rote bis gelbe Färbungen zu erwähnen sind. Die grossen Konidien weisen 3, 5 oder 7 Septen auf, sie sind sichel-artig gekrümmt, mit geknickter Rücken-Linie und etwas schwächer gekrümmter Bauch-Linie. Die Basis ist fusszellen-artig. Inter-calare Chlamydo-Sporen sind ein typisches Merkmal. Die zugehörige Schlauch-Form ist bei *Giberella* zu suchen.

Fusarium equiseti.

Nach WOLLENWEBER und REINKING 135) ist auf die allgemeine Verbreitung in Acker-Böden hinzuweisen. In West- und Nord-Böhmen erkennen wir sie unter Sellerie-Kulturen. Anderen Gemüse-Beständen ist die Art fremd. Verbreitung ist in den gleichen Gebieten auch unter Obst-Bäumen gegeben. Oesterreich: Alpen-Matten im toten Gebirge führen den Pilz reichlich. Schweiz: Unter Magnolien-Bäumen in dem südlichen Gebiete. Aus Russland liefert RAILLO 89) eine

Angabe. In einer Erd-Probe, welche uns von einer Gelb-Erde in Griechenland zur Verfügung gestellt wurde, erkennen wir diese Art. Ein sehr bekantes Synonym ist F. falcatum, ein häufiger Erreger von Fuss-Krankheiten.

Die kleinen gewöhnlich ein-zelligen Konidien sind in dem weisslichen, gelben oder schwach rosa getönten Luft-Myzel eingebettet. Die Makro-Konidien erkennt man meist als schleimige leicht fliessende Massen, von erst blasser, später lachs-farbener Tönung. Sie sind spindelig gestaltet und in ihrem mittleren Teile breiter, als an den Spitzen. Der Scheitel läuft in eine dünne, gerade bis gebogene Spitze aus. Die Basis hat fusszellen-artige Gestalt. Die Rücken-Linie verläuft auswärts, die Bauch-Linie flach einwärts. Meist sind 5 Septen vorhanden, Gelegentlich kann sich die Zahl derselben auf 12 erhöhen. Die Hyphen sind unregelmässig septiert, die Breite beträgt 3.5—4 μ, selten erreicht sie ein Ausmass von 6 μ. Rundliche Chlamydo-Sporen, welche zu Knäueln vereint sind, muss man erwähnen. Die Grösse schwankt von 6—14 μ.

Fusarium eqiseti var. bullatum.

Nach Reinking 92) in den Boeden *MITTEL-AMERIKAS* verbreitet. Es handelt sich durchwegs um Pflanzungen von Cacao und Bananen.

Die Krümmung der Konidien ist weniger ausgeprägt, als bei der Haupt-Form, auch ist die Fuss-Zelle nicht immer typisch entwickelt. Die Grösse der Konidien ist etwas geringer, als bei der Haupt-Form. Die Haupt-Form ist 46 μ lang, 4.6 μ breit. Die hier zitierte Form ist 42 μ lang und 4.3 μ breit. In beiden Fällen herrscht bezüglich der Septen die Zahl 5 vor. Bei dieser Abart sind in einzelnen Fällen im Gegensatz zu der Haupt-Art höhere Septen-Zahlen vorhanden. Die Konidien-Lager weisen eine sahne- bis lachs-farbene Tönung auf. Das Luft-Myzel ist weiss, das Stroma leder-farben. Bei den beiden erwähnten Formen ist auf den deutlichen Zusammenhang zwischen den Kultur-Pflanzen und dem sie beherbergenden Erdreich hinzuweisen.

Fusarium scirpi var. accuminatum.

Diese Form erkennen wir bei unseren Untersuchungen in Jugoslawien. Als Fund-Stellen sind unterschiedliche Felder südlich Beograds anzugeben. Die Kultur-Gattung spielt keine Rolle.

Das plectenchymatische Stroma kann unterschiedliche Färbungen aufweisen, so blut-rot, oder gelb. Bisweilen sind blaue sklerotiale Bildungen hervorzuheben. Die Konidien deren Gestalt sichel-förmig ist werden in orange-farbenen Pionnotes abgelagert. Der Scheitel ist faden-förmig ausgezogen, die Basis ist fusszellenartig, manchmal weist sie ein Anhängsel auf. Gewöhnlich sind 5 Septen vorhanden, die Länge der Konidien beträgt durchschnittlich 40—60 μ, die Breite 4 μ. Reichlich sind inter-calare ketten-förmige Chlamydo-Sporen vorhanden. In unseren Kulturen ist auf die zahlreichen Mikro-Konidien hinzuweisen.

Bei dieser Art beobachten wir auf Agar-Platten reichliche Bildung von Perithetien. Diese Schlauch-Form ist bereits nach Wollenweber und Reinking 135) bekannt und bei *Giberella acuminata* zu suchen. Die Perithetien sind olive-grüne bis blau-schwarze Gebilde welche in das Stroma, eingesenkt sind Die spindeligen oben abgestumpften Schläuche enthalten 8

Sporen. Interessant ist, dass nur diese aus dem Süden mitgebrachte Form bei uns im Laboratorium Perithetien formt. Alle die vielen anderen in Böhmen, Oesterreich und Deutschland isolierten Arten schreiten nie zu geschlechtlichen Fort-Pflanzung. Fig. 1 auf Tafel V zeigt die Konidien und die Ascus-Früchte.

Gruppe: *Discolor.*

Die spindelig sichel-förmigen Konidien sind derb-häutig und kräftig septiert, beid-endig ist Verschmälerung zu beobachten. Die Krümmung ist ungleichseitig, auf der dorsalen Seite haben wir Vorwölbung, an der ventralen Einwärts-Biegung. Im Gegen-Satz zu der vorigen Gruppe ist der Scheitel hier abgestumpft, bei voller Entwicklung ist eine Fuss-Zelle zu erkennen. Die Konidien werden in Pionnotes oder Sporodochien abgelagert, deren Färbung rosa, lachs-farben oder gelb ist. Gelegentlich sind als Neben-Form auch kleine Konidien zu erkennen, welche direkt am Myzel abgeschnürt werden. Das Stroma weist unterschiedliche Farben-Töne von rot bis gelb auf. Blaue oder braune Sklerotien sind vorhanden. Stark entwickelt ist hier das Luft-Myzel, welches rosa mit einem leicht gelben Einschlag getönt ist. Reichliche in Massen braun getönte Chlamydo-Sporen sind hervorzuheben.

Fusarium sambucinum.

Kraut-Felder im Gebiete von Böhmen sind reich an dieser Art. In diesen Fällen gelingt auch die Isolierung von den Bestands-Pflanzen. Manchmal auch in anderen Gemüse-Beständen zu finden. In Deutschland erkennen wir die Art in einzelnen Kartoffel-Feldern, sowie in einem Wein-Berge am Rhein. Aus Italien bringen wir eine Isolierung von einem Mais-Feld bei Bergamo.

Sehr bekannt ist das Synonym *F. discolor.* Die spindelig gekrümmten Konidien sind auf beiden Seiten hackig eingebogen, enden aber stumpf. Der Charakter ist derb. Manchmal erfolgt Vermengung mit kleinen, oft gar nicht septierten Konidien, welche am Luft-Myzel abgeloest werden. Die Sichel-Sporen werden in rosa bis gelben Pionnotes als Schleim erzeugt. Gewöhnlich bilden sie drei Septen, selten sind 6–7 zu beobachten. Die Längen-Ausdehnung beträgt 27—34 μ, die Breite 4.7—5 μ. Das karmin-rote bis orange-farbene Plectenchym wird von dem sehr reichlichen lockern Luft-Myzel überwachsen. Im Plectenchym bilden sich Verknotungen, die als sklerotiale Gebilde aufzufassen sind. Gelegentlich sind Chlamydo-Sporen zu beobachten. In den Hyphen sind Öl-Tropfen als Einschlüsse zu erwähnen. Fig. 3 auf Tafel V zeigt die wichtigsten Art-Merkmale. Die höhere Frucht-Form stellt *Giberella pulicaris* dar, welche man auf unterschiedlichen Pflanzen findet.

Fusarium culmorum.

Die Art ist im Boden unter verschiedensten Acker-Feldern sehr verbreitet. Das gleiche Ergebnis gilt für die Anwesenheit auf den verschiedensten Keimlingen. Der Zusammenhang mit den Kultur-Pflanzen ist deutlich gegeben, Nach Wollenweber und Reinking 135) Verbreitung in allen Erd-Teilen, desgleichen wird die häufige Verbreitung auf Pflanzen erwähnt; Verschleppung in das Erdreich ist möglich. In Oesterreich liegen von Janke Holzer Isolierungen aus dem Wiener Becken vor 48). Wir können Geröll-Halden auch in Höhen über 2.000 m angeben und zwar im toten Gebirge. Aus England danken wir DALE 25) eine Angabe. In der Schweiz finden wir die Form einmal. In den südlichen Lagen Italiens, sowie Jugoslawiens fehlt er nach unseren Erfahrungen.

F. rubiginosum ist ein bekanntes Synonym. Die sichel-förmigen Konidien können frei im Luft-Myzel eingestreut sein oder falsche Köpfchen bilden. Die Färbung ist meist rosa und kann später braun werden. Die Form der Konidien ähnelt der vorigen Art, allerdings ist die Ausbildung etwas derber. Gewöhnlich sind 5 Septen vorhanden, die durchschnittliche Länge beträgt 30—50 μ und die Breite etwa 4.8—7.5 μ. Kugelige inter-calare Chlamydo-Sporen sind bekannt, erscheinen dieselben in Massen so nimmt die Kultur einen dunklen Ton an. Vergleiche Fig. 4 auf Tafel V.

Fusarium sublunatum.

Nach REINKING 92) ist Verbreitung im Mittel-Amerika gegeben. In einer Erd-Probe, welche wir aus Griechenland erhielten, fanden wir den Pilz einmal. Die Form scheint warme Klima-Gebiete zu bevorzugen. Nach REINKING 92) ist auch Zusammenhang mit dem Pflanzen-Bestand gegeben, meist ist sie unter Cacao- und Bananen-Pflanzungen zu finden. Aus dem gleichen Gebiete wird die *var. elongata* beschrieben, welche durch schlankere Konidien geschieden ist.

Das Plectenchym ist rosig bis zimmt-braun. Gelegentlich ist ein wein-roter Einschlag zu erkennen. Das Luft-Myzel ist spärlich ausgebildet, in demselben fallen blaue oder olive-farbene sklerotiale Bildungen auf. Die inkarnat bis lachsfarbenen Konidien-Massen überziehen bald das Stroma. Die Konidien sind denen der vorigen Art ähnlich, die Ausbildung ist etwas feiner. Zahlreiche Chlamydo-Sporen sind zu erwähnen.

Fusarium graminearum.

Der Pilz ist auf den verschiedenen Getreide-Arten sehr verbreitet, auf diese Weise erfolgt sekundär die Verschleppung in den Boden. Wir erkennen die Art in den unterschiedlichsten Kultur-Böden Böhmens, Deutschlands und der Schweiz. Eine Bevorzugung bestimmter Kulturen können wir nicht feststellen. Nie erkennen wir die Spezies in südlichen Lagen. Wir erwähnten bereits, dass die Art vorzugsweise als Getreide-Schädling bekannt ist, da er aber auch im Boden zu treffen ist, lassen wir eine kurze Beschreibung folgen.

Die Konidien-Träger sind in den unterschiedlichsten Tönungen von gelb bis rosa gehalten. Das Luft-Myzel zeigt typischen flockigen Charakter. Die Ablagerung der Konidien erfolgt in Pionnotes. Die Ausbildungs-Form der Konidien ist recht manigfach, bald sind sie gedrungener, bald sind sie länger als bei der vorigen Art. Die Krümmung bei den Konidien ist mässig, an dem Scheitel sind die meist kegel-förmig zugespitzt. Die Basis ist fusszellenartig ausgebildet. Die Septen-Zahl beträgt 3—5, die durchschnittliche Länge beläuft sich auf 30—60 μ die Breite auf 3.5—4.5 μ. Chlamydo-Sporen fehlen meist. Die höhere Frucht-Form ist bekannt und bei *Giberella saubinetii* zu suchen. Die Fig. 5 auf Tafeln V zeigt die typischen Merkmale der Art.

Fusarium tumidum var. humi.

Es liegt nur von REINKING eine Beschreibung aus Mittel-Amerika 92) vor.

Gelbe bis braun gefärbte Stroma sind anzugeben. Karmin-rote Töne fehlen. Die in den Sporodochien oder Pionnotes geformten Konidien sind isabellin, inkarnat oder orange getönt, mit fortschreitendem Alter tritt eine zimmt-braune Tönung auf. Das Luft-Myzel ist weiss mit einem gelben bis roten Einschlag. Die spindeligen Konidien sind von sicheliger Gestalt, der Scheitel ist flaschenartig eingeschnürt. Die Basis ist fusszellenartig gebildet. Die Konidien sind derb-häutig mit deutlichen manchmal schief gestellten Septen, deren Zahl gewöhnlich 5 beträgt. Chlamydo-Sporen sind häufig. Bei der hier erwähnten Varietät sind die Konidien etwas länger, als bei der Haupt-Form, man beobachtet Abmessungen von 40—50 μ Länge und 8—9.5 μ Breite.

Gruppe: *Lateritium.*

Neben den bekannten gelben und rosa Tönen sind violette, sowie schwarzblaue Schattierungen des Myzels hervorzuheben. Gelegentlich ist auch eine grüne Verfärbung des Stromas zu beobachten. Häufig sind dunkel-blaue Sklerotien. In Sporodochien, sowie Pionnotes werden Makro-Konidien mit 3—5 Septen gebildet. Die Gestalt kann wechseln und zylindrisch, spindel-schwert- oder lanzenförmig sein. An dem Scheitel fällt die starke Biegung auf. Die Basis ist fusszellenartig. Die Färbung ist orange bis rot, mit fortschreitendem Alter erfolgt ein deutliches Nachdunkeln. Inter-calare Chlamydo-Sporen sind häufig. Kleine Konidien sind nur bei einzelnen Arten entwickelt.

Fusarium lateritium.

Diese Form ist als Schädling der verschiedensten Pflanzen bekannt. Wir erkennen sie in Nord-Böhmen unter Obst-Bäumen an deren Früchten die bekannten Fäulnis-Erscheinungen ausgelöst werden. In der Schweiz gelingen uns im Kanton Tessin Isolierungen unter Erdbeer-Beeten, sowie unter Magnolien-Bäumen. Selten erkennen wir den Pilz in Acker-Schlägen, hier vor allem in den Sand-Gebieten von Kalmswiese. In den schweren Acker-Schlägen, wie sie im Inneren Böhmens verbreitet sind, beobachten wir den Pilz nie. Für Italien liegt von VERONA 119) eine Isolierung vor. Unter Oliven-Bäumen in Kalabrien erkennen wir den Pilz einmal.

Das fleischige, rosa bis gelbe Stroma zeigt deutliche sklerotiale Bildungen. Manchmal beobachtet man regelmässig gestaltete blaue Sklerotien, dieselben waren bei jener Form, welche wir aus Kalmswiese isolierten am schönsten ausgebildet. Die Konidien werden zunächst im Luft-Myzele ausgebildet, welches gelb oder rosa getönt ist. Zu späteren Zeit-Punkten erfolgt die Bildung von Sporodochien, seltener sieht man schleimartige Überzuege. Die Färbung ist bei den verschiedenen Schattierungen von gelb und rot zu suchen. Die Septen-Zahl beträgt 3—5. Im Mittel-Stück ist die Krümmung meist gering, umso stärker fällt sie an den beiden Enden auf. Die Basis ist fusszellenartig gebildet. Die durchschnittlichen Längen-Masse schwanken zwischen 30 und 45, die Breite variert zwischen 4 und 6 μ. Gelegentlich erfolgt die Bildung von inter-calaren Chlamydo-Sporen. Die Haupt-Fruchtform ist *Giberella baccata,* die auf den unterschiedlichsten Park- und Obst-Bäumen zu erkennen ist.

Gruppe: *Liseola.*

Zwei Konidien-Formen sind hier deutlich zu erkennen. Die Mikro-Konidien, welche meist unseptiert sind weisen eine ovale bis längliche Gestalt auf. Ihre Absonderung erfolgt in beträchtlicher Menge und zwar in Ketten, welche mehr oder minder verbunden sein können oder in Köpfchen. Die Makro-Konidien sind sehr zart, pfriemenförmig und schwach gekrümmt. Die Verschmälerung an beiden Enden ist hervorzuheben. Die Basis ist fusszellenartig geformt. Die Färbung umfasst matte Schattierungen von rot bis gelb. Chlamydo-Sporen fehlen. Das Stroma ist braunweiss bis rosa getönt und lässt violette Tönungen erkennen. Dunkelblaue Sklerotien können vorhanden sein. Das Luft-Myzel ist weiss, die Verfärbung wird sekundär durch die Konidien bedingt.

Fusarium moniliforme.

Nach REINKING 92) vorwiegend unter Cacao-sowie Bananen-Pflanzungen in Mittel-Amerika zu finden. Ausserhalb der Tropen scheint keine Verbreitung gegeben.

Mikro-Konidien in Ketten oder Köpfchen, welche meist vereinigt bleiben, sind ein typisches Merkmal. Später erkennt man sie als helles Pulver im Myzel eingestreut. Die zarten Makro-Konidien sind wenig gekrümmt, an beiden Enden weisen sie Verschmälerungen auf. Die Fuss-Zelle ist mehr oder minder deutlich ausgebildet. Die Länge beträgt 30—60 μ und die Breite durchschnittlich 5 μ; manchmal sind dunkel-blaue Sklerotien vorhanden. Als höhere Frucht-Form ist *Giberella Fujikoroi* zu erwähnen.

Fusarium lactis.

Nach WOLLENWEBER und REINKING 139) auf faulenden Früchten sehr verbreitet. Wir erkennen den Pilz sehr oft im Erdreich unter den verschiedensten Obst-Bäumen. Unsere Erfahrungen erstrecken sich auf Böhmen. Selten ist er in Gemüse-Gärtnereien zu finden. Unter niedrigen Breiten scheint er sich nicht wohl zu fühlen.

Die zahlreichen Mikro-Konidien werden in langen verklebten Ketten oder Köpfchen abgesondert, meist weisen sie eine gerade oder eiförmige bis zylindrische Gestalt auf und sind in das helle, rosige Luft-Myzel eingelagert. In dem plectenchymatischen violetten oder kirsch-roten Stroma entstehen die sichelförmigen, an der Spitze hackig gebogenen Makro-Konidien. Auffallend ist ihre geringe Krümmung, sie erscheinen fast gerade. Die Zahl der Septen beträgt 1—3, die Längen-Ausmasse schwanken zwischen 5.3 μ und 33 μ, die Breite variert von 1.8—4.6 μ. Die Fig. 6 auf Tafel V zeigt die typischen mikroskopischen Merkmale der Art.

Gruppe: *Elegans.*

Dieselbe ist im Erdreich sehr verbreitet. Zwei Arten von Konidien sind hervorzuheben, Ovale, ellipsoidische, gerade oder nierenförmige Mikro-Konidien. Die Länge derselben beträgt 2.2—3.5 μ, meist sind sie als ein lockeres Pulver in das Myzel eingelagert. Die Makro-Konidien werden in Sprodochien oder häufiger in Pionnotes von deutlich roten oder gelben Schleimen gebildet. Die Gestalt ist verschieden. Man sieht oft länglich spindelige Formen, denen wieder ausgesprochen gedrungene gegenüber stehen. Eine gerade zylindrische Ausbildung derselben ist in manchen Fällen auch möglich. Die zart-häutigen Konidien sind durch 3—5 Septen unterteilt, selten übersteigt die Länge 60 μ. Das plectenchymatische Stroma kann matte und leuchtende Farben annehmen. Verschieden gefärbtes Luft-Myzel ist vorhanden. Reichlich erkennt man Chlamydo-Sporen, welche sowohl terminal, als inter-calar sein können. Sehr wichtige pflanzenpathogene Formen sind in dieser Gruppe untergebracht. Oft erfolgt durch die Pflanzen die Verschleppung in das Erdreich. Man unterscheidet eine Reihe von Unter-Abteilungen mit deren Aufzählung wir beginnen.

Orthocera.

Die Mikro-Konidien sind fast gerade gestaltet. Selten sind Sporodochien. Die Konidien-Schleime weisen eine geringe Ausdehnung auf. Die Tri-Septaten sind meist 8—10, die Quinque-Septaten 11—13 mal so lang, als breit. Glatte oder runzelige Chlamydo-Sporen sind vorhanden. Spann-grüne und schwarzblaue Sklerotien sind gegeben.

Fusarium conglutinans.

Die Verbreitung im Erdreich ist sekundär, da es sich um einen typischen Pflanzen-Parasiten handelt, welcher eine schwere Erkrankung von Kohl-Gewächsen bedingt. Bis heute ist seine Verbreitung im Gebiet von U.S.A. bekannt.

Blasse Färbung von Stroma und Myzel sind anzugeben. Die Mikro-Konidien sind unseptiert, die Makro-Konidien von schwach sichelförmiger Gestalt weisen 3 Septen auf. Die Längen-Ausdehnung beträgt etwas über 30 μ. Zahlreiche terminale und intercalare Chlamydo-Sporen sind zu erkennen. Dieselben sind oval bis kugelig, und etwa 10 μ gross.

Fusarium orthoceras.

In Böhmen erkennen wir die Form in Acker-Feldern, sowie in Gemüse-Gärtnereien. Gelegentlich ist auch Verbreitung unter Obst-Bäumen, sowie in nassen Wiesen gegeben. In Ungarn gelingt uns bei Budapest eine Isolierung. Für Russland liefert RAILLO 89) eine Angabe. In Italien beobachten wir den Pilz einmal in einem Mais-Feld bei Bergamo. Für Oesterreich ist weite Verbreitung im toten Gebirge anzugeben. Im südlichen Teile Jugoslawiens gelingen uns einige Isolierungen. Für U.S.A. liegen von WAKSMAN 124) zahlreiche Beobachtungen vor. WOLLENWEBER und REINKING weisen auf die grosse Verbreitung dieser Art im Humus der verschiedensten Gegenden hin. 135).

Das plectenchymatische Stroma ist blass, tief-rot oder purpurn getönt, häufig sind grünliche Flecken eingestreut. Das flockige Luft-Myzel ist weiss oder rosa. In demselben sind zahlreiche Mikro-Konidien eingelagert, welche länglich und ein-zellig sind. Die Makro-Konidien werden an Konidien-Trägern abgeschnürt und bilden oft falsche Köpfchen. Selten sind Sporodochien und Pionnotes. Ein wichtiges Merkmal ist die gerade Ausbildung der Konidien, die Ecken derselben sind leicht abgerundet. Häufig sind Tri-Septaten. Die Mikro-Konidien sind 6—10 μ lang und etwa 2 μ breit. Die Makro-Konidien erreichen eine Länge von 40 μ, die Breite beträgt etwa 4 μ. Kugelige bis birnförmige, meist ein-zellige Chlamydo-Sporen sind hervorzuheben. Fig. 7 auf Tafel V. ist hier zu vergleichen.

Constrictum.

Sporodochien und Pionnotes sind vorhanden. Längliche, schmale Mikro-Konidien von etwa 3 μ Dicke, deren Enden sehr stark gebogen sind, muss man erwähnen. Der Scheitel ist eingeschnürt, die Basis hat fusszellenartigen Charakter. Die Tri-Septaten sind 10—13 und die Quinque-Septaten 13—15 mal so lang, als breit. Chlamydo-Sporen, sowie Sklerotien sind wie bei *Orthocera* vorhanden.

Fusarium bulbigenum.

In Gemüse-Beständen Nord-Böhmens sehr verbreitet, gelegentlich auch in Acker-Feldern des gleichen Gebietes. In dem Alpengebiet Oesterreichs gelingen uns einzelne Isolierungen. Nach REINKING ist Verbreitung in Mittel-Amerika gegeben. Nach seinen Erfahrungen 92) kommen Bananen-sowie Cacao-Pflanzungen in Frage.

Das blasse Stroma weist rosa und violette Tönungen auf. In ähnlichen Farben-Schattierungen ist auch das Luft-Myzel gehalten. Braune, grüne und blaue Sklerotien sind hervorzuheben. Die Bildung von Makro-Konidien erfolgt in Sporodochien, sowie in Pionnotes. 5—12 μ dicke Chlamydo-Sporen sind oft in Ketten angeordnet. Einzellige, manchmal unregelmässig gestaltete Mikro-Konidien sind hervorzuheben. Tri-sowie Quinque-Septaten herrschen vor. Die Mikro-Konidien sind 7—9 μ lang, sowie 2—3 μ breit, die Makro-Konidien sind 34—56 μ lang, sowie 2.7—3.9 μ breit. Die Fig. 8 auf Tafel V zeigt die typischen mikroskopischen Merkmale dieser pflanzenpathogenen Form.

Oxysporum.

Sporodochien und Pionnotes sind vorhanden. Die Makro-Konidien sind breiter und gedrungener, an beiden Enden tritt deutliche Verschmälerung auf. Der Scheitel ist schnabelförmig, die Basis hat eine fusszellenartige Ausbildung Reichliche Bildung von Chlamydo-Sporen.

Fusarium oxysporum.

Nach den Angaben von WOLLENWEBER und REINKING 135) haben wir einen Ubiquisten vor uns. In Böhmen erkennen wir die Art häufig in Wald-Gebieten. in Deutschland weisen wir auf die weite Verbreitung in Acker-Schlägen der Mark Brandenburg hin. In Oesterreich gelingen einzelne Isolierungen im Alpen-Gebiete. Einmal erkennen wir die Form im südlichen Jugoslawien. Für England liefert ELLIOTT 32) aus den See-Marschen eine Angabe. In U.S.A. weist WAKSMAN 124) auf das Vorkommen hin. Für Mittel-Amerika danken wir REINKING Angaben 92).

Das braun-weisse bis violette Stroma ist durch blaue Sklerotien gekennzeichnet. Ist genügend Feuchtigkeit vorhanden so kommt es zur Bildung eines deutlichen Luft-Myzels. Die Makro-Konidien haben meist 3 Septen und sind von spindeliger bis sichelförmiger Gestalt. Die Enstehung erfolgt in Sporodochien. Daneben sind kleine Mikro-Konidien von elliptischer bis nierenförmiger Gestalt zu erkennen. Selten erfolgt die Ausbildung der beiden Konidien-Arten gleichmässig. Ernährungs-Bedingungen sind von grossem Einfluss. Agar-Kolonien weisen zum Beispiel immer sehr viel Mikro-Konidien auf, wogegen Kartoffeln die Ausbildung von Makro-Konidien fördern. Terminale Chlamydo-Sporen, welche oft einen rauhen Rand aufweisen sind sehr verbreitet. Manchmal sind dieselben rot gefärbt. Ein angenehmer syringenartiger Geruch ist hervorzuheben. Vergleiche Fig. 9 auf Tafel V.

Fusarium redolens.

Nach WOLLENWEBER und REINKING 135) im Boden Europas sowie von U.S.A. sehr verbreitet.

Recht lange Mikro-Konidien von etwa 9 μ Länge sind ein typisches Merkmal. Die 3—4 fach septierten Makro-Konidien sind spindelig oder sichelförmig gekrümmt, meist im oberen Drittel dicker, als in der Mitte. Die Färbung ist braun-weiss oder inkarnat. Die durchschnittliche Länge der Konidien beträgt 29—47 μ, die Breite 3.6—6 μ. Chlamydo-Sporen sind bekannt, ein angenehmer Geruch ist zu erwähnen.

Gruppe: *Martiella.*

Deutliche Unterschiede im Durch-Messer der 3—5 Septen aufweisenden Konidien sind für die Gruppe ein typisches Merkmal. Sehr häufig sind dieselben an beiden Enden abgestumpft. Selten sind die Enden in die Spitze gezogen. In der mittleren Zone ist die Krümmung am geringsten. Der Charakter der Konidien ist sehr derb. Die Bildung derselben erfolgt in Sporodochien oder Pionnotes, deren Färbung blass, weisslich, gelb oder braun ist, zunehmendes Alter bedingt ein Nachdunkeln. Nur *Fusarium coeruleum* weist blaue Tönungen auf. Das Stroma ist braun bis dunkel-braun. Die jeweilige Färbung der Kolonien wird von der Reaktion beeinflusst. Nähr-Böden, welche sehr reich an Kohlehydraten sind, weisen besonders intensive Tönungen auf. Bei einzelnen Arten werden sehr reichlich Mikro-Konidien gebildet. Sklerotien brauner, grüner, blauer und schwärzlicher Tönung sind bekannt. Reichliche inter-calare und terminale, meist in Ketten angeordnete Chlamydo-Sporen sind hervorzuheben. Die Schlauch-Form ist bei der Gattung *Hypomyces* zu suchen.

Fusarium coeruleum.

In Böhmen isolieren wir den Pilz einmal im Erzgebirge und ein anderes mal an einem Weg-Rand bei Deutsch-Gabel. Eine Angabe können wir auch aus dem mährischen Gesenke erbringen.

Die Absonderung der Konidien erfolgt in Pionnotes, Sporodochien oder gelegentlich am Myzele. Die Krümmung der Konidien ist schwach. Der Scheitel weist Abrundung und manchmal kleine Ansatz-Warzen auf. Die zunächst gelblichen Konidien erleiden bald die für die Art typische blaue Verfärbung. Meist sind drei Septen vorhanden, die Länge der Konidien beträgt 32—40 μ, die Breite 4—5 μ. Chlamydo-Sporen von etwa 9 μ Grösse sind zu beobachten. Sie sind ein-bis zwei-zellig. Im Stroma sind sklerotiale Bildungen zu erwähnen. Der Pilz ist als der Erreger einer Kartoffel-Krankheit beschrieben.

Fusarium javanicum var. theobromae.

Diese Art ist nach REINKING 92) im tropischen Gebiete Mittel-Amerikas bekannt. Man hat wieder Bananen- und Cacao-Pflanzungen anzugeben.

Braun, bis hell-braun, im Alter dunkel-braune Konidien. Das Stroma bedingt eine grünliche Verfärbung derselben. In das Luft-Myzel sind reichlich kleine ein-zellige Mikro-Konidien eingestreut. Die leicht gekrümmten Makro-Konidien mit fusszelliger Ausbildung weisen 3—5 Septen auf. Die durchschnittliche Längen-Ausdehnung beträgt 28—56 μ, die Breite 4—5 μ.

Fusarium solani.

In Böhmen allgemein sehr verbreitet. Wir beobachten den Pilz häufig unter Wiesen, sowie an den verschiedensten Wiesen-Rainen. Acker-Land des ganzen Gebietes lässt den Pilz erkennen. Besonders oft gelingen uns Isolierungen unter den unterschiedlichen Gemüsse-Gärtnereien. Aus Acker-Schlägen der westlichen Slowakei konnten wir desgleichen diese Art gewinnen. In Oesterreich geben Janke Holzer 48) Fund-Stellen im Wiener Becken an. Aus russischem Steppen-Boden liefert Raillo 89) eine Angabe. In der Schweiz erkennen wir den Pilz auf Alpen-Matten bei Zermatt und Gandria. In englischem Kalk-Boden liegt von Dale 25) eine Angabe vor. Aus dem Gebiete von U.S.A. liegen von Waksman 123, 124) Beobachtungen vor.

Die bräunlich-weissen bis lehm-gelben Konidien werden in Sporodochien, Pionnotes, sowie falschen Köpfchen gebildet. Durch das grünliche oder braune Stroma wird eine Verfärbung derselben bedingt. Die fast dreh-runden Makro-Konidien sind wenig gekrümmt und an den Enden deutlich abgestumpft. Daneben sind unseptierte etwa 9—11 μ lange Mikro-Konidien vorhanden. Die Makro-Konidien haben gewöhnlich 3 Septen, die Längen-Ausdehnung beträgt 28—42 μ, die Breite schwankt zwischen 4.1 und 6.2 μ. In den Makro-Konidien erkennen wir oft eine Vacuolisierung, welche an die Konidien von *Hypomyces ipomeae* erinnert. Inter-calare, sowie terminale Chlamydo-Sporen runder bis birnförmiger Gestalt sind vorhanden. Ihre Färbung ist meist braun, gewöhnlich haben sie einen fein-warzigen Umriss. Selten ist Ketten-Bildung. Meist treten sie in der Ein-oder Zwei-Zahl auf. Fig. 57 zeigt die Konidien. Diese Art ist als Fäulnis-Erreger bekannt und hat allgemein in kultiviertem Boden eine grosse Bedeutung.

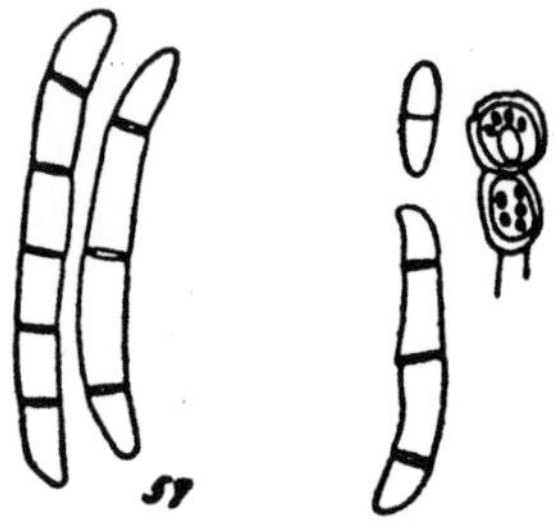

Fig. 57. F. solani. Konidien-Formen sowie Chlamydo-Sporen.

Von *Fusarium Solani* sind eine Anzahl Boden bewohnender Varietäten aus der heissen, sowie gemässigten Zone bekannt. Kleine Abweichungen in Gestalt und Grösse sind zu erwähnen. Hier wird davon Abstand genommen auf diese Einzelheiten einzugehen. Nähere Angaben über die zugehörigen Verbreitungs-Gebiete stehen aus.

Gruppe: *Ventricosum.*

Das hellgefärbte Stroma zeigt zottigen Charakter. Die Konidien werden im Myzel abgesondert, nie in Pionnotes oder Sporodochien Die Konidien sind sehr derb, terminale Chlamydo-Sporen-Bildung ist vorhanden.

Fusarium argillaceum.

Bekannt ist das Vorkommen auf faulenden Früchten, auf diese Weise erfolgt die Verschleppung in den Boden. Wollenweber und Reinking 135) geben allgemein Acker-Boden in Europa an. Wir selbst isolieren den Pilz wiederholt in Gärtnereien Böhmens. Meist handelt es sich um Tomaten.

Das rasenartige Stroma ist oben watteartig, unter gallertartig ausgebildet. Die Färbung ist weiss oder schneeartig. Die Konidien werden an eigenen von den Hyphen abgesonderten Trägern erzeugt. Die Gestalt derselben ist keilförmig oder spindelig, ein gutes Kenn-Zeichen sind bauchartige Auftreibungen. Die Ecken sind abgestumpft. Die Zahl der Septen beläuft sich auf 3, die Länge schwankt zwischen 34 und 52 μ die Breite zwischen 5 und 9 μ. Runde terminale Chlamydo-Sporen mit oft runzelig, zackiger Hülle sind zu erwähnen. Als zugehörige Schlauch-Form ist *Hypomyces solani* zu erwähnen.

Bei der Gattung *Fusarium* ist zunächst hervorzuheben, dass die vielen von uns aus dem Boden isolierten Formen mit einer einzigen Ausnahme nie zur Bildung von Perithetien schreiten. Für sehr viele Gruppen ist heute die höhere Frucht-Form bekannt, trotzdem waren unsere langen Kultur-Versuche nie von Glück begleitet. Selbst die Bildung von Konidien ist launisch und weitgehend von dem Medium abhängig. Auf Agar-Platten und dies gilt besonders für Bier-Würze, Malz-sowie Hafer-Mehl Agar erfolgt eine sehr reichliche Myzel-Ausbildung, ein sehr schönes Farben-Spiel ist zu beobachten, die Konidien-Bildung ist aber schwach. Jene Formen, welche Makro- und Mikro-Konidien bilden können, erzeugen auf Agar-Platten nur die letzteren. Die Makro-Konidien werden auf diesen Medien stets nur kümmerlich geformt. Geschälte, sterilisierte Kartoffeln sind nach unseren Erfahrungen ein sehr günstiges Nähr-Medium um reichliche und voll-wertige Konidien-Bildung zu erzielen. Nach ihrer Los-Lösung wachsen diese Konidien gewöhnlich noch weiter. Erst nach geraumer Zeit erreichen sie die endgiltige Grösse und Gestalt. Bei Versuchen, welche der Bestimmung der Art dienen ist auf diesen Umstand Rücksicht zu nehmen.

Die einzigen Forscher, welche sich mit zusammenhängenden neueren Studien über die Verbreitung der *Fusarien* im Boden beschäftigen sind WOLLENWEBER und REINKING 135). Ihre Berichte, dass auch kranke, sowie abgestorbene Pflanzen Fusarien häufig in das Erdreich verschleppen, sind auf Grund unserer eigenen Erfahrungen zu bestätigen. Ebenso richtig ist die Angabe, dass dieselben als aerobe Pilze vorwiegend in der oberen Acker-Krumme zu finden sind. Die Bedeutung der Boden-Art ist gewürdigt. Für Mittel-Amerika im besondern hat REINKING 92) eine Liste der Boden bewohnenden Pilze zusammengestellt, *F. dimerum, F. moniliforme, F. bulbigenum, F. oxysporum, F. solani var. Eumartii* und *Martii* sind erwähnt. Die zuletzt angeführten Arten haben wir wegen der geringfügigen Abweichungen von der Haupt-Form im Texte nicht erwähnt. Sehr verbreitet ist ausserdem noch *F. javanicum.*

Unseres Erachtens scheinen im Erdreich jene Formen besonders verbreitet zu sein, welche zur Ausbildung von Chlamydo-Sporen befähigt sind. Mit denselben können sie recht lange ungünstige Zeit-Perioden überdaueren. Zahl und Menge der *Fusarien* ist in den einzelnen Böden Schwankungen unterworfen. Angaben der Literatur lehren, dass die Böden in dem Lande Colorado von U.S.A., sowie diejenigen van Dänemark besonders reich an *Fusarien* sind.

Bei dieser Gattung ist eine strenge Scheidung zwischen echten Boden-Pilzen und solchen, welche sekundär in das Erdreich gelangen zu machen. Im letzteren Falle kommt den unterschiedlichen Pflanzen als Überträger grosse Bedeutung zu: meist ist ein ganz bestimmter Zusammenhang zwischen Pflanze und Parasit gegeben.

Es muss auffallen, dass wir verhältnissmässig wenig Arten in Erdreich erkannt haben. Andere Forscher beschreiben sie in viel grösserer Zahl. Vielleicht hat dies seinen Grund darin, dass oft bei geringfügigen meist variabeln Abweichungen neue Arten eingeführt werden. Auf diesen Umstand weisen auch WOLLENWEBER und REINKING 135), sowie RAILLO 90) hin.

Formen-Reihe: **MELANCONIACEAE.**

Es ist nur die Familie der *MELANCONIACEAE* bekannt. Die hierher gehörige Gattung *Colletotrichum* ist durch viele Pflanzen-Schädlinge bekannt. BECKWITH 5) berichtet ohne nähere Angaben über das Vorkommen dieser Gattung im Boden des Gebietes von U.S.A. Die höhere Frucht-Form ist bei den **Ascomycetes** und hier bei *Glomerella* zu suchen. Ein genaues Studium der Boden bewohnenden Arten wäre hier noch sehr wichtig. Die bis jetzt vorliegenden Angaben leiden stets an dem Mangel einer genauen systematischen Beschreibung. Wahrscheinlich liegt nur ein Teil des Entwicklungs-Ganges im Boden.

Die Gattung *Pestalotia* führen wir in der von WOLLENWEBER und Mitarbeitern 134) gewählten Schreibweise an. Ohne nähere Angabe der Art erwähnt RAILLO 89) diese Gattung in russischen Böden. Die grossen bei völliger Reife frei liegenden Konidien-Lager sind zu erwähnen. Die in diesen polsterförmigen Gebilden vereinigten Konidien sind länglich und mit 2 oder mehreren Quer-Wänden versehen. Die Färbung ist dunkel. Zwei oder mehr borstige Zilien sind als ein typisches Merkmal zu erwähnen. Auf die Bedeutung dieser Gattung als Erreger von Frucht-Fäulen macht WOLLENWEBER 194) aufmerksam.

Aus der Gattung *Septogleum* beschreibt RAILLO 89) *S. propinqueum.* Vorkommen ist in russischem Steppen-Boden gegeben. Die blassen Sporen-Lager sind recht klein und enthalten hyaline, längliche Sporen, welche drei oder mehr-zellig sind. Das Auftreten im Boden dürfte sekundär sein, da wir meist bekannte Blatt-Parasiten vor uns haben. Dieselben bilden ihre frei-liegenden Sporen-Lager gleich unter der Epidermis des Blattes.

Die Gattung *Melanconium* ohne nähere Beschreibung der Spezies erwähnt WAKSMAN 123, 124) aus dem Boden im Gebiete von U.S.A. Die weisse flockige Kolonie wird durch die in freien Lagern gebildeten Sporen grün gefärbt. Die Unter-Seite ist creme-farben. Starke, gewöhnlich grüne Flüssigkeits-Ausscheidungen sind hervorzuheben. Die feinen stark verzweigten Hyphen sind reichlich mit Öl-Tropfen erfüllt. Die einzelnen Sporen sind russ-farben getönt, kugelig und 2.5—6 μ gross. Vertreter dieser Gattung sind als Saprophyten auf den verschiedensten Pflanzen bekannt. Bei diesem Pilz handelt es sich jedenfalls um keinen typischen Boden-Bewohner, sondern um eine sekundär in den Boden verschleppte Form.

Diese Formen-Reihe kann nur sehr kurz abgehandelt werden, da sehr wenige sichere Isolierungen aus dem Boden bekannt sind. Erhöhte Aufmerksamkeit kann vielleicht noch manches Ergebnis bringen. Die meisten hier hergehörigen Formen sind als Pflanzen-Parasiten beschrieben und in dem Zusammenhange sind wir über dieselben gut orientiert. In dem Boden sind meist nur die Konidien-Formen, wogegen die höhere Frucht-Form auf den verschiedensten Pflanzen zu finden ist. In systematischer Hinsicht dürften sich hier noch manche interessante Zusammenhänge ableiten lassen.

Formen-Reihe: **SPHAEROPSIDEAE**

Die Familie der *SPHAEROPSIDEACEAE* enthält die Gattung *Sphaeronema*. Diese dem Pflanzen-Pathologen gut bekannte Gattung wird von WAKSMAN 123, 124) in dem Gebiete von U.S.A. erkannt. Eine nähere Ansprechung der isolierten Arten erfolgt nicht. Auf Bier-Würze-Agar werden eigentümliche eingesenkte Flecken geformt. Bei näherer Betrachtung sieht man, dass dieselben aus grossen kugeligen Sporen-Massen bestehen. Desgleichen werden Pyknidien beobachtet, welche durch einen besonders langen Hals ausgezeichnet sind. In U.S.A. wird diese Form als Erreger der Schwarz-Beinigkeit der Bataten beschrieben. Es handelt sich wieder um eine in das Erdreich sekundär verschleppte Form, deren höherer Frucht-Stand auf unterschiedlichen Pflanzen zu suchen ist. Genaue Studien über das Wechsel-Spiel zwischen dem Boden und den Pflanzen stehen noch aus.

Die unterschiedlichsten Arten der Gattung *Phoma* sind als Boden bewohnende Pilze bekannt. Sie vollbringen gewöhnlich nur einen Teil ihrer Entwicklung im Boden und vollenden sie an verschiedenen Kultur-Pflanzen. Die dort ausgebildete höhere Frucht-Form ist bei den **Ascomyceten** und hier bei den *SPHAERIALES* einzureihen. Genaue Beschreibungen liegen in der pflanzenpathogenen Literatur, auf welche wir hier hinweisen, vor. Im Erdreich sind meist die Konidien, welche in dunkeln Pyknidien gebildet werden, zu finden. Diese im Boden bleibenden Konidien sind stets die Quelle erneuter Infektionen. Aus diesem Grunde muss es interessieren wie sich die übrigen Boden-Pilze gegenüber dieser Parasiten verhalten. Auf ein Wechsel-Spiel zwischen Trichoderma-Arten und den Konidien von Phoma machen die Studien von WEIDLING 129) in dem Gebiete von U.S.A. aufmerksam. Durch ein Überwachsen der Hyphen werden die Konidien langsam erstickt und abgetötet. Die chemischen Ausscheidungen der Pilze sind dabei auch nicht ohne Bedeutung. Bei unseren eigenen Studien gelingt es nie die *Phoma* Arten zur Entwicklung zu bringen. Ihre Kultur auf synthetischen Medien ist immer mit Schwierigkeiten verknüpft. Direkte mikroskopische Untersuchungen, sowie viel-seitige praktische Erfahrungen lehren, dass *Phoma* Arten im Boden weit verbreitet sind.

Abschliessend ist zu den ***Fungi imperfecti*** zu bemerken, dass viele Arten, wahrscheinlich die meisten nur einen vorüber-gehenden Platz hier haben. Häufig ist bei einzelnen Arten bereits die höhere Frucht-Form bekannt, dieselbe ist meist bei den **Ascomycetes** zu suchen. Für sehr viele Arten steht heute dieser Nachweis noch aus, dieser Umstand bedingt es, dass heute noch Einreihung in diese grosse Pilz-Gruppe nötig ist. Gerade bei dem Wechsel-Spiel zwischen den Boden bewohnenden Formen und den Bestands-Pflanzen muss es interessieren, dass gewöhnlich die Konidien-Form im Boden ist, wogegen sich die höhere Frucht-Form auf den Pflanzen ansiedelt. Direkte mikroskopische Kontrolle lehrte ferner das reichliche Auftreten von Chlamydo-Sporen im Erdreich. Trotz unserer sehr zahlreichen Untersuchungen glückte es uns fast nie die aus dem Boden gewonnenen Formen zur Bildung von Perithetien in Kultur zu veranlassen. Selbst Überimpfung auf Früchte und andere Pflanzen-Teile, welche als natürliche Medien bekannt sind, änderte nichts. Dieses Versagen fiel umso-mehr auf, als die unterschiedlichen *Penicillien*-Arten sehr oft zur Perithetien-Bildung schreiten.

VERBREITUNGS-GEBIETE.

1. Anordnung nach geographisch-klimatischen Grundsätzen.

Bei den geographischen Verbreitungs-Gebieten ist zunächst zu berücksichtigen, ob es sich um typische Boden-Pilze handelt oder um solche Formen, welche wenigstens in einem Teil ihres Entwicklungs-Ganges an bestimmte Pflanzen gebunden sind. Nur in ersterem Falle ist eine selbständige Betrachtungs-Weise möglich. In letzterem muss man besonders die Verbreitungs-Gebiete der Wirts-Pflanzen berücksichigen.

Dem systematischen Teil entnehmen wir, dass die *MUCORACEAE*, ebenso viele *Penicilliae*, sowie zahlreiche Vertreter der Gattung *Aspergillus* typische Boden-Bewohner sind. Zahlreiche Vertreter der ***Fungi imperfecti*** weisen auf einen besonderen Zusammenhang mit bestimmten Wirts-Pflanzen hin Es gibt aber auch hier Ausnahmen. Die *Trichoderma* Arten sind für den Boden geradezu typische Formen. Bei dieser Gattung gelang in Kultur die Ausbildung der höheren Frucht-Formen. Sonst ist die Entstehungs-Möglichkeit für derartige Frucht-Formen gewöhnlich nur mit bestimmten Wirts-Pflanzen gegeben.

Die bereits bearbeiteten Länder stellen wir zusammen. Häufig sind nur bestimmte Pilz-Gruppen behandelt und wir müssen darauf hinweisen, dass manche Lücke noch die kommende Forschung ausfüllen muss. Viele Länder können mangels Bestimmung oder unexakter Angaben zu Folge gar nicht behandelt werden. Bei den einzelnen Ländern ist der klimatischen Bedingungen zu gedenken.

NORWEGEN.

Die Bearbeitung der *Mucorineae* danken wir HAGEM 37). Die gleich folgende Zusammenstellung zeigt dass diese Pilz-Gruppe hier sehr reichlich und vor allem in vielen Arten vertreten ist. Besonders die Gattung *Mucor* ist in diesem Gebiete beheimatet. Eine Studie der *Penicilliae* liefert SOPP 104). Von den beiden Forschern wird im wesentlichen der südliche und süd-westliche Teil des Landes berücksichtigt. TRAAN 117) beschäftigt sich vorwiegend mit jenen Vertretern der ***Fungi imperfecti***, welche zum Abbau der Zellulose befähigt sind. Meist werden die niederen Breiten des Landes berücksichtigt, vereinzelte Angaben liegen aus Tromsö und Finnmarken vor.

Besonders verbreitet ist *Mucor hiemalis* in diesem Lande. Er scheint höhere Breiten deutlich zu bevorzugen, da er im Gebiete Mittel-Europas weniger zu beobachten ist. Nachstehende Formen sind hier als typische Boden-Pilze anzusprechen: *M. globosus, M. Ramannianus, M. genevensis, M. corticolus, M. silvaticus, M. strictus, M. flavus, Z. Mölleri. A. glauca* und *A. orchidis.*

Eine weitere Anzahl von Pilzen wird angeführt, die nicht im Erdreich beheimatet sind, sondern nur sekundär in dasselbe verschleppt werden. Wir erwähnen *M. spinosus, M. racemosus, M. saturinus, Rh. nigricans, Rh. arrhizus* und *A. cylindrispora.*

Dicoccum asperum, welches von ZYCHA 146) neuerdings zu den *MUCORINEAE* gestellt wird, ist von TRAAN 117) häufig in diesem Lande ermittelt worden.

Die südlichste Fund-Stelle in diesem Lande liegt bei 59°55′, die nördlichste unter 70° n. Br. Möglicherweise sind viele *MUCORINEAE,* welche wir in der Aufzählung vermissen, nicht befähigt in diesen hohen Breiten zuleben. Vor allem muss es auffallen, dass die im mittel-europäischen Wald-Gebiet recht verbreiten *Mortierella* Arten entweder ganz fehlen oder zurücktreten.

Aus der Gattung *Penicillium* ist zunächst hervorzuheben, dass sie sehr reichlich mit der Gruppe *MONOVERTICILLIUM* vertreten ist. Im Vergleich damit ist die Zahl der anderen Gruppen gering. Nachstehende Vertreter der Gattung *Penicillium* werden angeführt: *P. coeruleum, P. albo-roseum, P. griseum, P. sanguifluum, P. restrictum, P. fuscum, P. albicans, P. robustum, P. canescens, P. glauco-ferugineum, P. luteum.* Aus einer uns von Professor Blanck in Göttingen freundlichst zur Verfügung gestellten Probe von Verwitterungs-Material an Diabas-Rosen in Kap Linné isolieren wir *P. chrysogenum.* In den Wald-Beständen ist die Gattung *Acaulium* sehr verbreitet. Ebenso wird gelegentlich *Stysanus* angegeben.

TRAAN 117) will bei seinen Untersuchungen über die Boden-Pilze nur jene Formen erfassen, welche zum Abbau von Zellulose befähigt sind. Unter diesen Bedingungen erscheint es begreiflich, dass er als Nähr-Medium nur Filter-Papier wählt. Vorwiegend werden auf diese Weise Vertreter der grossen Gruppe der ***Fungi imperfecti*** erkannt. Einer der wenigen Angehörigen der **Ascomycetes** ist *Chaetomium barbatum,* welches in seiner Verbreitung vorwiegend an Waldungen und hier vor allem an Laub-Bestände gebunden ist. In mittel-europäischen Waldungen ist diese Form selten zu erkennen. Fund-Stellen im hohen Norden scheiden aus, da hier die geeigneten Waldungen fehlen. Von typischen Boden-Bewohnern der ***Fungi imperfecti*** erwähnt der zitierte Forscher *Trichoderma lignorum,* welche er bei Finse und Hardanger isoliert, *sowie Trichoderma Koningi,* die ihr Verbreitungs-Gebiet bei Oslo, Finse, Dillingö und Hellsylt hat. Reichlich vertreten sind die von keinem anderen Forscher erwähnten *Geomyces* Arten. Für *Geomyces sulphureus* liegt unweit Tromsö eine Fund-Stelle unter fast 70° n.B. vor. Das Haupt-Verbreitungs-Gebiet der unterschiedlichen Vertreter der Gattung *Geomyces* ist bei Oslo, Larvik, Bergen, Trondjem und in den Hoch-Ländern des südlichen und östlichen Norwegens zu suchen. In den gleichen Gebieten ist *Humicola fus-*

co-atra zu finden, von *H. grisea* ist aus Tromsö, sowie Finnmarken eine Isolierung bekannt. *Stemphylium macrosporoides* ist aus Finse, sowie Hardanger zu erwähnen. Hervorzuheben ist, dass Vertreter der Gattung *Aspergillus*, welche als Zellulose Verzehrer bekannt sind, nie gefunden werden. In den südlichen Lagen des Landes werden ohne nähere Bestimmung der Art unterschiedliche *Penicilliae* erkannt. Das Verbreitungs-Gebiet der ***Fungi imperfecti*** scheint auch hier oft mit den Bestands-Pflanzen zusammenzufallen. *Cephalosporium*, *Sporotrichum*, *Dematium*, *Cladosporium* und *Alternaria*, welche wir in Mittel-Europa sehr oft isolieren und die durchwegs zum Abbau von Zellulose befähigt sind, fehlen hier vollständig.

In SCHWEDEN liegen von FEHER 33) aus den Waldgebieten einzelne Angaben vor. Leider sind nie systematische Beschreibungen beigefügt, so dass wir unter diesen Umständen nicht näher auf diese Arten eingehen können. Der gleiche Forscher bearbeitet auch die Wald-Landschaften FINNLANDS. Hier ist der gleiche Mangel anzuführen.

RUSSLAND.

Dieses Land ist von RAILLO 89) und neuerdings von RICHTER 93) bearbeitet. Im Verhältnis zu der Grösse des Landes ist die Zahl der gezogenen Proben noch sehr gering. Begreiflicherweise sind hier entsprechend den klimatischen Gegensätzen auch Unterschiede in der Zusammensetzung der Pilz-Flora zu beobachten.

RAILLO 89) berücksichtigt drei Fund-Stellen. 1. Bei Chibiny wird unter 67°44′ n.B. Acker-Land studiert. 2. Bei Leningrad wird unter 60° n.B. Weide-Gebiet geprüft. 3. Die Steppen werden bei Woronesch unter 50°3′ n.B. bearbeitet.

Das zuerst geprüfte Gebiet weist klimatisch manche Übereinstimmung mit den in Norwegen geprüften Landschaften auf. Viele der dort aufgezählten Boden-Bewohner sind hier wieder zu erkennen. Wir erwähnen: *M. globosus*, *M. Ramannianus*, *M. hiemalis*, *Z. Vuillemini*, *M. candelabrum*, *P. Pfefferianus*, *P. glabrum*, *P. viridicatum*, *P. lividum*, *P. albicanm*, *P. biforme*, *P. umbonatum*, *St. stemonites*. Besonders stellen wir *M. plumbeus* und *razemosus*, welche für das Erdreich nicht typisch sind, hervor.

Auffallend ist die Angabe, dass *Aspergillus glaucus*, sowie *Aspergillus niger*, welche beide wärmeliebende Formen sind, gefunden wurden. *Pseudogymnocascus* ist bis heute nur für *russisches* Erdreich bekannt. *Botrytis* ist nur einmal bekannt geworden. Zahlreicher, als in Norwegen werden die Vertreter einzelner Gruppe der ***Fungi imperfecti*** erwähnt. Es wird stets nur die Konidien-Form beobachtet, die höhere Frucht-Form, welche wohl an Pflanzen gebunden ist, die diesem Gebiete fehlen, ist nie beschrieben. Wir führen folgende Formen an: *Verticillium glaucum*, *Stemphylium botryosum*, *Stemphylium macrosporoideum*, *Fusarium equiseti*, *Cephalosporium acremonium*, *Cephalosporium curticeps*, *Cephalosporium coremoides*, *Monosporium minutissimum*.

Der zweite von RAILLO 89) geprüfte Stand-Ort weist bezüglich der *MUCORINEAE* manche Übereinstimmung auf. Hervorzuheben ist dass die beiden Ubiquisten *M. plumbeus*, sowie *M. razemosus* nicht fehlen, Von neuen Gattungen ist auf *Absidia* und *Circinella* hinzuweisen. Die Vertreter der Gattung *MONOVERTICILLIUM* treten deutlich zurück, *P. roqueforti*, sowie *chrysogenum* erkennt man häufig. *Dicoccum asperum* wird hier einmal erwähnt. Interessant ist, dass im Gebiete Mittel-Europas keine Isolierung dieses Pilzes glückte. *Stsysanus*, der unter den gleichen Breiten in Norwegen gedeiht, ist reichlich vorhanden.

Die dritte klimatisch stark abweichende Fundstelle ermöglicht reichliches Auftreten von *Chaetomium affine*. In Norwegen tritt es in den ozeanischen Gebieten höherer Breiten, als hier auf. Auf *Botrytis bassiana*, welche von unterschiedlichen Kultur-Pflanzen abhängt, ist hinzuweisen. *Perisporium vulgare*, welches ein besonders energischer Abbauer von Zellulose ist, wird nur von diesem Stand-Ort erwähnt. Sehr reichlich sind die Verticillium-Arten vertreten, dabei dürfte wohl ein Zusammenhang mit den Kultur-Pflanzen gegeben sein. Zahlreich werden die seltenen Formen, wie *Pseudogymnoascus*, *Amauroascus*, *Arachniotus*, ferner *Mycogone alba* und *nigra* erwähnt. *Haplographium chlorocephalum* und *Coniothyrium Fuckelii* sind vielleicht Zufalls-Isolierungen. *Fusarium* ist nur in einzelnen Gattungen zu erwähnen; *Cladosporium* ist im Vergleich mit Mittel-Europa spärlich vertreten.

RAILLO 89) vergleicht selbst quantitativ, sowie qualitativ die verschieden gelegenen Boden-Arten bezüglich ihrer Pilz-Flora. Für die nördlichen Lagen ist *M. Ramannianus* besonders typisch. Unseres Erachtens hängt das Auftreten dieses Pilzes nicht nur mit der Breiten-Lage sondern auch mit dem Vorhandensein eines Wald-Bestandes zusammen. Weiter wird auf *Monosporium* in höheren Breite-Lagen hingewiesen; dieser Beobachtung kann. Bedeutung zukommen, da bis jetzt in niederen Breiten keine Isolierungen gelangen. *Verticillium* scheint umgekehrt niedere Breiten zu bevorzugen. *P. albicans* ist nur für Norwegen, sowie das nördliche Gebiet von Russland bekannt. *P. commune* scheint Ubiquist zu sein, für welches man keine genaue geographische Begrenzung angeben kann. In südlicheren Lagen des Gebietes wird mengenmässig *Absidia spinosa* besonders hervorgehoben. *M. hiemalis*. welcher im südlichen Norwegen sehr verbreitet ist wird unter ähnlichen und teils niedrigeren Breiten in Russland sehr oft beobachtet. In diesen Gebieten werden auch *Verticillium glaucum*, sowie *candelabrum* hervorgehoben. Das reiche Auftreten von *Fusarium solani* unter Weide-Land dürfte mit der Kultur-Art und nicht mit der geographischen Breite zusammenhängen. Von *Penicillium*-arten wird besonders auf *P. salmonicolor* hingewiesen, welches wir in dem systematischen Teile nicht einreihen konnten, da wir es selbst nie in Kultur hatten und die von RAILLO gelieferte Beschreibung zu dürftig war. *Coniothyrium Fuckelii*, welches in anderen Gebieten nicht beheimatet ist, wird weiter besonders hervorgehoben. Bei der südlichsten Untersuchungs-Stelle treten die *MUCORINEEN* bis auf den Ubiquisten *M. ra-*

zemosus vollkommen zurück; dafür ist eine seltene Art, welche den höheren Breiten abgeht und zwar *Actinomucor repens* reichlich vorhanden. *Absidia spinosa* allerdings in viel geringerer Menge, als bei den vorigen Isolierungen wird erwähnt. Zahlen-wie artenmässig nimmt die Gattung *Chaetomium* stark zu. Die wärmeliebenden Formen *Aspergillus Wentii* und *candidus* treten in den Vordergrund. Neue *Penicillien,* so vor allem *P. expansum* und *italicum* sind vorhanden; *MONOVERTICILLIUM* tritt vollkommen zurück. Einmal wird die seltene Gattung *Gliocladium* erwähnt. *Gymnosascus* und *Pseudogymnosascus* sind besonders reichlich vertreten. Angehörige der ***Fungi imperfecti*** so *Cladosporium, Acremoniella, Sporotrichum, Hormiscium,* welche im Norden fehlen oder nur ganz vereinzelt erkannt werden, nehmen an Bedeutung etwas zu. Auf die gesteigerte Zahl an Fusarien in südlichen Lagen wird besonders hingewiesen; mit dieser Angabe stehen unsere eigenen Erfahrungen, sowie die Berichte von WOLLENWEBER und REINKING 135) in Übereinstimmung. Das starke Auftreten von *P. italicum* unter niederen Breiten wird von RAILLO 89) mit Recht besonders gewürdigt.

Diese ersten vergleichenden Betrachtungen lehren uns schon mancherlei; sie zeigen, dass bestimmte Pilz-Gruppen nördliche Lagen bevorzugen und andere wieder für ihre gedeihliche Existens südliche Lagen benötigen. Die Zusammenstellung zeigt, dass *M. plumbeus,* sowie *M. razemosus* keine typischen Boden-Pilze sind, sondern als Ubiquisten ohne nähere geographischen Grenzen aufzufassen sind. Bei *Botrytis bassiana* dürfte das Auftreten an bestimmte Kultur-Pflanzen gebunden sein. Die Gattung *Penicillium* hat ein grosses Verbreitungsgebiet, dabei wechseln die Arten. Auf ähnliche Beobachtungen werden wir später noch hinweisen können. Einzelne Arten scheinen für Russland typisch zu sein; hier wird der Vergleich mit anderen Ländern noch manches lehren können.

Interessant ist, dass bezüglich der mengenmässigen Verteilung der Pilze die *Penicillium*-Arten stets an erster Stelle stehen. Auf diese Tatsache weist neuerdings RICHTER 93), welcher seine Studien im südlichen Wolga Gebiet ausgeführt hat, deutlich hin. Diese Pilz-Gattung wird als der Grund-Stock der mikroskopischen Boden-Pilz Flora in Russland betrachtet. Die Zahl der **Hyphomycetes** übersteigt stets die der *MUCORINEAE*; wobei begreiflicherweise dieser Unterschied in südlichen Lagen noch auffallender ist. Im Norden ist *Aspergillus* zahlenmässig in verschwindender Menge vorhanden; gegen Süden tritt eine Erhöhung ein, deren Werte aber unter denen der **Hyphomycetes** liegen. RAILLO 89) weist am Ende ihrer Zusammenstellung auf die Beeinflussung der mikroskopischen Boden-Pilze durch das Klima hin.

Einen Stadt-Boden bei Ekatrinoslav untersuchte HOROWITZ WLASSOVA 41). Begreiflicherweise fand sie dort in grosser Menge die beiden Ubiquisten *M. mucedo,* sowie *P. commune.* Ferner wird *Saccharomyces cerevisiae* angeführt, eine Pilz-Form, welche vorwiegend an menschliche Kultur-Stätten gebunden ist. Dieses Beispiel zeigt die Beeinflussung der Verbreitung nach geographisch klimatischen Grund-Sätzen durch sekundäre Erscheinungen.

In dem zu RUSSLAND gehörigen Gebiete der UKRAINE hat CHOLODNY 19) Untersuchungen angestellt. Zunächst wird erwähnt, dass die Pilze einen überaus charakteristischen, sowie ständigen Bestand-Teil aller untersuchten Böden darstellen. Besonders werden Konidien und Sporen der ***Fungi imperfecti*** angegeben, ohne dass aber bei der direktem mikroskopischen Unter-Suchung genaue Spezies-Bestimmungen gemacht werden.

Ob es sich bei diesem Sporen-Material um Arten handelt, welche für das Erdreich typisch sind oder um Formen, die durch Pflanzen sekundär hineingebracht wurden, ist schwer zu sagen. Der zitierte Forscher geht auf diese Fragen nicht ein. *Helicosporum*, welches sonst nirgends behandelt wird, ferner *Trinacrium* werden mit ziemlicher Sicherheit erkannt. Sporen beziehungsweise Konidien von *MUCORINEAE* und *Fusarien* fallen oft im mikroskopischen Bilde auf. Bestimmungen liegen nie vor; dieser Umstand bedingt es auch, dass im systematischen Teile keine nähere Behandlung erfolgte. Konidien von *Penicillien*, welche bei der mikroskopischen Kontrolle leicht auffallen, werden nicht erwähnt. Die hier vorliegenden Erfahrungen sind recht dürftig; die weiteren Berichte werden bald zeigen, dass wir über wenig Gebiete so genau orientiert sind, wie über Norwegen und einen grossen Teil Russlands.

DAENEMARK.

Die mikroskopischen Boden-Pilze dieses Landes sind von JENSEN 50) bearbeitet werden. Im systematischen Teile erfolgen keine Angaben, da keine genauen Bestimmungen vorliegen. Soviel ist der Arbeit JENSENS 50) auf jeden Fall zu entnehmen, dass in diesem Lande ähnliche Pilz-Gattungen vorkommen, wie in südlichen Norwegen. In Weide-sowie Acker-Land sind vorwiegend *Fusarien* verbreitet. *MUCORINEAE* wurden aus allen Boden-Arten isoliert und stellen mengenmässig den wichtigsten Bestand-Teil dar. Selbstverständlich werden *M. plumbeus* und *razemosus* hervorgehoben. Von typischen Boden bewohnenden Arten ist auf *M. hiemalis* hinzuweisen. In sauren Moor-Böden, welche in einzelnen Teilen des Landes reichlich zu finden sind, werden Vertreter der Gattung *Penicillium* erwähnt. Wald-Böden enthalten wie in den benachbarten Gebieten reichlich *M. Ramannianus*, ebenso wird *Trichoderma* erwähnt. Die anderen Vertreter der ***Fungi imperfecti*** werden nicht behandelt.

POLEN.

ZALESKI 139) untersucht Wald-Gebiete aus den westlichen Teilen des Landes. Berücksichtigt wird nur eine Gattung und zwar *Penicillium*. Eine sehr grosse Anzahl neuer Arten wird beschrieben; im systematischen Teile blieben dieselben unberücksichtigt, da uns selbst eine Nachprüfung nach den von uns geforderten Untersuchungs-Methoden nicht möglich war. Der Reichtum an *Penicillien* scheint recht gross zu sein. Verwunderlich muss erscheinen, dass von den vielen Formen, welche anderweitig im mittel-europäischen bzw. nordeuropäischen Wald-Land gefunden wurden, nicht eine einzige hier angetroffen wird. Andere Pilz-Gruppen werden nicht berücksichtigt.

Aus dem Gebiete von Galizien danken wir NAMYSLOVSKI 69) Isolierungen.

In einem Bergland-Boden beschreibt er zwei typische Boden-Pilze und zwar *Zygorhynchus Vuilleminí* und *Mucor microsporus.* Aus der Umgegend Krakaus sind *Mucor hiemalis,* sowie *mucedo* zu erwähnen. Im Wald-Land des Ostens unweit Ciecocineks beobachtet er eine im Wald verbreitete Form und zwar *Absidia glauca.*

Obgleich die Untersuchungen von zwei unterschiedlichen Forschern ausgeführt wurden und die bearbeiteten Gebiete nicht dieselben sind, muss darauf hingewiesen werden, dass die Zahl der *Penicillien,* die der *MUCORINEAE* überwiegt. Die grosse Arten-Zahl, welche von ZALESKI 139) bei der Gattung *Penicillium* aufgestellt wurde, ist bestimmt abzulehnen; andererseits bleibt aber die Tatsache bestehen, dass die Wald-Gebiete dieses Landes reich an dieser Gattung sind. Die Löss- sowie Schwarz-Erde Gebiete Galiziens sind möglicherweise für die *MUCORINEAE* kein geeigneter Lebens-Raum mehr. In Garten-Erde dieses Gebietes welches mit Sellerie-Pflanzen bestanden ist, findet man *Rh. arrhizus,* der ausgesprochen wärmeliebend ist. Im Zusammenhange damit fügen wir an, dass man sich die Entstehung der galizischen Schwarz-Erden unter wärmeren Bedingungen, als heute vorstellt. Das Kosmopolit *A. plumbeus* fehlt nicht.

UNGARN.

Wald-Boden dieses Landes ist von FEHER 33) bearbeitet worden. In den unterschiedlichen Waldungen, wobei es sich meistens um Laub-Bestände handelt, treten die *MUCORINEAE* gegenüber anderen Pilz-Gruppen in den Hintergrund. Von echten Boden-Pilzen sind *Mucor Ramannianus,* sowie *Absidia capillata* hervorzuheben. *Mucor mucedo,* sowie *Thamnidium elegans* gehören zu den bekannten Kosmopoliten. In dem systematischen Teile blieben diese Angaben unberücksichtigt, da nie Spezies-Beschreibungen beigefügt sind. Vielfach sind andere *Penicillium* Arten hervorzuheben, als in den früher besprochenen Gebieten. Wir führen *P. luteum, candidum,* sowie *crustosum* an. *Scopulariopsis brevicaule* ist zu erwähnen. Ein Vertreter der Gruppe *Endomyces,* welche wir als typisch für warme Gebiete werteten, ist anzuführen. *Aspergillus ochraceus,* welcher kühle Landschaften meidet, ist in diesem Lande anzutreffen. Gross ist die Zahl von Vertretern der ***Fungi imperfecti,*** welche hier angeführt werden. In Einzelheiten gehen wir nicht ein, da uns die Bestimmungs-Methoden nicht exakt genug sind. *Trichoderma lignorem,* welche in Norwegen selten ist und in Russland vollkomen fehlt, kann hier isoliert werden. Aehnliche Erfahrungen gelten für *Cladosporium herbarum,* sowie für *Sporotrichum.* Vertreter der Gattung *Fusarium* sind desgleichen vorhanden. Eine Bearbeitung der Szik Alkali Böden wird angefügt; dieselben sind sehr arm an mikroskopischen Pilzen.

Eigene Studien unweit Budapest unter der Gras-Narbe des Johannisberg lehrten, dass *Mucor hiemalis,* sowie *Penicillium expansum* sehr verbreitet sind.

JUGOSLAWIEN.

Eingehend ist die Gruppe der *MUCORINEAE* bearbeitet worden. Einzelne für das Gebiet typische Arten können gefasst werden. Eingehende Bearbeitung dieser Ordnung liegt von PIŠPEK 85) sowie von NIETHAMMER 76) vor.

Boden-Bezirke zwischen 43 und 47° n.B. sind in das Untersuchungs-Bereich einbezogen. Weit verbreitet sind die beiden Kosmopoliten *M. plumbeus* und *M. razemosus.* Der für Wald-Bestände typische *M. Ramannianus* ist unter den verschiedensten Laub- und Nadel-Bäumen des Mittel-Gebirges im Drau- und Save-Gau zu finden. Die südlichste Isolierung gelang uns unter einem Pinien-Bestand auf der Insel Lakad, welche unweit Dubrovniks zu suchen ist. In den beiden oben erwähnten Gauen sind *M. hiemalis, M. flavus* und *M. globosus* vertreten, zahlenmässig sind dieselben in Gebieten des nördlichen Europas reichlicher vorhanden. Aus diesen Angaben ist zu ersehen, dass das Verbreitungs-Gebiet dieser Pilz-Gruppen eine recht beträchtliche Nord-Süd Erstreckung aufweist. *M. subtilissimus,* welcher Norwegen und Russland fehlt, konnte hier erkannt werden. Die Isolierungen gelangen unweits Zagrebs. In dem Wald-Gebiete des kroatischen Hügel-Landes beschreibt PIŠPEK 85) zwei für Waldungen typische Formen und zwar *M. silvaticus,* sowie *M. griseo-cyaneus.* In dem gleichen Gebiet erkannten wir *M. circinelloides,* der den beiden oben erwähnten Ländern fehlt. *Zygorhynchus-* und *Absidia* Arten treten zahlenmässig in den Vorder-Grund, ihr Auftreten ist reichlicher, als in den höheren Breiten. Besonders gilt dies noch von der Gattung *Cunninghamella. Actinomucor,* welcher nördliche Breiten meidet, ist hier oft zu erkennen. Weite Verbreitung hat *Rh. arrhizus,* der als wärmeliebende Form bekannt ist. Wir erwähnten bereits, dass diese Art auch im südlichen Norwegen erkannt wurde. Allerdings ist es dabei fraglich, ob es sich um einen typischen Boden-Pilz handelt, eher dürfte eine zufällige Infektion vorliegen. Die nötigen Wärme-Grade von 37° dürften auch im südlichen Teil Norwegens selten vorhanden sein. Eine Vertreterin der Gattung *Mortierella* führt PIŠPEK 85) an und zwar *M. nigerescens.*

Unsere eigenen Untersuchungen bei Split, sowie Dubrovnik, welche in den Monaten August und September ausgeführt wurden, lassen von *MUCORINEAE* ausser dem bereits erwähnten *M. Ramannianus* nur *M. flavus* und *M. globosus* erkennen, die Gattung *Rhizopus* ist durch *Rh. nigricans* vertreten. In dem serbischen Hügel-Land südlich von Beograd beobachteten wir sehr häufig *Rh. arrhizus,* sowie *Mortierella stylospora.* Alle die vielen anderen *MUCORINEAE* erkannten wir nicht. Unweit Zagrebs gelang einmal aus einem Mais-Feld die Isolierung von *M. dichotoma.* Unsere experimentellen Studien zeigen, dass die *MUCORINEAE* hier gegenüber anderen Pilz-Gruppen in den Hintergrund treten. Die Arbeit PIŠPEKS 85), welche sich nur mit dieser einen Ordnung beschäftigt, kann natürlich über solche Fragen keine Antwort geben. Die Ordnung *ENDOMYCETALES* stellt einen Vertreter und zwar *E. roseum,* der höheren Breiten fehlt. Besonders wird von dieser Art die Umgegend Splits und Dubrovniks bevorzugt. Das Auftreten der *Saccharomycetaceen* ist in Abhängigkeit von den Wein-Gärten zu verfolgen.

Auffallend ist es, dass die wärmeliebende Gattung *Aspergillus* nur vereinzelt auftritt. In dem Kapitel über Boden-Zonen können wir dafür vielleicht eine Erklärung liefern. Die Gruppe *MONOVERTICILLIUM* der Gattung *Penicillium* scheint auf höhere Breiten beschränkt zu sein, da sie hier fehlt. Vertreter der Gruppe *SYMMETRICUM*, so *P. luteum* und *P. purpurogenum* sind vorhanden, auch die Gruppe *ASYMMETRICUM* stellt einen Vertreter und zwar *P. chrysogenum*. Alle diese Formen sind auch in Mittel-Europa erkannt worden, mengenmässig sind sie dort zahlreicher vorhanden Im serbischen Hügel-Land überraschte uns das Fehlen der Gattung *Penicillium*. Dieses teilweise Fehlen bzw. Zurück-Treten der Gattung *Penicillium* muss besonders hervorgehoben werden. Allgemein meidet diese Gattung nicht südliche Lagen, da wir sie, wie unsere folgenden Berichte bald lehren werden, auch in Italien finden werden.

Aus der Gattung *Sphaerulina* ist auf *Dematium pullulans* hinzuweisen, welches unter Obst-Bäumen, Beeren-Sträuchern, sowie vor allem unter Wein-Bergen sehr oft zu finden ist. *Monilia nigra*, welche in Norwegen, sowie Russland nicht angegeben wird und die in Böhmen gelegentlich zu erkennen ist, weist in diesem Gebiete eine grosse Verbreitung auf. Gelegentlich fallen auch *Monilia sithiphola* und *humicola* auf, beide Arten sind im Erdreich Mittel-Europas selten.

Oidium lupili fanden wir unter Quitten-Bäumen bei Dubrovnik. *Cephalosporium* Arten, die in Mittel-Europa recht verbreitet sind, fehlen nach unseren Erfahrungen vollständig. *Trichorderma Koningi*, sowie *lignorum* ist sowohl im Norden, wie im Süden des Gebietes zu finden. *Verticillium* eine in Russland verbreitete Pilz-Gruppe kann nicht ein einziges mal erkannt werden. Vereinzelte Angaben sind für *Torula herbarum*, sowie *Echinobotryum laeve* zu erbringen. *Cladosporium epiphyllum* scheint nördliche Lagen zu meiden und die Gebiete des Südens zu bevorzugen. Im Gebiete des serbischen Hügel-Landes ist eine *Fusarium-Art* und zwar *F. acuminatum* besonders verbreitet. Sonst ist nach unseren Erfahrungen die Gattung *Fusarium* im ganzen Gebiete recht spärlich vertreten. In einzelnen Fällen, meistens unter Oliven- oder Obst-Bäumen erkannten wir *F. oxysporum*, *F. lateritium* und *F. semitectum*. Andere Länder der süd-ost-europäischen Hälbinsel sind noch nicht bearbeitet, obgleich hier bei der unterschiedlichen Boden-Beschaffenheit noch manches positive Ergebnis zu erwarten sein dürfte. In Griechenland konnten wir vereinzelt auf die Anwesenheit von *Fusarien* hinweisen.

DEUTSCHLAND.

Die mikroskopischen Boden-Pilze dieses Landes sind noch keineswegs erschöpfend bearbeitet. Gut orientiert sind wir dank der Arbeiten ZYCHAS 146) über die *MUCORINEAE*, unter denen besonders die waldbewohnenden Arten Berücksichtigung fanden. Im deutschen Mittel-Gebirge sind nachstehende Arten besonders verbreitet: *M. Ramannianus*, *M. hiemalis*,

M. flavus, Z. Mölleri, A. orchidis, A. glauca. Auf die weite Verbreitung der Gattung *Mortierella* in einzelnen Teilen dieses Gebietes weist LINNEMANN 64) hin. Vergleichsweise ist anzuführen, dass die *MUCORINEAE* im südlichen Norwegen arten- und zahlenmässig reichlicher vertreten sind. Das Gebiet des bayrischen Waldes, sowie des angrenzenden Böhmerwaldes untersuchten wir selbst während mehrerer Jahre hindurch. Die Gruppe *MONOVERTICILLIUM* der Gattung *Penicillium* ist reichlich vertreten. Gelegentlich, vor allem im Laub-Bestand ist *P. luteum* vorhanden. Moorige Gebiete weisen *M. Ramannianus*, sowie *Z. Mölleri* auf, daneben ist auf *P. solitum* hinzuweisen, welches diese beiden Arten manchmal ganz verdrängt. *Acaulium nigrum* ist reichlich vertreten, diese Art fehlt auch den märkischen Sand-Böden nicht. In diesem Gebiet wird es von *P. luteum* begleitet. In Acker-Schlägen Süd-Deutschlands ist auf die Gruppe *ASYMMETRICUM* hinzuweisen, dieselbe ist auch in zahlreichen Gemüse Gärtnereien dieses Gebietes zu finden. In den Sand-Flächen des Flämings ist auf die Anwesenheit des *P. luteums* aufmerksam zu machen. Der gleiche Pilz ist in den Gärtnereien des Spree-Waldes verbreitet. Die Gattung *Aspergillus* ist nur verschwindend vertreten. *Trichoderma* Arten sind über das ganze Land verbreitet. *Verticillium* ist meist an die Anwesenheit unterschiedlicher Kultur-Pflanzen gebunden. *Torula* Arten, sowie *Dematium pullulans* sind in Wein-Gärten und unter Obst-Bäumen sehr verbreitet. Auf die Bedeutung der *Fusarien* in dem verschiedensten Kultur-Lande brauchen wir nicht besonders hinzuweisen. In den Acker-Schlägen im Gebiet des Flämings ist *Fusarium oxysporum* ganz besonders reichlich vertreten; die regelmässige Vergesellschaftung mit *Cladosporium herbarum* muss auffallen. Weite Gebiete dieses Landes harren noch der Durcharbeitung.

Ende des vorigen Jahrhunderts wurde in Deutschland eine der ersten Arbeiten über mikroskopische Boden-Pilze von ADAMETZ 1) durch geführt; bei dem grossen Aufschwung den die Lehre über die Bodenkunde gerade in diesem Lande genommen hat, nimmt es Wunder, dass das Problem der mikroskopischen Boden-Pilze nicht erneut in zusammenhängender Form in Arbeit genommen wurde. In der zitierten Arbeit beschäftigt sich ADAMETZ 1) vorwiegend mit der Pilz-Flora von Acker-Schlägen; die systematischen Angaben sind meist ungenau.

Anhangsweise sei hier noch angeführt, dass STAPP und BORTELS 125) vor wenigen Jahren die mikroskopische Pilz-Flora der Wald-Streu, sowie der obersten Humus-Decke bezueglich ihres Gehaltes Zellulose abbauender Pflanzen prüften. Zwei in Wald-Gebieten bekannte Gattungen und zwar *Trichoderma* und *Penicillium* werden erkannt. In der Gattung *Penicillium* sind vorwiegend Vertreter der Gruppe *ASYMMETRICUM* ermittelt worden, so unter anderem *P. notatum* und *chrysogenum.* Vorwiegend wurden von diesen Forschern die märkischen Wald-Gebiete geprüft; das von uns so oft erkannte *P. luteum* wird nicht erwähnt.

ČECHOSLOWAKEI.

Die einzige Bearbeitung dieses Landes ist von uns durchgeführt worden. Unsere Beobachtungen erstrecken sich vorwiegend auf das Gebiet von Böhmen; in der Slowakei, sowie in Mähren standen uns nur Proben einzelner Gebiete zur Verfügung. Leider haben wir aus dem östlichsten Teile des Landes, vor allem von Karpatho-Russland, wo vielfach andere Klima-Verhältnisse gegeben sind, keine Proben erhalten können.

MUCORINEAE sind in den Rand-Landschaften, welche fast durchwegs ein Wald-Kleid tragen, sehr verbreitet. Wir erwähnen besonders *M. Ramannianus, M. flavus, M. hiemalis, Z. Mölleri.* Seltener erkennt man *M. globosus, M. circinelloides, M. microsporus* und *M. cyaneus,* welche letztere Form nur dem Wald-Gebiet angepasst ist. Im Inneren des Landes treten die typischen Boden-Pilze zu Gunsten der bekannten Kosmopoliten, wie *M. plumbeus, M. razemosus* und *Rh. nigricans* zurück. *Actinomucor repens* ist auf einzelne Gebiete beschränkt. Nach unseren Erfahrungen bevorzugt er Landschaften mit besonders warmen und günstigem Klima. Bei *M. rufescens* scheinen wir eine sehr seltene Form vor uns zu haben. Sehr gering ist die Verbreitung der Gattungen *Absidia* und *Mortierella.* Die Gattung *Cunninghamella* isolierten wir nicht ein einziges mal. *SACCHAROMYCETACEAE* haben ihr natürliches Verbreitungs-Gebiet unter Obst-Bäumen und Beeren-Sträuchern. *Aspergillus* wird nur in vereinzelten Fällen ermittelt. Die Gattung *Penicillium* ist in den Rand-Landschaften durch die Gruppe *MONOVERTICILLIUM* vertreten. Es handelt sich dabei um ähnliche Formen, wie sie in Deutschland und im südlichen Norwegen ermittelt wurden. Kultivierte Landschaften, so zum Beispiel Acker-Felder im Inneren des Landes weisen die Gruppe *ASYMMETRICUM* auf. Gelegentlich wird dieselbe hier auch durch *SYMMETRICUM* ersetzt, dies gilt besonders für die unterschiedlichsten Gemüse-Gärtnereien. Als Vertreter dieser zuletzt genannten Pilz-Gruppe sind *P. luteum* und *purpurogenum* anzuführen. *P. luteum* weist auch einzelne Fund-Stellen im Rand-Gebiete auf. Zahlenmässig ist diese Form in den Kultur-Landschaften viel reichlicher zu verzeichnen. In den Becken-Landschaften Böhmens sind *P. expansum* und sein naher Verwandter *P. crustosum* sehr häufig zu finden. BRÖMELHUS 16) beschreibt in Deutschland eine dem Acker-Land entnommene Form, deren pflanzenpathologische Eigenschaften erforscht werden. Nach der dort gegebenen Abbildung und Beschreibung handelt es sich desgleichen um *P. expansum.*

Unsere Zusammenstellung zeigt, dass *MUCORINEAE* und *Penicillien* in Böhmen verbreitet sind. Manche Arten sind durch das ganze Land verstreut zu finden. Die typischen *MUCORINEAE* ziehen die Rand-Landschaften vor, hier überwiegen sie zahlen- und artenmässig oft die anderen Formen. Die einzelnen *Penicillien* Gruppen scheinen bestimmten Landschaften angepasst zu sein. Im allgemeinen bevorzugen sie die Becken-Landschaften im Inneren Böhmens. Hier bilden sie gelegentlich in ähnlicher Weise, wie es

RICHTER 93) für Russland angibt den Grund-Stock der Boden-Pilz-Flora.

Acaulium nigrum bleibt auf das Rand-Gebiet beschränkt. In den Ebenen Böhmens findet man *Botrytis* Arten, sie bevorzugen das Erdreich unter Obst-Bäumen. Selten gelang uns die Isolierung von Vertretern der Gattung *Monilia*. Sehr verbreitet ist die Gattung *Trichoderma*, die mit *T. Koningi* und *lignorum* sich einzustellen pflegt. Hier ist bereits anzuführen, dass diese beiden Arten Landschaften, die unter intensiver Acker-Kultur stehen, weniger lieben, als extensiv gehaltene Flächen. Die Gattung *Cephalosporium* fehlt ebenso wenig, wie einzelne Vertreter der Gattung *Verticillium*. Sehr typische Boden-Pilze sind aus der Gattung *Cladosporium* und *Alternaria* anzuführen, ihre Vertreter sind an den verschiedensten Punkten des Landes erkannt worden. Die Bedeutung der unterschiedlichen *Fusarium* Arten darf nicht unterschätzt werden. Sie bevorzugen in erster Linie Weide-Plätze, damit ist ihre Anwesenheit in den Rand-Gebieten gegeben. Verhältnissmässig in geringerer Arten-Zahl isolierten wir sie unter Acker-Feldern. Wir weisen auf nachstehende Arten hin: *F. merismoides*, *F. dimerum*, *F. sambucinum*, *F. orthoceras*, *F. oxysporum*, *F. solani*.

Die mittel-europäischen Staaten, Deutschland, die Čechoslowakei und die noch zu behandelnde Schweiz haben eine ähnliche Boden-Pilz-Flora. Die wichtigsten Pilz-Gruppen sind die *MUCORINEAE*, ferner *Penicillium*, *Trichoderma*, *Cephalosporium*, *Cladosporium* und *Fusarium*. Alle diese Gruppen stellen als Vertreter typische Boden bewohnende Formen. Erst in zweiter Linie sind jene Vertreter zu würdigen deren Anwesenheit mit dem Vorkommen bestimmter Pflanzen-Formationen zusammenfällt. In den späteren Kapiteln werden diese Formen noch besonders berücksichtigt.

In den von uns geprüften Gebieten der westlichen Slowakei fiel uns ein Zurück-Treten der *MUCORINEAE* auf; an ihre Stelle treten Vertreter der Gattung *Penicillium*. *Fusarien* sind ebenso reichlich vorhanden, wie in Böhmen, abermals fällt die Vergesellschaftung mit *Cladosporium herbarum* auf. Bei den von uns geprüften Gebieten handelt es sich vorwiegend um Acker-Land, so dass gegenüber den in Böhmen untersuchten Landschaften, kein wesentlicher Unterschied besteht. In Mähren prüften wir nur die Schwarz-Erde Gebiete unweit der March; wir isolierten *Actinomucor repens*, der zu den seltenen Formen der *MUCORINEAE* zu stellen ist. Ferner ist die überall reichlich verbreitete *Trichoderma Koningi* hervor-zuheben.

OESTERREICH.

Eine vollständige Bearbeitung des Landes liegt nicht vor. Einzel-Gebiete sind von JANKE HOLZER 48), KUBIENA 59) und von NIETHAMMER 76) bearbeitet worden. Aus dem Wiener Becken werden verschiedene *MUCORINEAE* beschrieben, so unter anderem *M. flavus*, *M. circinelloides*, *Z. Mölleri*, *A. glauca*, *A. cylindrispora* und *A. orchidis*, ferner *M. pusilla*. Bei Steinach in Tirol erkennen wir *M. hiemalis*, sowie den Kosmopoliten *M. plumbeus*. Auffallend ist, dass auch in den Wald-Landschaften dieser Gebiete *M. Ramannianus* fehlt. In dem Wiener Becken, welches durch eine verhältnissmässig warme und geschützte

Lage ausgezeichnet ist, werden von JANKE HOLZER 48) auch einzelne Vertreter der Gattung *Aspergillus* erkannt; in allen anderen Gebieten fehlen sie. Stark verbreitet sind im Wiener Becken unterschiedliche *Penicillien* Arten und zwar aus allen drei Gruppen. In Tirol erkennen wir in den Wald-Beständen vorwiegend Angehörige der Gruppe *MONOVERTICILLIUM*. In den von uns eingehend geprüften Kalk-Halden des toten Gebirges stellt *P. luteum*, sowohl in Gebieten mit Vegation, als in solchen ohne Pflanzen-Kleid eine sehr typische Form dar. *MUCORINEAE* fehlen in dem zitierten Gebiete fast vollständig. Unter Laub-Wald im Helenental bei Wien beobachteten wir *P. purpurogenum*, welches mit *M. flavus* innig vergesellschaftet war. Von weiteren seltenen *Penicillium*-Arten seien hier noch *P. cinerascens* und *P. lilacinum* angeführt, welche HOLZER JANKE 48) aus dem Wiener Becken beschreiben. *Cladosporium*, sowie *Fusarium* sind in verschiedenen Arten sowohl im Wiener Becken, als im toten Gebirge anzutreffen. *Fusarium oxysporum* fanden wir im toten Gebirge in Höhen-Lagen von 2.000 m. JANKE HOLZER 48) beschreiben im Wiener Becken einzelne sehr seltene Formen, so *Humicola* (vergleiche Norwegen), *Acrostalagmus albus* und *fungicola*, ferner *Torula* Arten. Die bekannte Gattung *Trichoderma* ist in all den geprüften Gebieten zu finden. Mengenmässig tritt sie im toten Gebirge stark zurück. Die Gattung *Cephalosporium* ist desgleichen überall vorhanden.

Mit Getreide und Rüben bestandene Felder bei Linz in Ober-Oesterreich weisen eine ganz ähnliche Pilz-Flora auf, wie Felder im Umkreis Prags. Wir erkannten *M. hiemalis*, *Rh. nigricans* (vorwiegend unter Rüben), ferner verschiedene *Fusarien* und *Trichoderma Koningi*. Die Gattung *Penicillum* tritt artenmässig zurück; der Menge nach ist sie durch *P. notatum* reichlich vertreten. Aehnliche Erfahrungen sammelten wir in den Gemüse-Gärtnereien Ober-Österreichs, welche die gleiche Boden-Pilz Flora aufweisen, wie in den Beständen Böhmens.

Untersuchungen direkt im Erdreich führt KUBIENA in Ober- und Nieder-Österreich, sowie in der Steiermark durch. In Übereinstimmung mit den oben mitgeteilten Erfahrungen werden verschiedene *MUCORINEAE* gefasst, darunter auch manche seltene Formen, wie *Coemansia* und *Actinomucor*. Weiter werden *Penicillien*, sowie Vertreter der Fungi imperfecti, wie *Periconia*, *Cladosporium*, *Mycogone* und *Sporotrichum* erwähnt. Einzelne dieser zuletzt angeführten Arten sind auch auf Agar-Platten erkannt worden.

SCHWEIZ.

Erschöpfend ist durch LENDNER 61) die Gruppe der *MUCORINEAE* bearbeitet worden; in allen Gebieten des Landes ist dieselbe reichlich vertreten. Von Formen, die auch in anderen Ländern verbreitet sind, erwähnen wir *M. flavus*, *M. hiemalis*, *M. circinelloides*, *M. griseocyaneus*, ganz vereinzelt trifft man *M. Ramannianus*. Unter seltene Formen ist *M. lamprosporus*, *M. Janseni*, *M. genevensis* einzureihen. Nach unseren eigenen Erfahrungen ist in Alpen-Matten auch noch recht beträchtlicher Höhen *Z. Mölleri* ganz besonders reichlich verbreitet.

In wärmeren Lagen findet man auch *Rh. arrhizus. Absidia* Arten sind durch das ganze Land verbreitet. Seltener sind *Cunninghamella* und *Mortierella* Vertreter zu finden.

In einzelnen Gebieten unternahmen wir eingehende Analysen der mikroskopischen Boden-Pilze. In der Süd-Schweiz unweit von Lugano beobachteten wir zahlreiche *Penicillien* und zwar *P. glaber, P. corymbiferum, P. purpurogenum,* meistens ist Vergesellschaftung mit unterschiedlichen *Fusarien* gegeben, dabei handelt es sich um ähnliche Formen, wie in Deutschland und der Čechoslowakei. Besonders erwähnen wir, da sie zahlenmässig sehr stark vertreten sind *F. equiseti, F. gramineum,* F. *orthoceras.* In der Umgegend von St. Moritz, sowie bei Zermatt herrschen die *MUCORINEAE* vor; besonders ist *Z. Mölleri* hervorzuheben, der gewöhnlich mit unterschiedlichen der vorhin erwähnten Fusarien vergesellschaftet ist. *Penicillien* fanden wir in diesen Gebieten überhaupt nicht. *Trichoderma Koningi* meidet zu grosse Höhen-Lagen, sonst ist sie in allen geprüften Gebieten zu finden. Ausser den bereits erwähnten Gattungen sind die Fungi imperfecti durch *Cladosporium herbarum* vertreten.

HOLLAND.

In diesem Lande sind durch KONING und OUDEMANNS 81) die ersten Studiem über die Verbreitung der Boden-Pilze angestellt worden. Es wurden nur einzelne Formen beschrieben, trotzdem waren diese Studien der Ausgangs-Punkt für weitere Untersuchungen in anderen Ländern. In humösem Erdreich wurde die nach einem der beiden Forscher benannte *Trichoderma Koningi* erstmalig entdeckt und beschrieben. Von beiden Autoren werden Vertreter nachstehender Gattungen angegeben und zwar; *Monilia, Cephalosporium, Acremonium, Penicillium, Acrostalagmus. MUCORINEAE* werden nur vereinzelt angeführt.

Das Gebiet von Belgien ist nicht bearbeitet worden.

FRANKREICH.

Die Mucorineen sind von LING JOUNG 63) bearbeitet worden. Eine grosse Anzahl der bekannten Arten wird beschrieben, so *M. hiemalis, M. flavus, M. silvaticus, M. strictus, Z. Mölleri.* Von selteneren Formen sind *M. lamprosporus, M. Jansseni, M. microsporus,* sowie *M. albo-ater* zu erwähnen. Reichlich vertreten sind die unterschiedlichen *Absidia* Arten, desgleichen sind einige *Mortierella* Arten zu erkennen. Geprüft wird vorwiegend das Zentral-Plateau und hier besonders das Gebiet der Auvergne. Die Ebenen des Nordens, sowie des Nord-Westens bleiben unberücksichtigt.

Systematisch genaue Angaben liegen über andere Pilz-Gruppen nicht vor; allgemein wird aus dem Pariser Becken über das reichliche Vorkommen von *Penicillien,* einzelnen *MUCORINEAE,* sowie *Trichoderma* und *Cladosporium* berichtet. Wir selbst studierten eine Probe von der Küste der Bretagne. Die Armut dieses Sand-Bodens an Pilzen fiel auf. Es gelang nur die Isolierung von *Acrostalagmus cinnabarinus.*

ENGLAND.

DALE 25) danken wir eine ausgezeichnete Durcharbeitung dieses Gebietes. Die Angaben sind durchwegs brauchbar, da stets genaue systematische Beschreibungen hinzugefügt sind. Es handelt sich um je eine Probe aus dem mittleren und südlichen England, sowie um eine aus Schottland. *M. globosus, M. Ramannianus, M. circinelloides, M. lausannensis, M. microsporus* und *M. rufescens* werden erwähnt. Die beiden bekannten Kosmopoliten *M. plumbeus* und *M. razemosus* fehlen nicht. Im Vergleiche mit dem südlichen Norwegen und den Wald-Gebieten Mittel-Deutschland ist die Zahl und Menge der isolierten Formen gering. In englischer Schwarz-Erde wird der sonst recht seltene *Actinomucor repens* beobachtet; ferner werden *Rh. arrhizus* und *Absidia glauca* aufgezählt.

ELLIOTT 32) beschreibt aus den von ihr studierten salzigen See-Marschen *M. circinelloides* und *Z. Mölleri.*

DALE 45) weist besonders auf den grossen Reichtum an *Penicillien* hin. Folgende Formen sind genau beschrieben und können hier berücksichtigt werden: *P. lividum, P. lilacinum, P. canescens, P. intricatum, P. biforme, P. stolonifer, P. patulum, P. cyclopium, P. expansum, P. corymbiferum, P. viridicatum.*

Aus den See-Marschen führt ELLIOTT 34) nur *P. decumbens* an.

In den südlichen Lagen des Landes erwähnt DALE 45) *Botrytis* und *Monilia* Arten. In den See-Marschen findet man *Acrostalagmus cinnabarinus* und *albus,* ferner unterschiedliche *Cephalosporium* Arten, sowie *Torula Allii. Trichoderma Koningi* ist im südlichen England und in Schottland zu finden, die See-Marschen werden gemieden. Einzelne recht seltene Formen beschreibt ELLIOTT 32) aus den See-Marschen. Wir erwähnen: *Echinobotryum, Periconia, Trichosporium, Hormodendron, Cladosporium mit* den unterschiedlichsten *Fusarien* vergesellschaftet ist im ganzen Gebiete zu finden. Unter den *Fusarien* fallen nachstehende Formen auf: *F. anguioides, F. sambucinum, F. oxysporum, F. solani.* Das milde und gleichmässige Klima des Landes ermöglicht die Entwicklung verschiedener *Aspergillus* Arten. *Alternaria, Macrosporium, Diplococcium* sind dem Lande nicht fremd.

Nicht bearbeitet ist die iberische Halb-Insel. Eine ganz vereinzelte Angabe finden wir bei ZYCHA 146), der *Zygorhynchus exponens* aus dem Erdreich unweit Barcelonas isoliert.

ITALIEN.

Die einzigen grösseren Studien in diesem Gebiete sind von uns durchgeführt. Einzelne Landschaften um Pisa und Volterra hat VERONA 119) in das Untersuchungs-Gebiet einbezogen.

Die grosse Gesellschaft der *MUCORINEAE* ist nur spärlich vertreten. Einzelne Vertreter der Gattung *Mucor* sind beim Como See und in der Umgegend von Bergamo zu finden. Weiter südlich gelang nicht ein einziges mal eine Isolierung. Die beiden vorerwähnten Stand-Orte sind besonders reich an *Zygorhynchus Mölleri*. Dieses zahlenmässig besonders starke Auftreten muss hervor-gehoben werden. VERONA 119) erwähnt in den von ihm geprüften Landschaften *Rhizopus nigricans*. Vertreter der Gattungen *Absidia, Cunninghamella* und *Mortierella* sind in diesem Lande überhaupt nicht bekannt.

Angehörige der *SACCHAROMYCETACEAE* sind vorwiegend in Wein-Gärten zu finden, unter Orangen-Bäumen bei Fondi erkannten wir eine *Kloekeraspora*. Begreiflicherweise sind Vertreter der Gattung *Aspergillus* zu erwähnen. *Aspergillus niger* erkennt man bei Bergamo, Fondi und Reggio die Calabria; nach VERONA 118) auch bei Pisa und Volterra, aus dem gleichen Gebiet sind *A. ochraceus* und *candidus* hervorzuheben. Zahlenmässig sind diese zuletzt erwähnten Arten sehr reichlich vertreten. Die Gruppe *MONOVERTICILLIUM* der Gattung *Penicillium* scheint zu fehlen. In Roterde bei Laurana erkannten wir *P. solitum, P. italicum* ist besonders unter Orangen-Bäumen, sowie in Gemüse-Gärtnereien Unter-Italiens zu finden. *P. crustosum* wird von VERONA 11) bei Volterra isoliert. Recht verbreitet ist *P. luteum*, im besonderen sei auf die heller getönten Arten hingewiesen, welche wir in Wein-Gärten Unter-Italiens, sowie in unbebautem Lande Siziliens beobachteten. *P. elegans* scheint in Wein-Gärten beheimatet zu sein. *P. sanguineum* und *purpurogenum* sind allgemein in Unter-Italien und Sizilien sehr verbreitet. Eigens wollen wir hervorheben, dass alle die aus süd-italienischem Erdreich isolierten *Penicillien* besonders stark zur Perithetien-Bildung schreiten.

Monilia sitiphola sowie *Cephalosporium humicola* sind in Unter-Italien anzutreffen. Die südlichste Isolierung von *Trichoderma* gelang uns bei Bergamo; Mittel- und Süd-Italien fehlt diese in Mittel-Ost- und West-Europa so weit verbreitete Form. Bei VERONA 119) wird der Pilz auch nicht erwähnt. *Cladosporium*, sowie *Alternaria* Arten sind nach unseren und VERONAS 119) Erfahrungen im ganzen Gebiet verbreitet; besonders reichlich in Gemüse Gärtnereien Unter-Italiens. *Fusarien* sind zur Entwicklung im ganzen Gebiete befähigt, wir erwähnen *F. dimerum, avenaceum, lateritium, orthoceras.*

In der Boden-Pilz Flora dieses Landes sind einzelne Eigentümlichkeiten hervor-zuheben. Das starke Zurücktreten der *MUCORINEAE* muss auffallen, ebenso zahlreiche in anderen Ländern selten oder nie beobachtete *Penicillien*. Die Gattung *Aspergillus* tritt mengenmässig in den Vorder-Grund. Vertreter der Gattung *Trichoderma* meiden die südlichen Lagen.

Afrika und Asien sind noch so gut, wie unbearbeitet geblieben. In der von ZYCHA 146) gelieferten Zusammenstellung der *MUCORINEAE* liegen vereinzelte Angaben über das Auftreten von Vertretern dieser Gruppe in Ceuta und auf Madeira vor. Ebenso wird auf das Vorkommen einzelner Arten in Japan hingewiesen. ZACH 137) erwähnt *Actinomucor repens* aus Palästina. WOLLENWEBERS 135) Monographie bringt einzelne allgemeine Angaben über das Vorkommen von *Fusarien* im Humus und Erdreich Asiens;

Einzel-Angaben sind noch nicht vorhanden. Die erwähnte Pilz-Gruppe kann auch im tropischen Gebiete gedeihen.

NORDAMERIKA.

Das Gebiet von U.S.A. ist in einzelnen Teilen recht eingehend bearbeitet worden, so in New Jersey, New York und Ithaca. Diese Studien sind von WAKSMAN 124) und JENSEN 49) durchgeführt worden. Aus einzelnen Mittel- und Süd-Staaten liegen desgleichen unterschiedliche Beobachtungen vor. Die nun folgenden Angaben gelten für die drei nördlichen Staaten. Mengen- und artenmässig ist die Gattung *Mucor* reichlich vertreten. Folgende Formen seien angeführt: *M. hiemalis, silvaticus flavus, griseo-cyaneus, circinelloides, microsporus, saturinus, albo-ater*. Die beiden Kosmopoliten *M. razemosus* und *plumbeus* fehlen nicht. Vollkommen fehlt der in Mittel- und Nord-Europa so verbreitete *M. Ramannianus*. *Zygorhynchus Mölleri* und *heterogamus*, sowie *Actinomucor repens* sind recht verbreitet. *Rhizopus nigricans* und *arrhizus* fallen häufig auf. Die *Absidia* Arten sind durch *A. Lichtheimi* und *glauca* vertreten. *Dicoccum* eine in Europa sehr seltene Gattung wird isoliert. Ein Vertreter von *Cunninghamella* wird nur durch KUBIENAS 59) Studien bekannt. *Mortierella* Arten wurden bis heute überhaupt nicht isoliert. Sehr verbreitet ist die Gattung *Penicillium*; aus der Gruppe *MONOVERTICILLIUM* heben wir *P. decumbens, P. lividum, P. spinulosum, P. Pfefferianum, P. glaber* hervor; *ASYMMETRICUM* ist desgleichen reichlich vertreten und zwar durch *P. oxalicum, P. digitatum, P. atramentosum, P. roqueforti, P. lilacinum, P. intricatum, P. expansum, P. corymbiferum*. *Botrytis cinerea* und *Monilia sitiphola* sind verbreitet; ebenso *Trichoderma Koningi, lignorum* und *album*. *Sporotrichum roseum* wird angeführt. *Cladosporium* und *Alternaria* fehlen ebenso-wenig wie in Europa. Die *Fusarien* erfahren von WAKSMAN 124) wenig Berücksichtigung; *F. orthoceras, F. solani, F. oxysporum* werden erwähnt.

Die übrigen Staaten und Kolonial-Gebiete sind weniger eingehend bearbeitet; einige wissenswerte Daten lassen wir hier folgen. Die nördlichste von WAKSMAN 124) untersuchte Gegend ist Alaska; hier sind nachstehende Formen zu erwähnen: *Stysanus stemonites, Acremoniella fusca, Zygorhynchus Vuillemini*. Die einzelnen Staaten lassen wir nun nach-einander folgen; es wird nochmals betont, dass keine vollständigen Bearbeitungen vorliegen und wir uns damit begnügen die bekannten Formen anzuführen. Michigan: *Mucor corticolus*, Dakota: *Rhopalomyces, Acrostalagmus cinnabarinus* und *albus, Basisporum gallarum, Acremoniella fusca*, Illinois: *Mucor griseo-cyaneus* und *griseo lilacinus, Rh. arrhizus*. Oregon: *Rh. arrhizus, P. roqueforti, P. suaveolens, P. luteum, Verticillium, Zygodesmus, Cladosporium herbarum*. Iowa: *Absidia Butleri, Basisporum gallarum, Acremoniella fusca.* Minnesotas; Nach STARKEY 107) wird auf die weite Verbreitung von *SACCHAROMYCETACEAE* in Bienen-Weiden, sowie unter Obst-Bäumen hingewiesen. Louisiana: Verschiedene Vertreter der Gattung *Penicillium* und zwar vorwiegend aus der Gruppe *ASYMMETRICUM*, *Cl. herbarum*, Colorado: Desgleichen unterschiedliche Vertreter der Gattung *Penicillium*, vorwiegend der Gruppe *ASYMMETRICUM*.

Besonders erwähnen wir California, welches durch mildes, gleichmässiges Klima ausgezeichnet ist. Reichlich ist die wärmeliebende Gattung *Aspergillus* vertreten und zwar mit *A. clavatus*, *A. glaucus*, *A. nidulans*, *A. diversicolor*, *A. fuscus*, *A. flavus*. Ferner sind einige *Penicillien* zu nennen und zwar *P. digitatum*, *oxalicum*, *atramentosum* und *chrysogenum*. Auffallend ist, dass keine Vertreter der *MUCORINEAE* erwähnt werden. *Cladosporium*, sowie *Acremoniella* sind noch hervorzuheben. Aus Porto Rico werden ähnliche *Penicillien* erwähnt, wie von California, ferner führen wir noch *Acrostalagmus cinnabarinus*, *Cephalotaecium roseum*, *Stachybotrys alternans* und *Zygodesmus* an .

Eine Bearbeitung Texas liegt von WERKENTHIN 132) vor. Zahlreiche ***Fusarien***, unter anderem das bekannte *Fusarium oxysporum*, werden erwähnt. WAKSMAN 124) hebt in diesem Gebiete *Cladosporium herbarum* hervor.

Über das grosse zu England gehörige Gebiet von Kanada besitzen wir nur ganz dürftige Angaben. *Stysanus Stemonites* ist verbreitet. Aus der Landschaft Manitoba wird *Trichoderma* vergesellschaftet mit *Fusarium culmorum* angeführt. Vereinzelte Angaben über *MUCORINEAE* liefert ZYCHA 146).

NIELSEN 73) hat das Erdreich Grönlands geprüft. Dieses nördliche und vor allem klimatisch besonders rauhe Gebiet muss interessieren. Im systematischen Teile erfolgte keinerlei Erwähnung, da den isolierten Formen nie eine Beschreibung zugefügt wurde. In der geographischen Zusammenstellung erscheint es uns nicht unzweckmässig einige Angaben zur Übersicht zu bringen. Folgende Formen werden erwähnt: *Mucor hiemalis*, *Absidia cylindrispora*, *Mortierella candelabrum*, *P. biforme*, *P. candidum*, *P. diverícatum*, *P. expansum*, *P. luteum*. *Aspergillus flavus*, *glaucus* und *fumigatus* werden erwähnt; diese Angaben erscheinen uns zweifelhaft, wahrscheinlich handelt es sich um eine von aussen erfolgte Infektion.

Einzelne Pilz-Formen isoliert WAKSMAN 125) aus dem Erdreich der Hawaiischen Inseln; unter anderen wird *Acrostalagmus albus* erwähnt.

Für Mittel-Amerika hat REINKING 92) die typischen Boden bewohnenden Formen der Gattung *Fusarium* zusammengestellt. Es handelt sich um *F. dimerum*, *chlamydosporum*, *equiseti*, *bullatum*, *moniliforme bullatum* und *javanicum*. Meist erkennt man sie in Pflanzungen mit Cacao- und Bananen-Bäumen.

Unbearbeitet ist Süd-Amerika. Eine vereinzelte Angabe über das Vorkommen einer *MUCORINEAE* und zwar *Circinella simplex* aus Brasilien danken wir ZYCHA 146).

Im Süd-Osten Australiens hat LENNAN 162) einige Boden-Proben gezogen. Er weist auf *Trichoderma Koningi, Alternaria humicola, P. lilacinum, Acrostalagmus cinnabarinus* hin. STEWART DIXON 27) hat sich mit den *MUCORINEAE* dieses Erd-Teils befasst. Sie erwähnt verschiedene Arten der Gattung *Mortierella*, wie *M. pusilla, M. longicollis* und *M. stylospora.*

Aus dieser Zusammenstellung ist zu sehen, dass man in den meisten Böden einen gewissen Grund-Stock an Boden-Pilzen finden wird, der örtlichen Schwankungen, wie sie durch das Klima und die geographische Breiten-Lage gegeben sind, unterworfen ist. Manche Vertreter der *MUCORINEAE* fühlen sich in höheren Breiten wohler, als in niedrigen. Bei der Gattung *Aspergillus* tritt meist der umgekehrte Fall ein. Im sub-tropischen Gebiete sind bestimmte Familien durch andere Gattungen und viele Gattungen durch andere Arten vertreten, als in den gemässigten Lagen. Im tropischen Gürtel, welcher leider heute noch fast gar keine Berücksichtigung gefunden hat, sind manche *Fusarien* vorhanden, die der gemässigten und sub-tropischen Zone fremd sind.

Die Zunahme und meist grössere Verbreitung der *SACCHAROMYCETACEEN* in wärmeren Lagen hängt jedenfalls mit der Bestands-Flora zusammen. Die Untersuchungen RAILLOS 89) in Nord-Russland weisen auf manche Eigentümlichkeiten hin, welche weitere Versuche noch erhärten müssen. Unter den *MUCORINEAE* wollen wir noch gesondert auf den Einzel-Fall des *Actinomucor repens* hinweisen, der sein Verbreitungs-Gebiet vorwiegend in klimatisch begünstigten Lagen hat. Die Untersuchungen ganzer Länder zeigen, dass diese Pilz-Form immer die geschütztesten Lagen auswählt.

FEHER 33) hat genaue zahlenmässige Angaben über die Verbreitung der einzelnen Pilz-Formen nach der geographischen Breite geliefert. Sehr viele dieser Daten erleiden bereits durch unsere Untersuchungen eine Veränderung. Möglicherweise wird man später unter Beibringung eines grösseren experimentellen Materiales solche Zusammenhänge aufdecken können, heute erscheint es verfrüht. Die weitere Forschung muss bestrebt sein diese vielen Lücken in der geographischen Bearbeitung der Boden-Pilz Flora noch auszufüllen. Die kleine in Tafel VI beigefügte Welt-Karte zeigt deutlich wie wenig Gebiete heute eingehend behandelt wurden. Es sind in der Skizze nur die Arbeiten jener Autoren enthalten die grössere Gebiete zusammenhängend untersucht haben. Einzel-Angaben lassen wir bewusst weg.

2. Auswertung nach bodenkundlichen Grundsaetzen.

Nach den neuesten Erfahrungen, welche in dem Handbuch der Boden-Lehre von BLANCK 10) niedergelegt sind, ist die Entstehung und Ausbildung des Bodens nicht nur vom Mutter-Gestein, sondern vor allem vom Klima abhängig. Zusammenhänge mit dem vorigen Kapitel liegen auf der Hand. Der Einfluss, welchen die bodenkundliche Zusammensetzung auf die Bestands-Flora ausübt, ist dann anschliessend in dem nächsten Kapitel zu berücksichtigen.

Betrachtet man eine Uebersichts-Karte, welche die Boden-Typen der ganzen Welt in grossen Zonen wieder-gibt, so sind im Zusammenhange mit unseren mikro-biologischen Untersuchungen bestimmte Eigentümlichkeiten hervorzuheben. Das Gebiet Mittel-Europas, welches bei einschlägigen Studien besonders berücksichtigt wurde, gehört den podsolierten Wald-Böden, sowie den den mehr oder minder podsolierten Braun-Erden an: eine ähnliche Zusammensetzung weisen die britischen Inseln auf. Weite Gebiete Russlands und der skandinavischen Halbinsel sind zu den podsolierten Wald-Böden zu stellen. Der Grad der Podsilierung ist recht unterschiedlich. Die sogenannten mittel-europäischen Braun-Erden, welche man in vielen Gegenden auch als braune oder rostfarbene Wald-Böden bezeichnet, sind in der Mitte des vorerwähnten Gebietes zu suchen; sie sind durchwegs von den podsolierten Wald-Böden umschlossen. Für die italienische und südost-europäische Halb-Insel sind früher Rot-Erden angegeben worden; neuere Studien sprechen von Gelb-Erden. Am zweckmässigsten erscheint es für diese Gebiete die neuesten Spezial-Karten und Beschreibungen zu benützen, welche lehren, dass manigfache sub-tropische Boden-Zonen zu finden sind. Die vereinigten Staaten von Nord-Amerika haben an den unterschiedlichsten Boden-Zonen Anteil; die Podsole sind im Nord-Osten am ausgedehntesten. Auf diese folgen, wie wir später hören werden, verschiedene Arten der Braun-Erden.

Aenderungen und Abweichungen bezüglich der mikroskopischen Pilz-Flora entsprechen in grossen Zügen den unterschiedlichen Boden-Zonen. Die subtropischen Erden in Italien sind, wie wir später hören werden, durch das Vorherrschen und andererseits das Fehlen bestimmter Pilz-Gruppen gegenüber den grossen Zonen der Podsole oder Braun-Erden ausgezeichnet; die süd-ost-europäische Halb-Insel, welche bodenkundlich sehr komplizierte Verhältnisse aufweist, ist desgleichem durch manche interessante Abweichung kenntlich gemacht.

Die von RAILLO 89) im südlichen Russland bearbeiteten Landschaften gehören den degradierten Schwarz-Erden an. Der Bericht im vorigen Kapitel lehrt bereits, dass die Fund-Stelle manche abweichende Formen aufweist.

Das kleine von LING-JOUNG 63) in Frankreich bearbeitete Gebiet zeigt viele ähnliche Formen unter den *MUCORINEAE*, wie sie ZYCHA 146) auch in den deutschen Wald-Böden erkannte. In beiden Fällen haben wir Braun-Erden vor uns, welche mässig podsoliert sind. Leider sind die im Süden anschliessenden Geld- und Rot-Erden nicht bearbeitet worden.

Die Podsole und Braun-Erden in den vereinigten Staaten von Nord-Amerika lassen manche auch in Mittel-Europa bekannten Pilze erkennen; die später folgende Zusammenstellung wird noch lehren, dass die bodenkundliche Zusammensetzung hier oft recht kompliziert ist.

Die kurze Zusammenstellung kann nur in ganz grossen Umrissen auf die gegebene Wechsel-Wirkung zwischen den Boden-Pilzen und den Boden-Zonen hinweisen.

Die genaue Betrachtung einzelner Beispiele soll nun zeigen, wie weit in engeren Grenzen die hier aufgestellten Richt-Linien gelten. Einzelne Gebiete sind sowohl bodenkundlich, als auch bezüglich ihrer Boden-Pilze gut durchgearbeitet; unter solchen Bedingungen ist ein kritischer Vergleich möglich.

Das Gebiet von Chibiny in Russland liegt wie die Übersichts-Karte zeigt und die näheren Angaben bei PRASSALOV 88) anführen, hart an der Grenzen des überhaupt möglichen Acker-Baues. In bodenkundlicher Hinsicht stellt das Gebiet einen Übergang von den Tundren zu den typischen Bleich-Erden dar; ein gewisser Sumpf-Charakter ist typisch. In dem mittleren Teile des Landes ist stark ausgelaugter Podsol. Die beiden Fund-Stellen, weisen wie die Befunde des vorigen Kapitels lehren, manche Unterschiede in der Zusammensetzung der Boden-Pilze auf. Auf die Abweichungen der dritten Probe, welche der degradierten Steppen-Erde entstammt, machten wir schon bei der einleitenden Zusammenstellung aufmerksam. Kleinere Schwarz-Erde Gebiete sind in die europäischen Podsole eingeschlossen, so in Nord-Deutschland, in Mittel-Böhmen und in der mährischen Hanna sowie in den anschliessenden Teilen des Gesenkes. In den beiden zuletzt genannten Gebieten lehrten unsere Prüfungen, dass eine seltene Pilz-Art und zwar *Actinomucor* repens vorhanden ist; soweit unsere Studien reichen, meidet sie Podsole und podsolige Braun-Erden. Ohne nähere Spezies-Beschreibung erwähnt ZILLIG 143) in den west-sibirischen Schwarz-Erden das Vorherrschen der Gattung *Pencillium*; daneben wird auf *Cladosporium*, *Alternaria*, *Botrytis* und *Aspergillus* hingewiesen. *MUCORINEAE* sind nicht vorhanden.

O. BJÖRLIKKE 8), welcher die bodenkundlichen Verhältnisse Norwegens studiert hat, hebt den starken Auslaugungs-Grad dieses Gebietes hervor. Soweit es möglich ist Vergleiche aufzustellen, wollen wir anführen, dass unter den *MUCORINEAE* hier manche Formen fehlen oder vorherrschen, im Gegensatze zu den podsolierten braunen Wald-Böden Deutschlands. Die Gattung *Mortierella*, welche nach den Studien LINNEMANNS 64) in den deutschen Waldungen sehr verbreitet ist, bleibt hier fast unerwähnt. Bezüglich der *Penicillien* machen wir aufmerksam, dass SOPP 104) manche Formen beschreibt, welche wir in den Braun-Erden Mittel-Europas nicht erkannten. Umgekehrt hat *P. luteum* hier lange keine so weite Verbreitung, wie in den podsolierten Braun-Erden. Aus dem Hoch-Gebirge liegt beim Galdhöppigen eine Isolierung vor und zwar wird hier von TRAAN 117) eine sonst nirgends bekannte Form *Geomyces* hervorgeboben. Die Landschaft Osterdalen ist nach den Erfahrungen des gleichen Forschers reich an *Geomyces*, *Humicola* und *Stemphylium*. Manche Übereinstimmung mit den bodenkundlich ähnlichen Gebieten von Russland ist hervorzuheben.

Bereits zu Beginn des Kapitels weisen wir darauf hin, dass die bodenkundliche Zusammensetzung der italienischen Halb-Insel sehr verwickelt ist. In den Übersichts-Karten führt man Gelb-Erden an, welche aber keineswegs gleichmässig das Gebiet durchziehen. OSTENDORFF 82) welcher in jüngster Zeit im Auftrage von STREMME 82) die Boden-Verhältnisse Italiens studiert hat, hebt zunächst nochmals hervor, dass Rot-Erden entgegen anderen Behauptungen überhaupt nicht auftreten. Im wesentlichen haben wir Gebirgs- und Gesteins-Böden vor uns, welche im Gegensatze zu anderen Ländern nicht ausgelaugt sind: daneben sind im Osten einzelne Nass-Böden zu erwähnen. Tuff- und Lava-Böden dürfen nicht übersehen werden. Die Gattung *Mucor* tritt zurück, damit verschwindet der charakteristische Vertreter der ausgelaugten Böden. Bestimmte *Penicillien* scheinen besonders für die Lava-Böden Unter-Italiens charakteristisch zu sein. Die Gattung *Aspergillus* gewinnt an Bedeutung.

Eine Beschreibung der Boden-Arten der südost-europäischen Halb-Insel danken wir STEBUTT 108). Die Zusammensetzung weicht von der vorhin behandelten Halb-Insel völlig ab. Dem steht, wie der geographische Teil zeigt auch eine anders geartete Pilz-Flora gegenüber. Die wichtigste Boden-Form stellt die Smonitza Schwarz-Erde dar, welche verschiedene Ausbildungs-Arten zeigt. In den Gebirgen haben wir sie in der Gestalt der schwarzen Karbonat-Böden vor uns. Die durch Anschlemmung entstandenen schwarzen Böden sind die Landschaften des Acker-Baues. Auslaugung ist möglich und kann in verschiedener Stärke verfolgt werden. Mit diesem Befund ist das gelegentliche Auftreten der Gattung *Mucor* vereinbar; auch die Analysen-Resultate PIŠPEKS (e.c.) erscheinen begreiflich, ebenso ist das Zurück-Treten der Gattung *Aspergillus* verständlich.

Die grossen nördlichen und südlichen Boden-Zonen in Europa lassen gewisse Unterschiede in der Pilz-Flora erkennen. Weitere Studien sollen nun zeigen, wie sich räumlich weniger entferntere Gebiete verhalten.

In Dänemark liegen keine Spezial-Karten vor; die grosse Übersichts-Karte Europas von Stremme zeigt, dass wir ausgelaugte Podsole vor uns haben, welche an diejenigen von Norwegen erinneren. *Mucorineen* und *Penicillien* sind in ähnlichen Formen vorhanden, wie in Norwegen. *Trichoderma Koningi*, welche die ausgelaugten Podsole der böhmischen Rand-Gebiete bevorzugt, tritt hier stark in den Vorder-Grund.

Für die Mark Brandenburg zeigt die Boden-Typenkarte von HOYNINGEN HÜNE 43), dass die von uns isolierten Pilze fast durchwegs den mässig gebleichten braunen Wald-Böden entstammen. Die Gruppe *Penicillium* tritt mit *P. luteum* deutlich in den Vorder-Grund. Unter den *MUCORINEAE* wollen wir auf die Gattung *Absidia* aufmerksam machen, welche in den typischen Podsolen seltener zu sein scheint. Andererseits sind auch manche den Podsolen eigene Formen zu erkennen; wir weisen auf *Acaulium nigrum* hin, welches die stark ausgelaugten Wald-Böden der böhmischen Rand-Gebiete stark besiedelt. Im Spreewalde prüften wir typische anmmorige Böden, welche in diese braunen Wald-Böden eingeschlossen sind. Es handelt sich durchwegs um Gärtnereien. Eine Übereinstimmung bezüglich der Pilz-Flora mit Gärtnerein im Polzen-Tale Nord-Böhmens, welche desgleichen auf Moor-Böden stehen kann nicht verwundern.

Die Wald-Böden des westlichen Mittel-Deutschland gehören den braunen Wald-Erden an; die Auslaugung kann verschiedene Grade erreichen. Wir erwähnten bereits, dass hier im Gegensatz zu den Podsolen Norwegens und der böhmischen Rand-Gebiete die Gattung *Mortierella* stark vertreten ist. Weiter wollen wir darauf hinweisen, dass, wie in der Mark Brandenburg die Gattung *Absidia* reichlicher verkommt, ferner machen wir auf *M. flavus* aufmerksam. *M. Ramannianus* und *Z. Mölleri*, welche in den typischen Podsolen zu Hause sind, fehlen hier nicht. Der unterschiedliche Auslaugungs-Grad sowohl bei den Podsolen als bei den Braun-Erden scheint nicht ohne Einfluss zu sein und schafft manche Übergänge.

Die Isolierungen JANKE HOLZERS 48) sind an Hand der von TILL 115) entworfenen Boden-Karte zu verstehen. Bodenkundlich ist das Wiener Becken eine podsolisierte Braun-Erde welche teilweise mit Schwarz-Erde vermengt ist. Der Grund-Stock der von den beiden Forschern ermittelten Pilz-Gruppen ist denen der Podsol Gebiete anderer Länder ähnlich. Der grössere Reichtum an *Penicillien* und vor allem das Auftreten seltener Arten ist durch die abweichende Boden-Beschaffenheit bedingt. Die Schwarz-Erde-Einschlüsse deuten auf ariden warmen Klima-Einfluss früherer Perioden hin. Auf diese Weise lässt sich das reichliche Vorkommen der Gattung *Aspergillus* erklären.

Die Wald-Landschaften, welche ZALESKI 139) bezüglich ihres Gehaltes an *Penicillien* prüfte, sind durchwegs Bleich-Erden. Bereits früher wiesen wir darauf hin, dass die grosse Anzahl von Arten, welche der zitierte Forscher aufstellte, kaum bestehen bleiben dürfte. Vertreter der Gruppe *MONOVERTICILLIUM*, welche man in diesem Gebiete beobachtet, sind nach unseren Erfahrungen für Bleich-Erden typisch. Daneben sind auch Vertreter anderer *Penicillium* Gruppen zu erkennen, welche wie wir später sehen werden in den Braun-Erden zahlen- und artenmässig zunehmen. Das kleine in Galizien durchgearbeitete Gebiet gehört den Schwarz-Erden an; leider ist hier die Zahl der Isolierungen zu gering um noch Schlüsse zu ziehen. Die Beobachtungen, welche CHOLODNY 19) direkt im Erdreiche ausführte, sind soweit ein Vergleich an Hand der Boden-Karten möglich ist, auch dem grossen süd-ost-europäischen Gürtel der Schwarz-Erden entnommen. Das Vorkommen einzelner seltener Pilz-Formen lässt sich hier vielleicht aus der Boden-Beschaffenheit erklären.

Sogenannte Schwarz-Erde Gebiete über welche bodenkundlich nichts näheres bekannt ist, untersucht DALE (25) im englischen Gebiet. Das Auftreten einzelner seltener *Mucorarten* hängt möglicherweise mit der Zusammensetzung des Erdreiches zusammen.

Diese Beispiele zeigen, dass weite Gebiete in Europa den Bleich-Erden, mehr oder minder ausgelaugter Natur, angehören. Die gewisse Übereinstimmung in der Zusammensetzung mikroskopischer Boden-Pilze entfernter Gebiete, lässt sich so einfach erklären. In diese Zonen sind die Landschaften der Braun-Erde eingeschlossen, welche je nach dem Grad der Podsolisierung Übergänge zu den Podsolen zeigen können. Die Schwarz-Erde Einschlüsse sind sehr klein, lassen aber einzelne deutliche Abweichungen erkennen.

Genauer befassten wir uns mit den Braun-Erden Böhmens, welche recht wenig ausgelaugt sind. In den Podsolen der Rand-Landschaften herrscht die *Penicillium* Gruppe *MONOVERTICILLIUM* vor, bereits die braunen Wald-Böden Deutschlands liessen ein Zurücktreten derselben erkennen. Die Braun-Erde Inner-Böhmens lässt fast durchwegs die *Penicillium* Gruppe *ASYMMETRICUM* aufkommen. *MUCORINEAE*, welche in den Rand-Lanschaften mit einzelnen Formen, wie *M. Ramannianus*, *M. hiemalis* und *Z. Mölleri* deutlich in den Vordergrund treten, verlieren an Bedeutung. An ihrer Stelle ist auf die Kosmopoliten *M. plumbeus*, *M. razemosus* und *Rh. nigricans* hinzuweisen. Die ***Fungi***

imperfecti, ausgenommen *T r. K o n i n g i* bevorzugen die Braun-Erden Böhmens. Die Gattung *Aspergillus* tritt in den Hinter-Grund.

Ein Blick auf die Boden-Typenkarte der Schweiz lehrt, dass, im Inneren des Landes nach einem Zwischen-Stück teils gebleichter Humuskarbonat-Böden Braun-Erden sehr verbreitet sind. Auf dieselben folgen im Süden Bleich-Erden mit Einschlüssen von Humuskarbonat-Böden organischen Ursprungs. Nach den Angaben LENDERS 61) sind *MUCORINEAE* im ganzen Lande zu finden. Manche Abweichungen gegenüber Norwegen sind nach der geänderten Boden-Beschaffenheit begreiflich. *Zygorhynchus* tritt besonders in den Humuskarbonat-Böden auf; wie weit dies mit der Boden-Art zusammenhängt ist heute noch nicht fest-stehend, aber eines Studiums wert. Wir erinneren an das reichliche Vorkommen des Pilzes in anmoorigen-Gebieten des Böhmerwaldes, sowie moorigen Wiesen bei Menaggio. Hier ist der Pilz oft als einzige Art vertreten. In den insubrischen Braun-Erden des Südens herrschen *Penicillien* vor und zwar manche seltene Formen.

Die Bearbeitung der europäischen Gebiete weist noch sehr viele Lücken auf. Besonders weisen wir auf die sub-tropischen Gebiete hin.

Es ist nicht leicht sich über die vielen von WAKSMAN 124) und JENSEN 49) in den vereinigten Staaten von Nord-Amerika bearbeiteten Gebiete in bodenkundlicher Hinsicht ein klares Bild zu machen. Die manigfachsten Boden-Zonen durchziehen die einzelnen Staaten; bei den meist nicht genau wiedergegebenen Fund-Stellen ist es schwer an Hand der Karten die zugehörigen Boden-Arten zu ermitteln. Die Zahl der von WAKSMAN 123, 124, 125) erkannten Arten und Gattungen, ist wie unsere Berichte in dem vorigen Kapitel lehren, sehr gross; sie weicht in der Richtung von der europäischen Boden-Pilzflora ab. Die Landschaften der Ost-Küste sind im Norden reiner Podsol, welcher bald in roten Podsol übergeht; beginnend mit der Halb-Insel Maryland finden sich, wie in manchen Gebieten Süd-Europas die Rot- und Gelb-Erden Die von WAKSMAN 123, 124) in den Ost-Staaten geprüften Erden liegen soweit die Karten eine genaue Auskunft geben können, in den Podsolen, sowie in den roten Podsol-Böden. Der grössere Reichtum an Boden-Pilzen gegenüber Mittel-Europa ist durch die geänderte Boden-Beschaffenheit erklärlich. Im Norden reichen die Podsole ziemlich weit in das Innere des Landes; in den entsprechenden Mittel- und Süd-Staaten, welche WAKSMAN 123, 124) vielfach geprüft hat, finden wir podsolierte Wald- und Rot-Erden, sowie rote Podsol-Böden. Ein Gebiet grauer Wald-Böden trennt von einer schmalen, fast durch das ganze Gebiet reichenden Zone degradierter Schwarz-Erde. Der Nord-Westen, so unter anderem Oregon weist kastanien-braune Steppen-Böden auf. Hier sind zum Vergleiche die im geographischen Teile gegebenen Daten zu studieren. California ist den roten Braun-Erden zuzustellen. Der Vergleich mit den im geographischen Teile nieder-gelegten Daten zeigt manche Abweichung gegenüber den Podsolen. Die Gebirgs-Böden Colorados sind durch reichliches Vorkommen von *Fusarien* gekennzeichnet. Wir erinneren in dem Zusammenhange an Erfahrungen, welche wir in europäischen Gebirgs-Landschaften machten.

Tropische Gebiete untersucht WAKSMAN 123, 124) auf Hawai, sowie auf der Insel Porto Rico. *Aspergillus* und *Cladosporium* herrschen vor. *Fusarien* des Erdreiches tropischer Gebiete hat REINKING 92) untersucht. Boden-Karten fehlen für Mittel-Amerika, wahrscheinlich haben wir tropische Rot-Erden vor uns.

Die kleinen von Australien geprüften Landschaften setzen sich aus Podsolen mit Einschlüssen von Braun- und Schwarz-Erde zusammen. Die Fund-Stellen können in den Karten nicht genau festgelegt werden; die reichlichere Zusammensetzung der Boden-Pilze, so vor allem das Hervor-Treten der Gattung *Aspergillus* zeigt, dass wir keine reinen Podsole vor uns haben.

Die Zusammenstellung der ausser-europäischen Länder lässt noch viele grosse Lücken in der Bearbeitung erkennen. Weitere Studien, so vor allem in den tropischen Gebieten, können interessantes Vergleichs-Material bringen.

Dieses Kapitel darf nicht abgeschlossen werden, ohne darauf hinzuweisen, dass wir uns selbst bewusst sind viel Problematisches und vielleicht auch nicht Fertiges gebracht zu haben. Es erschien uns aber nötig auf diesem Arbeits-Gebiet einen Anfang zu machen und die ersten Anregungen zu liefern. Ein Zusammenhang zwischen der Pilz-Flora und den klimatischen Verhältnissen besteht sicher, darauf weisen manche Bemerkungen in den Einzel-Arbeiten hin. Begreiflicherweise kann in dem beschränkten Gebiet von Lunz, welches JANKE 47) mit seinen Mit-Arbeitern studierte, kein unmittelbarer Zusammenhang zwischen dem Klima und den Boden-Mikroben aufgedeckt werden. Die Möglichkeit eines Einflusses der Pflanzen-Decke auf die Boden-Mikroben wird in der zitierten Arbeit hervorgehoben.

Neben den klimatischen Boden-Zonen können auch Unterschiede in der mechanisch physikalischen Struktur der Böden ein Rolle bei der Pilz-Entwicklung spielen.

Locker gelagerte Böden, wie Sand-Böden sind meist reicher an Pilzen, als die dicht gelagerten Lehm-Böden. Nach JENSEN 50) sind Lehm-Böden besonders arm an Pilzen. Ähnliche Erfahrungen sammelten wir selbst an den schweren Lehm-Böden im Inneren Böhmens; vor allem Acker-Schläge weisen eine geringe Menge an Pilzen auf. Im Sand vermehrt eine Kultivierung die Zahl der Pilze; im Lehm wird sie durch diese Massnahmen verringert.

In dem nord-böhmischen Kreide-Gebiet untersuchten wir Sand-Böden bei Auscha und Kalmswiese. Zahlenmässig fällt der Reichtum an *Trichoderma Koningi* auf; besonders unkultivierte Gebiete sind sehr reich an diesem Pilz. Daneben sind *Penicillien* sehr reichlich vertreten; einzelne *Fusarien* sind hervorzuheben. *Mucorineen* bleiben auf das Acker-Land beschränkt. In französischem Sand-Boden wird desgleichen in erster Linie auf *Penicillien* hingewiesen; daneben werden *Trichoderma Koningi*, *Hormodendron* und *Haplotrichum* hervorgehoben. Unerwähnt bleibt die Gattung *Mucor*. Sand-Böden in Australien hat DIXON STEWART 27) geprüft; sie erwähnt *Penicillien* und einzelne *MUCORINEAE*, dabei wird auf gemeinsames Vorkommen einzelner Arten in Lehm- und Sand-Böden hingewiesen.

In England untersucht DALE 25) Kalk- und Sand-Böden. Kalk-Boden weist einen reicheren Gehalt an *Aspergillus* auf, als Sand-Boden; in letzterem herrschen *Penicillien* und *Fusarien* vor. In dem Kalk-Gestein des toten Gebirges ist *Penicillium luteum* sehr zahlreich vertreten; es ist hier immer rasenbildend, nicht ein einziges mal trotz geänderter Kultur-Bedingungen wurde Koremien erzeugt. Alle aus diesem Gebiet isolierten Stämme waren durch besonders reichliche gelbe Farbstoff-Bildung gekennzeichnet. *Fusarium oxysporum* welches wir in dem gleichen Gebiet fanden, wies desgleichen besonders lebhafte rote Färbungen auf. Hier sei auf eine Bemerkung REINKINGS 32) hingewiesen, dass viele Rassen dieses Pilzes Sand-Böden bevorzugen.

In Moor-Böden sind *Penicillien* heimisch und besonders solche, welche durch intensive rote Farbstoff-Ausscheidungen gekennzeichnet sind.

Sogenannte Eisen-Böden, welche einen Eisen-Gehalt von 40—50% aufweisen, prüft WAKSMAN 124, 125). Die Zusammensetzung der Pilz-Flora ist recht manigfach, wir erwähnen: *M. flavus, Actinomucor repens, Z. Vuillemini, P. luteum* und *digitatum, Aspergillus diversicolor* und *calyptratus, Tr. Koningi, V. terrestre, F. oxysporum.*

Der Gehalt des Bodens an organischen Substanzen, welcher naturgemäss künstlich verändert werden kann, ist für Entwicklung und Wachstum der mikroskopischen Boden-Pilze besonders wichtig. Auf eine neuartige Möglichkeit der Beeinflussung des Bodens durch höhere Pflanzen macht BOAS 13) in einer jüngst erschienenen Schrift aufmerksam. Die Wurzeln verschiedener Hahnenfuss-Arten liefern Ausscheidungen in das Erdreich, durch welche die Mikroben-Tätigkeit beeinflusst werden kann. In vitro ergeben sich meist Schädigungen der unterschiedlichen Boden-Bakterien. Wir selbst prüften die Pilz-Flora des Erdreiches unter Ranunculus bulbigenus. *Trichoderma Koningi* und *Penicillium luteum* konnten gefasst werden; *MUCORINEAE* welche sonst im Gebiet von Tetschen an der Elbe verbreitet sind, fehlten. Weitere Studien müssen noch lehren, wie weit diese Ausscheidungen unmittelbar im Erdreich die Boden-Verhältnisse änderen und so eine Beeinflussung der mikroskopischen Boden-Pilze darstellen. In dem Zusammenhange ist auch nochmals zu erwähnen, dass auch durch die von manchen *MUCORINEAE* ausgeschiedenen Wuchs-Stoffe Veränderungen im Erdreich bedingt werden, die eine sekundäre Beeinflussung der mikroskopischen Boden-Pilze auslösen.

Das Kapitel kann nicht abgeschlossen werden, ohne nochmals darauf hinzuweisen, dass den mikroskopischen Boden-Pilzen die wichtige Aufgabe zugeschrieben wird, die Krümmel-Struktur des Erdreiches stark zu beeinflussen.

Auf den Umstand, dass bei gewissen Pilz-Gruppen keinerlei Zusammenhang mit dem bodenkundlichen Charakter des Stand-Ortes vorhanden sein wird, wiesen wir bereits früher hin. Als Beispiel sind die *SACCHAROMYCETACEAE* und verschiedene Vertreter der ***FUNGI IMPERFECTI*** unter anderen *Verticillium* anzugeben.

3. Zusammenhänge mit dem Bestand an höheren Pflanzen.

Die Bestands-Pflanzen sind für viele Pilz-Formen, welche wir nicht als autochthone Boden-Pilze bezeichnen von ganz besonderer Wichtigkeit. Auf solche Zusammenhänge haben wir wiederholt hingewiesen. Wahrscheinlich besteht ganz allgemein zwischen Boden-Pilzen und höheren Pflanzen ein Wechsel-Spiel. Über diese Frage müssen uns die nächsten Zeilen Auskunft geben. Selbstverständlich werden wir bodenkundliche Übereinstimmungen erkennen, desgleichen ist der Einfluss des Klimas zu berücksichtigen. Die nun folgende wichtige Zusammenstellung vergleicht ähnliche Pflanzen-Bestände beziehungsweise Kultur-Gattungen in unterschiedlichen Ländern.

Es erscheint zweckmässig die gebräuchliche Einteilung in Wald-Wiesen- und Acker-Boden, sowie Öd-Land vorzunehmen. Dieses abschliessende Kapitel soll lehren, wie weit der Einfluss der Bestands-Flora massgebend ist und in wie ferne der bodenkundlichen Beschaffenheit und dem Klima ein Einfluss zuzuschreiben ist. Im wesentlichen erfolgt die Mitteillung eigener Versuchs-Ergebnisse; fremdes Material wird nur zu Vergleichs-Zwecken herangezogen.

Waldbestände.

a. Nadelwald, welcher gelegentlich mit Laub-Bäumen untermischt ist.

Kiefern-Bestand in der Scharka bei Prag: *M. plumbeus, P. luteum, Tr. Koningi, F. solani, Cl. herbarum.* Kiefern- und Lärchenbestand in Dobřichovice bei Prag: *Acaulium nigrum,* diese Form ist mengenmässig vorherrschend, daneben *M. plumbeus,* Reiner Kiefernschlag ibidem: *M. hiemalis* ist mengenmässig vorherrschend, deutliche und reichliche Zygosporen-Bildung ist hervorzuheben. Fichtenschläge ibidem: *M. hiemalis* und *plumbeus, Z. Mölleri,* Vertreter der Gruppe *MONOVERTICILLIUM.*

Zahlreiche Isolierungen nahmen wir im Böhmerwald vor. Fichten-Bestände mit Oxalis bei Eisenstein: *Acaulium nigrum, P. Wortmanni* und *P. luteum,* die beiden zuletzt erwähnten Formen in verschwindend geringer Menge gegenüber der erst genannten Form. Weiter ist *M. Ramannianus* hervor-zuheben. *P. Wortmanni* bildet sehr reichlich weisse Sklerotien. Der gleiche Stand-Ort mit Vaccinium untermengt: *P. glaber, M. hiemalis, F. oxysporum, Cl. herbarum.* Das gleiche Gebiet, der Baum-Bestand tritt stark zurück, dafür fällt eine reichliche Flechten Vegetation auf: *M. hiemalis* und *racemosus, Tr. Koningi, F. oxysporum.* Die *MUCORINEAE* herrschen deutlich vor, *Penicillien* fehlen vollständig. Fichten- und Buchen-Bestand bei Bayrisch Eisenstein: Sehr reichlich *M. Ramannianus, P. glaber* daneben *P. luteum,* als *bicolor* Form, *Tr. Koningi.* Ein Kahl-Schlag mit Vaccinium im gleichen Gebiete weist nachstehende Formen auf: *M. Ramannianus* in grosser Menge, sehr viel *Z. Mölleri,* ferner *Absidia glauca* und *P. glaber.* Fichten-Schläge des Kardinal-Stein im Kubany: *M. Ramannianus, P. lividum, F. oxysporum,* Urwaldgebiete im Kubany: Sehr reichlich *M. Ramannianus, Acaulium nigrum,* ferner in geringer Menge *P. sanguineum.* Fichten unweit Schattawa: *M. hiemalis, P. glaber, P. luteum* mit Perithetien, *Tr. Koningi,* Fichten-Schläge unweit der Ruine Helfenburg bei Prachatice: *M. Ramannianus,*

P. decumbens, F. oxysporum. Hochwald aus Fichten und Buchen bei Landstrasse unweit der reichs-deutschen Grenze: *P. corymbiferum* in reichlicher Menge, ferner fast in der gleichen Anzahl *M. Ramannianus*, daneben *Tr. Koningi.*

Ein anderes wichtiges Untersuchungs-Gebiet stellen Waldungen bei Rakolus, unweit der west-böhmischen Stadt Mies dar. Schlechter Fichten-Bestand, ein sogenannter Hunger-Boden, enthält nur *P. decumbens* und auch dieses in geringer Menge. Ein stark schwefelhältiger Boden der gleichen Gegend führt in ganz geringer Menge *Cl. herbarum.* Rotfichten-Bestände mittelmässiger Ertrags-Klasse: *M. hiemalis, P. turbatum, P. purpurogenum, Acaulium nigrum, Cl. herbarum.* Dasselbe Wald-Gebiet, in das Lupinen als Düngung eingeackert wurden: *P. turbatum* mit Sklerotien und vor allem *P. luteum*, als Forma *bicolor* fällt in reichlicher Menge auf. Die *MUCORINEAE* treten zurück. Ferner ist *Tr. Koningi* zu beobachten. Ähnliches erkennt man in dem Gebiete mit einer sogenannten Zakken-Düngung. Fichten-Schlag guter Ertrags-Klasse unweit des Flusses Mies: *M. Ramannianus* und *hiemalis* sind reichlich vertreten; daneben sind *P. lividum* und *turbatum* zu erwähnen, sowie *Cl. herbarum.* In einzelnen Fichten-Beständen, die durch Unter-Holz und reichliche Moos-Mengen ausgezeichnet sind, fiel neben den *MUCORINEAE*, und Vertretern der *MONOVERTICILLIUM* Gruppe, reichliches Vorkommen von *P. luteum* auf, welches unter den Moosen deutlich sichtbare Perithetien bildete. Von dem gleichen Stand-Orte ist noch das zahlreiche Vorkommen einer *Absidia glauca* zu erwähnen.

Gewisse Unterschiede bezüglich des Vorkommens mikroskopischer Boden-Pilze in Böden guter und schlechter Ertrags-Klasse sind hervorzuheben; *M. Ramannianus* scheint die besseren Typen zu bevorzugen.

In diesem Wald-Gebiete wurde auch eine zwei Jahre alte Brand-Stätte geprüft; die Armut an mikroskopischen Pilzen fällt auf. Es gelang nur eine Isolierung von *Tr. Koningi.*

Fichten-Bestände bei Krondorf an der Eger weisen in grosser Menge *M. Ramannianus* auf; daneben fallen vereinzelte Kolonien von *P. purpurogenum* auf.

Eingehende Studien führten wir auch in den Waldungen des Erzgebirges aus. Im östlichen Teile desselben zwischen Zinnwald und Altenberg isolierten wir mehrere Proben unter Fichten. Folgende Pilz-Formen sind zu erwähnen: Sehr reichlich sind *M. hiemalis* und *Z. Mölleri* vertreten, daneben sind *P. cinerascens, P. notatum, P. luteum* und in geringer Menge *P. expansum* zu finden. In grosser Anzahl ist *F. oxysporum* hervorzuheben. Eine seltene *Cephalosporium* Art und zwar *C. acremonium* ist zu berücksichtigen. Fichtenbestände bei Fley sind durch besonders reichliches Auftreten von *Acaulium nigrum* ausgezeichnet, daneben sind *P. glaber* und *Tr. Koningi* zu berücksichtigen. Wald-Bestände bei Eichwald wiesen in reichlicher Menge *M. hiemalis* sowie *M. Ramannianus* auf, *P. luteum* mit deutlicher Perithetien-Bildung ist zu erkennen.

Einzelne Erd-Proben wurden auch in Hochwald-Beständen des Iser-Gebirges unweit Reichenbergs gezogen. *M. Ramannianus*, ferner *P. glaber* sind zu erwähnen.

Geschlossene Bearbeitungen der Wald-Gebiete Deutschlands. liegen nicht vor, da nur die *MUCORINEAE* erschöpfend behandelt wurden. Als besonders typische Wald-Bewohner werden *M. Ramannianus* und *Z. Mölleri* angeführt. Diese beiden Arten wurden auch von uns in unterschiedlichen Wald-Gebieten erkannt. Im mittel-deutschen Wald-Gebiete ist nach LINNEMANN 64) die Familie der *MORTIERELLACEAE* stellenweise sehr verbreitet; die von uns geprüften Wald-Gebiete liessen diese Art nur einmal unweit des Lusen-Gipfels im Böhmerwald erkennen. In den Fichten-Wäldern des deutschen Bunt-Sandstein isoliert PISTOR 84) *M. hiemalis M. subtilissimus, M. plumbeus, M. razemosus.*

Die angeführten Daten gelten für Fichten-Bestand schlechter Ertrags-Klasse. Boden guter Ertrags-Klasse mit reichem Humus-Bestand führt *M. flavus, M. Ramannianus* und *P. commune.* Es dürfte kein Zufall sein, dass die besseren Boden-Arten, genau wie bei den Untersuchungen in West-Böhmen andere *MUCORINEAE* und vor allem autochthone Boden-Pilze enthalten.

In einem Misch-Bestand des badischen Schwarz-Wald isolierten wir *P. lividum, Tr. Koningi,* ferner *F. oxysporum.* Das völlige Fehlen eines *Mucor* ist hervor-zuheben. Über Kiefer-Schläge in dem Sand-Boden der Mark Brandenburg berichteten wir bereits in der geographischen Zusammenstellung und wiesen besonders auf das starke Auftreten von *Acaulium nigrum* hin. Aus Wald-Streu des gleichen Gebietes isolieren STAPP und BORTELS 106) *P. notatum,* sowie *chrysogenum.*

In den Wald-Landschaften Dänemarks erkennt man Angehörige der Gruppe *MONOVERTICILLIUM,* ferner in reichlicher Anzahl *M. racemosus, M. hiemalis, M. Ramannianus* und *Absidia cylindrispora.* JENSEN 50) hebt die Gattung *Mucor* und *Trichoderma* als ganz besonders wichtig hervor.

In dem Wald-Gebiete der Alpen sind noch verhältnissmässig wenig Untersuchungen angestellt worden. In den Waldungen im Bereich des toten Gebirges erkannten wir häufig, aber nicht immer in grosser Anzahl *P. luteum,* welches stets Decken und nie Koremien bildet. Seltener beobachteten wir *M. hiemalis,* sowie *Cl. herbarum.* Waldungen bei Steinach in Tirol enthalten *P. glaber, M. hiemalis, Tr. Koningi.* Auffallend ist dass in den Alpen soweit unsere Untersuchungen reichen, bis heute *M. Ramannianus* nicht isoliert wurde.

Die Fichten- und Birken-Bestände, welche JANKE HOLZER 48) im Wiener Becken studierten weisen manche ähnliche Formen auf, wie wir sie in den Rand-Gebieten erkannten. Der grössere Reichtum an *Penicillien* ist hervorzuheben.

Bewaldetes Hügel-Land bei Zagreb (Fichten mit Buchen und Eichen vermengt) enthält *M. Ramannianus* in grosser Menge, ferner *M. subtilissimus, Mortierella, Tr. Koningi* und *Cl. herbarum.*

Die *MUCORINEAE* der Waldungen im Drau- und Save-Gebiet untersuchte Pišpek 85); viele der bereits erwähnten Formen wurden wieder erkannt. In den Wäldern Bosniens hebt der zitierte Forscher reichliches Vorkommen von *Mortierella*- und *Cunninghamella* Arten hervor. Meist handelt es sich hier um Gattungen und Arten, welche Mittel-Europa fremd sind. In einem Pinien-Bestand bei Lakad, einer Insel des adriatischen Meeres, erkannten wir *M. Ramannianus, Tr. Koningi* und *Monilia nigra.*

Wald-Bestände der verschiedensten Länder hat Feher 33) studiert. Den Zusammenstellungen der Pilz-Formen sind keine näheren Beschreibungen angefügt; diese Umstände bedingen es, dass wir auf diese Fundstellen hier nicht eingehender zu sprechen kommen.

In U.S.A. sind aus dem Wald-Gebiet New Jerseys, ohne nähere Angabe des Pflanzen-Bestandes *M. hiemalis* und *circinelloides,* ferner *P. glaber, lividum,* und *decumbens* erwähnt. Hier werden auch Vertreter der Gruppe *ASYMMETRICUM,* wie *P. rugulosum, P. notatum, P. expansum, P. cyclopium* angeführt. Die wärmeliebende Gattung *Aspergillus* ist mit einzelnen Arten vertreten. Bei diesen Ergebnissen sind die bodenkundlichen Erfahrungen des vorigen Kapitels zu berücksichtigen. *Tr. Koningi* und *lignorum,* ferner *V. glaucum* und *Cl. herbarum* fehlen nicht. *F. oxysporum,* das auch in mitteleuropäischen Wald-Gebiet bekannt ist, wurde isoliert.

Bereits früher ist erwähnt worden, dass in einzelnen Ländern nur bestimmte Pilz-Gruppen bearbeitet wurden. In den Waldungen wurde meistens das Studium der *MUCORINEAE* gefördert. Wald-Gebiete des südlichen und süd-östlichen Norwegens sind durch Hagem 37) eingehend bezüglich ihrer *MUCORINEEN* Flora gemustert worden. *M. Ramannianus,* den wir in Mittel-Europa häufig in Waldungen erkannten, ist auch hier reichlich verbreitet. Besonders zahlreich tritt *M. flavus* auf; die verbreiteste Pilz-Form in diesem Gebiete ist *M. hiemalis.*

Waldungen im Schweizer Vorlande und am Fuss des Juras prüft Lendner 61) bezüglich ihres Gehaltes an *MUCORINEEN.* Es werden vielfach die gleichen Vertreter behandelt, wie in Deutschland und in Österreich.

Lohnend wäre die Prüfung tropischer Wald-Gebiete, welche heute noch ganz aussteht.

Die untersuchten Wald-Gebiete zeigen manche gemeinsame Züge in der Zusammensetzung der mikroskopischen Pilze. Manche Übereinstimmung in der bodenkundlichen Zusammensetzung ist im vorigen Kapitel berücksichtigt worden. Eine für das Wald-Gebiet besonders typische Form, welche fast nur auf dasselbe beschränkt ist, stellt *M. Ramannianus* dar. Für das Wald-Land nördlicher Lagen ist daneben *M. hiemalis* sehr wichtig. *Z. Mölleri* stellt sich gewöhnlich auf moorigen, saueren Wald-Böden ein. Auf die Abweichungen im nord-amerikanischen Wald-Gebiet haben wir bereits hingewiesen. Die Gattung *Penicillium* ist im Wald-Land reichlich vertreten und nimmt auch an der Mykorrhiza teil. Unsere eigenen Studien weisen besonders auf die Gruppe *MONOVERTICILLIUM* hin; Erfahrungen anderer Forscher berichten daneben auch über das Vorkommen von

Vertretern der Gruppe *ASYMMETRICUM*. *P. luteum* ist ein sehr charakteristischer Pilz vieler Waldungen. Sehr starkes Auftreten der Gattung *Penicillium* verdrängt gelegentlich die *MUCORINEEN* etwas. *Cl. herbarum* und *Tr. Koningi* sind dem Wald-Land nicht fremd. *Fusarien* treten etwas zurück an Bedeutung. Für viele, aber nicht alle Waldungen stellt *Acaulium nigrum* eine sehr typische Form dar.

b. Bestände mit Laub-Bäumen.

Laub-Bestände sind im vorigen Abschnitt insoweit berücksichtigt worden, als sie eine Unter-Mischung des Nadel-Waldes darstellen.

Birken-Wald bei Dobřichovice unweit Prags: *Z. Mölleri*, in grosser Menge ist *Acaulium nigrum* vorhanden, ferner *Tr. Koningi*. Aus einem Eschen-Bestand der gleichen Herkunft isolierten wir eine sehr seltene *Penicillium*-Art und zwar *P. affine*, ferner die beiden vorerwähnten Formen, ausserdem *A. nigrum*. Ein Hainbuchen-Bestand weist die gleiche Zusammensetzung auf.

Rotbuchen-Bestände unweit von Bayrisch Eisenstein sind durch besonders reichliches Auftreten von *P. luteum* in der forma *bicolor* gekennzeichnet. Unter Ahorn-Bäumen bei Krondorf an der Eger erkannten wir *M. Ramannianus*, *P. luteum* und *Tr. Koningi*, Dieselben Baum-Bestände unweit Warnsdorfs sind durch die gleichen Pilz-Formen, zu denen sich *Cl. herbarum* zugestellt, ausgezeichnet. Ein Birken-Wald des gleichen Stand-Ortes weist *Z. Mölleri*, *P. luteum*, *Cl. herbarum* und *F. oxysporum* auf. Rotbuchen-Bestände des Iser-Gebirges zeigen wieder einen reichen Gehalt an *P. luteum* als forma *bicolor*, ferner *M. razemosus* und *F. oxysporum*. Hain-Buchen im Gebiete von Tetschen an d. Elbe enthalten *M. Ramannianus*, *P. luteum*, als forma *bicolor*, *P. purpurogenum* und *Tr. Koningi*.

Rotbuchen-Bestände, welche JANKE HOLZER 48) im Wiener Becken prüfen, sind in Übereinstimmung mit unseren eigenen Erfahrungen durch einen reichlichen Gehalt an *Penicillien* gekennzeichnet. Die Gattung *Mucor* tritt verhältnissmässig zurück. *Cephalosporium roseum* und andere Arten der ***FUNGI IMPERFECTI*** werden hier reichlicher erkannt, als in anderen Gebieten gleichen Pflanzen-Bestandes.

Unter Magnolien-Bäumen bei Lugano prüften wir das Erdreich. *MUCORINEAE* fehlen; *P. luteum*, als rasenbildende Form ist zu erwähnen, ferner die sonst noch nicht beobachteten Formen *M. nigra*, *F. equiseti* und *lateritium*. Gemischter Laub-Wald bei Gandria enthält wieder *P. luteum*, *Tr. Koningi*, *C. humicola* und *F. lateritium*. Kastanienbäume am Monte Bré sind durch den Besitz von *M. flavus*, *P. affine*, *Z. Mölleri* und *F. solani* gekennzeichnet.

Die Untersuchungen im Erdreich, welches vorwiegend mit Laub-Bäumen bestanden ist, lehren, dass die Gattung *Penicillium* etwas in den Vorder-Grund tritt, dies gilt vor allem im Vergleiche zu der Gattung *Mucor*.

Anschliessend berichten wir über einzelne Erfahrungen die in den Zonen der Hartlaub-Gehölze gesammelt wurden. Unter Beständen von Oliven-

Bäumen bei Cigale erkannten wir sehr reichlich *Monilia nigra*, in geringer Anzahl war *P. notatum* und *Tr. Koningi* vertreten. Der gleiche Baum-Bestand bei Dubrovnik zeigte wieder reichliches Vorkommen von *Monilia nigra* und *sitiphola*, daneben ist auf *P. luteum*, sowie *Rh. nigricans* hinzuweisen. In Italien prüften wir Erdreich von Reggio di Calabria, welches desgleichen mit Oliven bestanden war. *Monilia nigra*. *P. luteum* und *F. lateritium* sind als wichtigste Pilz-Formen aufgefallen.

Macchien an der Meeres-Küste bei Lacrona in Jugoslawien enthalten ganz ähnliche Pilz-Formen, wie wir sie unter Oliven-Bäumen fanden; eine Aufzählung kann unterbleiben.

Farn-Bestände führen recht ähnliche Pilz-Formen, wie wir sie allgemein im Wald-Gebiet erkannten. *M. Ramannianus* und *Z. Mölleri* herrschen vor, daneben ist auf *Cephalosporium acremonium* hinzuweisen; *P. luteum*, sowie *Tr. Koningi* und unterschiedliche *Fusarien* fehlen nicht. Als Fund-Stellen kamen Gebiete im böhmischen Iser-Gebirge, sowie im Böhmerwald in Frage. Einen Stand-Ort prüften wir im toten Gebirge, unweit von Stoder in Ober-Österreich.

Alpen-Matten mit vereinzeltem Baum-Wuchs untersuchten wir im toten Gebirge; es handelt sich durchwegs um Höhen-Lagen über 1.000 m. Sehr stark ist *Tr. Koningi* verbreitet, die durch einen besonders kräftigen aromatischen Geruncht auffällt, daneben ist *Cl. herbarum* zu erwähnen.

Einen eigenen Abschnitt müssen wir den mikroskopischen Pilzen unter Obst-Bäumen widmen; besonders muss interessieren in wie weit Wechsel-Beziehungen mit den fleischigen Früchten bestehen. In den Zonen des gemässigten Klimas spielt die jeweilige Frucht-Art keine besondere Rolle und wir können unsere Ergebnisse summarisch anordnen. Zahlen-aber nicht artenmässig sind die *MUCORINEAE* sehr reichlich vertreten; wir erwähnen *M. razemosus* ferner *Rh. nigricans*. *Penicillien* sind desgleichen verbreitet; so tritt vor allem *P. expansum* hervor, gelegentlich beobachteten wir *P. albo-roseum*, sehr selten wurde *P. luteum* und nur ein einziges mal *P. purpurogenum* gefasst. Sehr verbreitet ist *Dematium pullulans*, welches ein bekannter steter Begleiter von fleischigen Früchten ist. Fast ebenso häufig erkennen wir *Botrytis cinerea*, oft fallen auch nur Sklerotien auf, ohne dass eine Bestimmung glückt. Gelegentlich ist *Tr. Koningi* zu verzeichnen. *Fusarien* sind recht verbreitet, darunter alle die bekannten Erreger von Frucht-Fäulen. Selbstverständlich fiel das reichliche Vorkommen von *Hefen* auf. Besonders weisen wir auf die roten Arten der zu den *FUNGI IMPERFECTI* gehörigen Gattung *Torulopsis* hin.

Einzelne für das sub-tropische Gebiet charakteristische Baum-Gruppen deren Früchte Genuss-Zwecken dienen, wurden besonders in das Untersuchungs-Bereich einbezogen. Unter Mandel-Bäumen bei Dubrovnik ist *Monilia nigra* in grosser Menge hervorzuheben, daneben sind *Tr. Koningi* und *F. lateritium* erwähnenswert. Unter QuittenBäumen des gleichen Bezirkes ist noch *P. luteum* hervorzuheben. Besonders wollen wir auf die Mikro-Flora unter Orangen-Bäumen hinweisen, welche wir in Italien prüften. Hier ist eigens auf das auch an den Früchten stark verbreitete *P. italicum*, hinzuweisen; ein deutliches Hervortreten der Gattung *Aspergillus* ist erwähnenswert. In U.S.A. prüft WAKSMAN 124, 125) ohne nähere Angabe des Pflanzen-Bestandes Obst-Gärten. Er weisst auf ähnliche Pilz-Formen hin, wie wir; die *Penicillien* sind besonders reichlich vertreten und hier auch mit Vertretern der Gruppe *MONOVERTICILLIUM*. Reichliches Auftreten von *Aspergillus* mit den unterschiedlichsten Arten, welche in unseren Breiten nicht beobachtet wurden, ist hervorzuheben. Die Zahl der pilzlichen Keime ist nach WAKSMAN 123, 124, 125) hier ganz besonders gross.

Anschliessend sind Isolierungen unter Beeren-Sträuchern und vor allem in Wein-Bergen anzuführen. Unter der zuerst erwähnten Pflanzen-Gruppe sind in erster Linie Vertreter der *SACCHAROMYCETACEEN* und *MUCORINEEN* zu finden. In Wein-Bergen der verschiedensten geographischen Lagen ist in erster Linie auf diese beiden grossen Pilz-Gruppen hinzuweisen. Weiter machen wir auf das reichliche Auftreten von *Botrytis cinerea* und *Dematium pullulans* aufmerksam. Einzelne *Penicillien*, vor allem der Symmetricum Gruppe, sowie zahlreiche *Fusarien* werden erkannt. Ähnliche Formen heben JANKE HOLZER 48) in den Wein-Bergen des Wiener Beckens hervor; die dort erwähnten Vertreter der Gattung *Aspergillus* isolierten wir nie. In den Wein-Gärten Süd-Italiens, sowie Siziliens fehlen die *MUCORINEEN* ganz, die *SACCHAROMYCETACEEN* treten zurück. Eine deutliche Zunahme der *Penicillien*, vor allem der seltenen Formen aus der Gruppe *SYMMETRICUM*, wie *P. elegans* ist zu beobachten. Ähnliche Erfahrungen sammelten wir in den Wein-Gärten an der dalmatinischen Küste; besonders reichlich ist hier ausserdem noch *Monilia nigra* vertreten.

Sehr eingehend prüften wir Wiesen-Landschaften; dabei wollen wir in Gebiete ebener Lagen, sowie Berg-Wiesen-bzw. Weiden scheiden.

a. Wiesen-Gebiete im ebenen Gelände.

Hier bringen wir einzelne Stand-Orts-Angaben. Eichwald in Nord-Böhmen. *Z. Mölleri* in sehr grosser Menge, *V. glaucum*, *Absidia glauca*, *Cl. herbarum*. Aus sehr feuchten Wiesen an der Polzen bei Tetschen a. d. E. kann nur *Cl. herbarum* in beträchtlicher Menge isoliert werden. Feuchte Wiesen mit reichem Orchideen-Bestand ibidem weisen *Z. Mölleri*, *P. luteum* mit starker Sklerotien-Bildung und *Tr. Koningi* auf. Eingehend studierten wir Wiesen-Gebiete an dem Fluss Mies in West-Böhmen. Schwemm-Land enthält *Z. Mölleri*, *Cl. herbarum*, *P. luteum*, Die anschliessende mit einer Gras-Narbe bestandene Zone weist eine ähnliche Zusammensetzung auf, als neu ist nur *F. gramineraum* zu erwähnen. Zum Schluss wird noch das folgende Stück geprüft, welches mit einer eigenen guten Gras-Mischung besät worden war. *Z. Mölleri*, *M. hiemalis*, *Cl. herbarum*, *F. graminearum* sind zu erwähnen. Gewisse Unterschiede in der Pilz-Flora nach Boden- und Kultur-Art sind hier festzuhalten. Nasse Wiesen im südlichen Teil des Böhmerwaldes sind besonders reich an *F. orthoceras*, auffallend ist der Gehalt an *Mucor mucedo*, der mengenmässig sehr hoch ist. In feuchten Wiesen unweit Prags isolierten wir *M. razemosus* und *flavus*, ferner *Z. Mölleri*, *P. expansum*, *Cl. herbarum*, sowie *F. solani*. Wiesen-Gelände, welches wir im Spree-Wald prüften weist fast dieselben Pilz-Formen auf. Nasse Wiesen-Landschaften bei Menaggio sind durch den mengenmässig sehr reichlich vorkommenden *Z. Mölleri* charakterisiert. Wiesen-Gebiete in New Jersey studiert WAKSMAN 123, 124) und ermöglicht uns so wenigstens mit einem nord-amerikanischen Gebiete einen Vergleich. *MUCORINEAE* werden beschrieben, ferner ist die Gattung *Penicillium* und *Cladosporium herbarum* wesentlich. Die Anzahl der angeführten Arten übersteigt die von uns beobachteten. *Aspergillus* und *Trichoderma* beobachteten wir nie in dieser Kultur-Gattung, WAKSMAN 123, 124) erwähnt sie häufig. Ferner weist der zitierte Autor noch auf *Chaetomium*, *Botrytis* und *Monilia* hin.

b. Berg-Wiesen.

Typische Alpen-Matten in 2.000 m Höhe bei Cantarella im Engadin weisen in grosser Menge *Z. Mölleri*, daneben aber in viel geringerer Zahl *M. hiemalis* und *F. orthoceras* auf. In dem nicht weit entfernten Fex-Tale isolierten wir die gleichen Pilze, Alpen-Matten unweit Zermatt sind desgleichen durch die reichliche Anwesenheit von *Z. Mölleri* gekennzeichnet, daneben ist in geringer Menge *Tr. Koningi* zu erwähnen. Im Gebiete des toten Gebirges in Österreich studierten wir desgleichen Berg-Matten; hier ist *Z. Mölleri* durch *M. hiemalis* vertreten, daneben fällt *P. notatum*, *Cl. herbarum* und *F. dimerum* auf. Sehr entlegene Matten, an einem recht unwegsamen Gebirgs-Übergang enthalten *M. hiemalis*, *P. sanguineum*, *F. dimerum*. Matten bei den Hutterer Böden, welche sehr stark von Vieh beweidet sind, sind durch einen besonderen Reichtum an *M. razemosus* gekennzeichnet; daneben ist in sehr geringer Anzahl *F. dimerum* vertreten.

In den unterschiedlichen Wiesen-bzw. Weide-Landschaften ist *Z. Mölleri* eine charakteristische Form; häufige Vergesellschaftung mit einem *Fusarium* ist hervorzuheben. Zellulose abbauende Formen sind sonst nicht sehr häufig; *Tr. Koningi* tritt deutlich zurück.

Heide-Böden prüft JENSEN in Dänemark und erwähnt *Absidia orchidis*, *Oidium lactis*, *Monilia*, *Dematium*, *Trichoderma*, *Hormodendron*, *Penicillien* treten zurück. Einem Teichufer-Boden, welchen wir im südlichen Böhmen prüften, fehlt *Penicillium*, reichlich sind *M. hiemalis*, sowie *F. graminearum* vertreten. Ferner bearbeiteten wir das Ufer-Gelände bei dem Schwarz-See im Böhmerwald, welches *M. hiemalis*, *C. humicola*, *Cl. herbarum* und *F. orthoceras* beherbergt. Im Böhmerwald zogen wir unterschiedliche Hoch-Moore in das Untersuchungs-Bereich. Unter den *MUCORINEAE* kann gelegentlich *M. Ramannianus* gefasst werden; viel reichlicher sind *Penicillien* verhanden, von welchen besonders *P. solitum*, welches intensive rote Farbstoff-Ausscheidungen aufweist, zu erwähnen ist. Daneben sind *P. restrictum* und *P. luteum* als *bicolor* Form hervorzuheben. Gelegentlich isolierten wir auch *Tr.*

Koningi. Ähnliche Pilz-Formen beherbergt das Habsteiner Moor in Nord-Böhmen. In Moor-Gebieten an der Polzen unweit Tetschens fällt wieder *P. solitum* durch starke Farbstoff-Bildung auf. JENSEN 50) danken wir einige Angaben für Moor-Gebiete in Dänemark; *Penicillien, Tr. Koningi* und *M. plumbeus* werden erwähnt. Einen anmoorigen Schwemmlandboden in Österreich unterwirft KUBIENA 59) der Kontrolle. Die direkte mikroskopische Betrachtung macht auf *P. solitum, P. luteum,* ferner *Sporotrichum, Mycogone, Rhopalomyces* aufmerksam. Torf-Lager im Wiener Becken enthalten *M. circinelloides, M. pusilla, Rh. nigricans, Z. Mölleri, P. flavidorsum, P. glaber. A. fumigatus.* Sumpf-Landschaften des gleichen Gebietes wurden geprüft. *M. subtilissimus, M. javanicus, Cladosporium, Acrostalagmus* und *Synsporium* sind vorhanden; die *Fusarien* können nicht näher bestimmt werden.

Moor-Gebiete weisen einzelne charakteristische Pilze auf; im besondern ist auf die Gattung *Penicillium* und hier *P. solitum* hinzuweisen. Die Farbstoff-Absonderung ist sowohl bei den *Penicillien,* als bei den *Fusarien* recht beträchtlich.

Unbebautes Land, Weg-Ränder, Abhänge, Geröll-Halden und dergleichen wurde von uns desgleichen in das Untersuchungs-Gebiet einbezogen. Gras-Abhänge bei Motoly unweit Prags: *Absidia glauca, P. notatum, Cl. herbarum, Tr. Koningi.* Wiesen-Rain bei Dobřis: *P. notatum, F. solani,* Die gleiche Landschaft bei Senohrabv: *Z. Mölleri, P. notatum, Tr. Koningi, Cl. herbarum, F. solani.* Weg-Rand bei Deutsch Gabel in Nord-Böhmen: *M. hiemalis, P. purpurogenum, F. coeruleum, F. merismoides.* Weg-Rand bei Tetschen an der Elbe: *P. luteum* und *atramentosum.* Unbebautes Land des mährischen Gesenkes: *P. notatum, F. coeruleum, Actinimucor repens.* Weg-Rand bei Rehefeld im deutschen Erzgebirge: *Z. Mölleri, Tr. Koningi.* Unkultiviertes Grasland bei Steinach in Tirol: *M. razemosus, P. glaber, Tr. Koningi, F. bulbigenum.* Ähnliches Terrain bei Baden unweit Wiens: *M. flavus, P. purpurogenum, Tr. Koningi, F. semitectum.*

Nun folgen noch einzelne Isolierungen aus südlicheren Lagen. Unbebautes Land bei Dubrovnik ist reich an *P. purpurogenum* ferner ist eine sehr seltene Form *Echinobotryum laeve* zu erwähnen. Unbebautes Land im südlichen Montenegro weist *P. luteum, Monilia nigra, A. niger* und *F. lateritium auf.*

Aus Gelb-Erden Griechenlands isolierten wir einmal *F. sublunatum.* Unkultiviertes Land in Sizilien führt nach unseren Erfahrungen *P. purpurogenum* und *sanguineum,* ferner *Monilia nigra.*

Eine Hoch-Gebirgsformation im Kalk-Gestein des grossen Priel im toten Gebirge, welche reichliche Polster von Silene acaulis zeigt, enthält *P. purpurogenum, F. sambucinum* und *Cladosporium herbarum.*

Diese Untersuchungen an unbebautem Land der verschiedensten Gegenden lehren uns, dass die Bedeutung der unterschiedlichen Boden-Arten und der geänderten geographischen Breite sehr wichtig ist; sie scheint bestimmender zu sein, als das Pflanzen-Kleid.

Einen kleinen Vergleich kann man mit den Erfahrungen JENSENS 49) aus Nord-Amerika ziehen. In den Gebieten von Ithaca und New York beobachtet man ähnliche Formen, wie wir sie auch erkannten. Abweichend ist das schon früher erwähnte Auftreten von *Aspergillus* Arten, die *Fusarien* treten auffallend zurück.

In der Umgegend Prags prüften wir unterschiedliche Stein- und Geröll-Halden bezüglich ihres Gehaltes an mikroskopischen Pilzen. *Mucor spinosus* und *Penicillium chrysogenum* treten besonders hervor; daneben ist noch auf *Cladosporium herbarum* hinzuweisen. Verwitterungs-Sand von Graniten im Böhmerwald und Erzgebirge führen den in den angrenzenden Waldungen heimischen *Mucor Ramannianus* in beträchtlicher Menge, daneben machen wir auf das verbreitete *Penicillium luteum* aufmerksam. Im toten Gebirge, das wir in anderem Zusammenhange häufig erwähnten, prüften wir desgleichen Gerölle und Schutt-Halden. *Mucor plumbeus, P. chrysogenum* und *Cladosporium herbarum* sind in diesen einsamen, von Menschen selten betretenen Gegenden stets zu erkennen. Gegentlich gesellt sich noch *Fusarium sambucinum* hinzu. Soweit ein etwas üppigerer Moos- und Flechten-Bestand vorhanden ist, muss auf die Anwesenheit von *Trichoderma Koningi* hingewiesen werden. Vielleicht spielen diese Pilz-Formen bei dem Zerfall der Gesteine eine Rolle; ähnliche Gedanken sind uns in dem Hand-Buch der Bodenkunde von BLANCK 10) aufgefallen.

Rot-Erden, ohne Vegetation, welche bei Laurana in Italien geprüft wurden, wiesen die für südliche Lagen typischen Formen auf, so *Penicillium purpurogenum, Penicillium elegans, Aspergillus niger* und *rosa Hefen.* Als Gegen-Stück zu diesem Befund weisen wir auf die reichliche *MUCORINEEN* und *Penicillien* Flora hin, welche NIELSEN 73) im unbebauten Gebiet Grönlands isolierten.

Einzelne Angaben von Sand-Böden, welche nicht mit bestimmten pflanzlichen Kulturen bestanden sind, können einiges Interesse beanspruchen. In England macht DALE 25) besonders auf die *Penicillien* aufmerksam; einzelne seltene Formen, wie *P. lilacinum* und *intricatum* sind zu erwähnen. *Fusarien* treten etwas zurück. Ähnliche Erfahrungen sammelten wir in Sand-Böden bei Auscha und Kalmswiese in Böhmen. Ein Sand-Boden Italiens, welcher uns zur Verfügung gestellt wurde, enthält desgleichen vorwiegend *Penicillien,* allerdings handelt es sich hier um Vertreter der Gruppe *SYMMETRICUM. Fusarien* fehlen nicht.

Ein besonderes Gebiet, nämlich die salzigen See-Marschen an der Küste Englands hat ELLIOTT 32) geprüft. Diese Gebiete sind durch eine sehr reichliche mikroskopische Boden-Pilzflora gekennzeichnet. Einige der wichtigsten Formen stellen wir hier zusammen. *Mucor circinelloides, sphaerosporus, razemosus, microsporus. Mortierella pusilla, Zygorhynchus Mölleri. P. expansum. Botrytis pyramidalis, Aspergillus diversicolor, Trichoderma*

Koningi und *lignorum. Fusarium oxysporum.* Die bis jetzt zusammengestellten Formen erkannten wir in den unterschiedlichsten Gebieten; nun folgen noch einige sehr seltene Formen, wie *Periconia, Stachylidium, Echinobotryum.* Marschen-Land in Dänemark, welches von JENSEN 50) bearbeitet wird, weist eine sehr spärliche Pilz-Flora auf. *Zygorhynchus Mölleri, Absidia glauca* und *Trichoderma* sind aufgezählt.

Unbebautes Land in U.S.A. welches durch einen sehr hohen Eisen-Gehalt gekennzeichnet ist, prüft WAKSMAN 124) Reichlich *Penicillien* und zwar *P. decumbens, digitatum, luteum* und *viridicatum* werden hervorgehoben. Die eingehende mikrobiologische Analyse ist im vorigen Kapitel einzusehen.

Kultur-Landschaften, in die eine Brache eingeschaltet wird, sollen besonders reich an mikroskopischen Pilzen sein. Genaue Beweise für diese Angaben stehen uns nicht zur Verfügung.

Der Kultur unterworfene Acker-Schläge weisen meist eine mengen- und artenmässig kleinere Pilz-Flora auf, als unbebautes Land. Boden-Beschaffenheit und geographische Breiten-Lage beeinflussen vorwiegend die Zusammensetzung der Pilz-Flora; die Bedeutung des Pflanzen-Bestandes tritt zurück.

Die von uns geprüften mit Getreide bestandenen Felder liegen vorwiegend im Braun-Erde Gebiet Mittel-Böhmens. Unter den *Penicillien* tritt die Gruppe *ASYMMETRICUM* deutlich in den Vordergrund; vorherrschend sind *P. expansum* und *crustosum.* Unter den *MUCORINEAE* erwähnen wir *Mucor razemosus,* welcher jedenfalls durch die animalische Düngung in reichlicher Menge in das Erdreich gebracht wird. Daneben ist auf *M. hiemalis* und in seltenen Fällen auf *Z. Mölleri* hinzuweisen. Gelegentlich ist *Cladosporium herbarum* zu erkennen. *Fusarien* sind stets vorhanden, wir führen *F. solani, F. avenaceum, F. graminearum* an. *Trichoderma Koningi* tritt auffallend in den Hintergrund, in sehr vielen Feldern fehlt sie ganz. Der Pflanzen-Bestand, ob es sich nun um Weizen, Roggen, Hafer oder Gerste handelt ist von untergeordneter Bedeutung.

In Getreide-Beständen der westlichen Slowakei, die durch eine abweichende Boden-Beschaffenheit gekennzeichnet sind, verzeichnen wir eine etwas reichlichere Pilz-Flora, wie *Penicillium intricatum* und *expansum, Fusarium solani, Monilia nigra, Botrytis cinerea, Trichoderma Koningi.*

Getreide-Felder bei Linz in Ober-Österreich führen reichlich *Penicillium notatum,* ferner *Rhizopus nigricans* und *Trichoderma Koningi.* Die ähnliche Boden-Beschaffenheit scheint hier wieder nicht bedeutungslos zu sein.

Roggen- und Hafer-Felder im Sand-Gebiet der Mark Brandenburg untersuchten wir eingehend. Die Gattung *Penicillium* ist hier durch *P. luteum* vertreten. Sehr reichlich tritt *Cladosporium herbarum* welches wir auch auf den Ähren der Pflanzen beobachteten, auf. *Trichoderma Koningi* ist in reichlicher Menge vorhanden, ein Heraus-Wachsen kann direkt aus den Sand-Stückchen beobachtet werden. Je schlechter der jeweilige Feld-Bestand ist, umsomehr tritt *Trichoderma* zahlenmässig zurück.

Mais-Felder bei Kupari in Jugoslawien weisen abweichende Formen auf, so *Rh. nigricans, P. commune, Monilia nigra* und *F. semitectum*. In einem Mais-Feld bei Bergamo in Italien erkannten wir *Z. Mölleri, Botrytis cinerea* und *Trichoderma Koningi*. Getreide-Bestände bei Reggio die Calabria in Unter-Italien führen *P. italicum, Monilia nigra* und *F. lateritium*.

Weizen- und Mais-Felder, welche wir südlich Belgrads bei Topola untersuchten, fielen durch das Fehlen der Gattung *Penicillium* besonders auf. Für Mittel-Europa unbekannte Formen, wie eine sehr seltene *Mortierella* Art und *Fusarium acuminatum* mit reichlicher Perithetien-Bildung sind zu erwähnen.

Der Einfluss von Boden-Art und geographischer Breite macht sich bei diesen Pflanzen-Beständen sehr deutlich geltend und es sind zum Vergleiche die vorangehenden Kapitel heranzuziehen. Die Erfahrungen anderer Forscher lehren, dass im mittel-europäischen Feld-Bestand die *MUCORINEEN* gegenüber den grossen Wald-Gebieten arten- und zahlenmässig zurücktreten. Dies deckt sich mit unseren Beobachtungen, ebenso wird auch von anderer Seite auf die Gattung *Penicillium* hingewiesen, wir ergänzen diese Befunde noch durch die Angabe, dass die Gruppe *MONOVERTICILLIUM* meist den Feld-Bestand meidet. *Fusarien* sind allgemein recht verbreitet; Vergesellschaftung mit *Cladosporium* ist zu verfolgen. Unsere Studien weisen darauf hin, dass *Trichoderma Koningi* stark kultivierte Feld-Bestände oft meidet; die Befunde JENSENS 50) (Dänemark) sprechen allerdings nicht für diese Tatsache.

Auf einzelne recht seltene Pilz-Formen macht KUBIENA 59) in Acker-Feldern der Steiermark aufmerksam; es handelt sich um *Rhopaclomyces, Acladium* und *Hyalopus*.

In Kartoffel-Feldern sind keine besonderen Eigentümlichkeiten zu verzeichnen. In Feld-Beständen des Wiener Beckens sind dank des geschützten und warmen Klimas einzelne Arten der Gattung *Aspergillus* vertreten; die reichlichere *Penicillien*-Flora scheint auch mit diesem Umstande zusammenzuhängen. In Kultur-Böden, welche mit Zucker- oder Futter-Rüben bestanden sind, ist *Rhizopus nigricans* ein steter Begleiter.

Bei Tetschen an der Elbe untersuchten wir ein Klee-Feld dessen Besitzer uns die Erd-Proben übermittelte, da der Pflanzen-Bestand einen kränklichen Eindruck erweckte. Aus dieser Probe konnte nur eine Pilz-Form und zwar *Absidia spinosa* ermittelt werden. Der schlechte Pflanzen-Bestand ist, wie unsere Untersuchungen lehrten durch Kali-Mangel bedingt; ob durch diesen Umstand auch die geringe Pilz-Zahl des Erdreiches bedingt ist, können erst weitere Studien lehren. Lupinen-Schläge im Sand-Gebiet der Mark Brandenburg sind durch besonders reichliches Auftreten von *P. luteum* gekennzeichnet, daneben sind *Trichoderma Koningi* und *Cladosporium herbarum* zu erwähnen. Die ungünstige Entwicklung einzelner Pflanzen-Bestände ist durch reichliche Anwesenheit von *Fusarien* bedingt.

Bereits früher erwähnten wir einmal, dass durch das Einschalten einer Brache die Pilz-Flora zahlen- und artenmässig erhöht wird. Nach dem Stürzen der Stoppel im Feld-Bestand konnten wir desgleichen eine Zunahme der mikroskopischen Pilze feststellen. WAKSMANS 122) allgemein geäusserte Ansichten, dass die Zahl der Mikroben mit der Acker-Kultur und vor allem deren Intensiverung zunimmt, können wir auf Grund unseres Erfahrungs-Materiales nicht teilen.

Erdreich in den verschiedensten Gemüse-Gärten ist sehr reich an mikroskopischen Pilzen. Hier interessiert besonders das Wechsel-Spiel zwischen dem Boden und dem Pflanzen-Bestand; im nächsten Kapitel weisen wir auf dasselbe besonders hin.

Die intensive Bearbeitung und Kultivierung des Erdreiches lässt es begreiflich erscheinen, dass zwischen Gemüse-Gärten der unterschiedlichsten Breite-Lagen, sowie Boden-Arten wenig Gegensätzliches besteht. Erst ganz geänderte Verhältnisse, wie sie in der neapolitanischen Kampagna, in Kalabrien und auf Sizilien vorliegen, bedingen Abweichungen von der in Mittel-Europa üblichen Zusammensetzung.

Unter den *MUCORINEAE* ist auf die Ubiquisten *M. razemosus* und *Rh. nigricans* hinzuweisen; viel seltener sind *M. flavus* und *hiemalis*, ebenso *Z. Mölleri*. Unter den *Penicillien* ist zunächst auf die Gruppe *BIVERTICILLIUM* und zwar *P. luteum* und *purpurogenum* aufmerksam zu machen; daneben trifft man *P. expansum*. *P. sanguineum* und *italicum* bevorzugen südliche Lagen. Das ganze Gebiet beherrschen *Botrytis cinerea* und *Cladosporium herbarum*. Verbreitet ist die Gattung *Alternaria*. *Fusarien* sind stets vorhanden. *Trichoderma Koningi* tritt zurück. Sehr häufig erkannten wir sklerotiale Bildungen, welche keine nähere Bestimmung ermöglichten.

Erdreich in Zier-Gärten weist meistens wenig charakteristische Formen auf; wir erwähnen *Rh. nigricans* und unterschiedliche *Fusarien*. In südlichen Gebieten gesellt sich zum Beispiel in Unter-Italien und Dalmatien noch *P. sanguineum* und *Monilia nigra* hinzu. JENSEN 50) weist in Dänemark auf das Vorherrschen von Fusarien hin. Eine arten- und zahlenmässig sehr reiche Pilz-Flora führt WAKSMAN 123, 124) in New Jersey im Gebiete von U.S.A. an.

Zum Schlusse müssen wir uns noch mit der Frage beschäftigen, wie weit bestimmte Pilz-Gattungen das Zusammen-Leben mit anderen bevorzugen oder vermeiden. Gewöhnlich ist im Boden ein gewisser Grund-Stock von mikroskopischen Pilzen vorhanden, welche friedlich neben-einander vorkommen. Nach den Ansichten des russischen Forschers RICHTER 93) sind stets die *Penicillien* dieser Grund-Stock; dies mag für Russland gelten, in den von uns geprüften Gebieten kann man dies nicht unbedingt sagen. *MUCORINEEN*, *Penicillien*, *Fusarien*, sowie die Gattung *Trichoderma* und *Cladosporium* können gemeinsam erscheinen. *MUCORINEEN* allein, ohne die Vergesellschaftung mit Zellulose abbauenden Formen findet man selten. Andererseits können *Penicillien* und *Trichoderma* ohne diese Pilz-Gruppe vorkommen.

Fusarien und *MUCORINEEN* treten sehr gerne gemeinsam auf. *Z. Mölleri* ist oft so innig mit einem *Fusarium* verbunden, dass es schwer fällt in Rein-Kultur die beiden Formen voneinander zu trennen. Weiter ist uns bei den eigenen Untersuchungen aufgefallen, dass aus der grossen Gruppe der *MUCORINEAE* die Gattung *Mucor* selten mit *Cunninghamella, Mortierella* oder *Absidia* gemeinsam auftritt, viel eher lässt sie sich durch eine dieser Gattungen vertreten. Dort wo *Zygorhynchus* besonders reichlich auftritt fehlen oft andere *MUCORINEAE*. *Mucor Ramannianus* tritt gerne isoliert von seinen nahe stehenden Verwandten auf. Gelegentlich fanden wir ihn gemeinsam mit *M. hiemalis*. Nach unseren Beobachtungen liebt auch *Absidia* die ihr nahe-stehenden Formen nicht. Im deutschen Mittel-Gebirge hat JOHANN 51) die unterschiedlichen *MUCORINEEN* Gesellschaften studiert und zusammengestellt. Er unterscheidet drei grosse Gruppen.

1. Auf Muschel-Kalk wird die *Mucor flavus* Gesellschaft unter Buchen erwähnt. Gemeinsames Vorkommen mit *M. razemosus* und *M. piriformis* ist gegeben. Daneben können *Absidia orchidis* und *glauca*, ferner *M. hiemalis*, *Rh. nigricans* und *Phycomyces nitens* auftreten.

2. *Mucor Ramannianus* zieht den Bunt-Sandstein vor. Meist begleiten ihn Buchen und Fichten. Seine Gesellschafter können *M. razemosus* und *spinosus*, ferner *A. glauca* und *orchidis*, sowie *M. hiemalis* sein. Unsere eigenen Erfahrungen lehrten, dass *M. Ramannianus* auf verwittertem Granit-Sand besonders gerne vorkommt, allerdings erkannten wir ihn gewöhnlich ohne Vergesellschaftung mit anderen *MUCORINEAE*. In Moor-Böden ist er häufig die einzige Art.

3. *Zygorhynchus Mölleri.* Dieser Typ bevorzugt nach JOHANN 51) Moor-Böden, sowie stark versauerte Moor-Böden und Roh-Humus. *M. razemosus, spinosus* und *hiemalis* treten zurück, auch *Absidia* findet man selten. Auch wir erkannten sehr oft das selbstständige Auftreten dieses Pilzes. In nassen Wiesen ist er sehr oft der einzige mikroskopische Pilz, welchen man findet. Bessere Kultur-Böden scheint er zu meiden.

Bei den *Penicillien* gewinnt man den Eindruck, dass die Gruppen *MONOVERTICILLIUM, ASYMMETRICUM* und *SYMMETRICUM* lieber gesondert von einander vorkommen. COLB 21) erwähnt in den nord-amerikanischen Wäldern, dass die Gruppe *MONOVERTICILLIUM* meist die anderen *Penicillien* zurück-drängt; auch die Gattung *Trichoderma* tritt dann zurück. Bezüglich der *Penicillien* machten wir die gleichen Erfahrungen; in unseren Wäldern schliesst aber diese Pilz-Gruppe das Auftreten von *Trichoderma* nicht aus. *Aspergillus* lehnt, wie unsere früheren Zusammenstellungen lehren, gemeinsames Vorkommen mit vielen anderen Arten ab.

Die Frage ist auch noch zu beantworten, ob sich nicht verschiedenen Pilz-Formen gegenseitig den Lebens-Raum abschneiden. In dieser Richtung geben die Arbeiten von BRÖMELHUS 16) einige Anregungen; so können beispielsweise die Ausscheidungen einzelner *Penicillien* andere Pilze schädigen. In Kultur-Versuchen erkannten wir bereits, dass die Gattung *Trichoderma* besonders gut auf anderen Pilzen wachsen kann. Die Arbeiten amerikanischer Forscher auf die wir später eingehen werden, lehren, dass auch im Erdreich diese Pilze sich auf anderen entwickeln und diese durch Ausscheidungen langsam vernichten. *Cladosporium* ist desgleichen zur Entwicklung auf anderen Pilzen befähigt.

Auf die Bedeutung des Mykorrhiza Problemes muss in einem Kapitel, welches sich mit den Zusammenhängen zwischen Boden-Pilzen und Bestands-Pflanzen beschäftigt, wenigstens hingewiesen werden. Manche der bekannten Boden-Pilze, wie *M. Ramannianus*, *M. flavus* und *Z. Mölleri* sind in der Rizosphäre tätig. Interessenten auf diesem Gebiete sei die gute Zusammenstellung von MELIN 67) empfohlen. JAHN 46) berichtet in einer kürzlich erschienenen Zusammenstellung über die im Wald-Gebiet von Mittel-Deutschland tätigen Formen. Auf Bunt-Sandstein arbeiten folgende Formen besonders gut: *M. Ramannianus*, *M. razemosus*, *M. spinosus*, ferner *Z. Mölleri*. Kalk-Gesteine werden allgemein von den *Penicillien* bevorzugt, daneben erkennt man *Fusarien*, sowie *M. flavus* und *piriformis*. In diesem Zusammenhange wollen wir anführen, dass DALE 25) im englischen Erdreich unterschiedliche Pilz-Formen für Kalk- und Sand-Böden anführt.

Wir fanden bei unseren Untersuchungen *M. spinosus*, welcher hier den Sand-Boden vorzieht, sehr oft in Kalk-Gesteinen. Hier lieben *Penicillien-Arten* Kalk-Formationen, andere Arten sind wieder besonders an saure Medien angepasst. In diesem Zusammenhange sei eine wichtige Bemerkung aus der bereits früher zitierten Arbeit von PISTOR 84) angeführt. Dieselbe besagt, dass *Penicillien* keineswegs saure Medien benötigen, sondern nur die Befähigung vorhanden ist solche zu ertragen. MELINS 67) Ansicht, dass die typischen Mykorrhiza Pilze auf den normalen synthetischen Medien nicht gedeihen, ist nach den jetzt erwähnten Erfahrungen von JAHN 46) nicht uneingeschränkt richtig.

Haupt-Zweck der Mykkorhiza ist die Versorgung der höheren Pflanzen mit Stickstoff; gerade zu diesen Leistungen sind die vorerwähnten *MUCORINEAE* besonders befähigt. Die von JAHN 46) isolierten Pilze zeigen je nach dem sic von Bunt-Sandstein-oder Kalk-Böden stammen auch in der Kultur ein unterschiedliches Verhalten. Formen, welche von Bunt-Sandstein stammen, werden in der Kultur durch Kalk deutlich gehemmt.

Schwankungen der Bodenfeuchtigkeit und vor allem Trockenheit ertragen Pilze viel leichter und besser als Bakterien. Über die Temperatur-Bedürfnisse der einzelnen Pilze erfolgten bereits im systematischen Teile Angaben, die bei den durch die Pilze erfolgenden Leistungen noch ergänzt werden. Einzelne besondere Eigentümlichkeiten sollen hier noch aufgezählt werden. Es wird erwähnt, dass *Penicillien* Sporen bei Temperaturen von 7° unter Null noch auskeimen können. Ähnliches soll auch für *Monilia*, *Torula* und *Sporotrichum* gelten. Einschlägige Studien könnten noch manches interessante Ergebnis bringen. Aus dem Kampf ums Dasein im Erdreich sei noch angeführt, dass Amöben Boden-Pilze verzehren. COLLEMANNS 22) Erfahrungen, dass *Aspergillus* Arten besonders trockene Medien verlangen sind nicht zu vergessen. Möglicherweise hängt seine Vorliebe für warme, meist trockene Lagen mit dieser

Eigenschaft zusammen. *Aspergillus niger* kommt mit einer Feuchtigkeits-Menge von 7% aus. *Trichoderma Koningi* benötigt für ihre normale Leistungs-Fähigkeit eine solche von 35%. Bei einer Temperatur von 38° arbeitet *Aspergillus* am besten; bei 30° ist ein deutlicher Abfall zu verzeichnen. Für *Penicillien* bedeutet eine Temperatur von 30° bereits das Maximum, jede Erhöhung der Temperatur schwächt die Leistungs-Fähigkeit. Vergleichs-Studien zwischen mittel-europäischen *Penicillien* und solchen niederer Breiten-Lagen wären lohnend. Die auf das Wald-Gebiet spezialisierten *Penicillien* bevorzugen niedere und mittlere Temperaturen. *Rhizopus nigricans* arbeitet bei 30° sehr gut, erhöhte Leistungs-Fähigkeit ist zwischen 22 und 28° zu beobachten. *Trichoderma* Arten haben ihr Optimum bei 30°; bei 6° wird das Wachstum eingestellt. Sehr unangenehm empfindet *Trichoderma* eine zu geringe Durch-Lüftung. Vielleicht bedingt dieser Umstand ihr starkes Zurück-Treten in schweren Acker-Schlägen. Der Ausbau und das weitere Studium aller dieser Probleme wäre sehr wichtig.

KREISLAUF DER PILZE IN DER NATUR.

Der letzte Abschnitt, welcher sich mit den Zusammenhängen zwischen der Bestands-Flora und den mikroskopischen Boden-Pilzen beschäftigt, führt dazu über, den Kreis-Lauf dieser Organismen in der Natur zu verfolgen. Gerade über diese Wechsel-Wirkungen ist noch sehr wenig bekannt. Dieses Kapitel führt uns selbstverständlich auch in das Gebiet der pathologischen Erscheinungen ein.

Getreide-Keimlinge, sowie junge Getreide-Pflanzen werden sehr gerne von unterschiedlichen Arten der mikroskopischen Boden-Pilze besiedelt. Von jungen Weizen, -Roggen-Hafer- und Gerste-Pflanzen im Gebiete Böhmens isolierten wir häufig Konidien und Myzel-Stückchen erd-bewohnender *Penicillien*. Meist handelt es sich um *P. expansum* und *crustosum*. Seltener gelingt die Isolierung von *P. luteum*. An schon in Ähren stehenden Roggen-Pflanzen der Sand-Flächen desFlämings beobachteten wir häufig *P. luteum*, welches aus den darunter liegenden Sand-Böden häufig isoliert werden kann. In den Acker-Schlägen Böhmens sind vorwiegend *P. expansum* und *crustosum* vertreten. Die staatliche landwirtschaftliche Versuchs-Anstalt in Prag Dejvice stellte uns durch ihren Dr. C. BLATTNY 11) Saat-Gut von Secale cereale zur Verfügung, welches bei seinem feldmässigen Anbau einen geschwächten Aufgang zeigte. Nach den praktischen Beobachtungen genannter Untersuchungs-Anstalt handelt es sich um Schädigungen, welche durch *Penicillien* bedingt sind. Isolierungen und Rein-Kulturen unsererseits lehrten, dass das Körner-Material reichlich *P. expansum*, welches besonders schöne, mit dem Alter sich braun verfärbende Koremien bildete, aufwies. Daneben ist die verwandte Form *P. crustosum*, welches an den eigenartigen Anschwellungen und Buckeln leicht zu erkennen ist, vorhanden. Wir erinneren in dem Zusammenhange, dass auch BRÖMELHUS 16) aus dem Acker-Lande ein *Penicillium* isolierte, welches nach der dort gegebenen Beschreibung und Abbildung zu *P. expansum* zu stellen ist. Ein Kreis-Lauf zwischen Boden, Keim-Pflänzchen, entwickelter Pflanze und Korn scheint somit gegeben zu sein. Die daran beteiligten beiden *Penicillium-Arten* finden sich vorwiegend in Acker-Land, seltener in Oed-Gebieten.

DÜGGELI 30) untersuchte die verschiedensten Früchte und Samen, vorwiegend solche von Gräseren, bezüglich ihrer Bakterien-Flora; daneben wurden auch junge Pflänzchen berücksichtigt. Eine reiche epiphytische Bakterien-Flora konnte erkannt werden. Leider sind die Pilze gar nicht berücksichtigt worden. In den Vereinigten Staaten von Nord-Amerika untersucht JOHANN 52) Mais-Pflanzen im Feld-Bestande und weist auf ihren reichen Gehalt an *P. oxalicum* hin. PORTTER 87) berichtet allgemein über den auffallenden

Reichtum der Mais-Pflanze an verschiedenen Pilzen. In dem gleichen Lande werden von SIMONDS 103) die unteren Partien der Weizen-Pflanzen bezüglich ihres Reichtums an Pilzen gemustert. *Penicillien* werden nicht erwähnt; reichlich sind folgende Formen vertreten: *Helminthosporium sativum*, *Fusarien*, *Alternaria*, *Rhizoctonia*. Dabei ist hervorzuheben, dass die *Fusarien* vorwiegend die Wurzeln besiedeln, wogegen *Helminthosporium* den Stengel bevorzugt. BENNETT 7) hebt in demselben Gebiet die reichliche Anwesenheit von *Dematium pullulans* auf Weizen-Blättern hervor, die Ausbildung der höheren Frucht-Form ist an diese Pflanze gebunden.

Trichoderma Koningi ist entsprechend ihrem geringen Vorkommen in Acker-Feldern auch selten auf Getreide-Pflanzen zu finden.

Auf die Anwesenheit von *Cladosporium* und *Alternaria* auf Getreide-Keimlingen und in Ähren stehenden Pflanzen macht BOCKMANN 14) aufmerksam. Deutliche schwarz-grüne Überzüge sind auf den Pflanzen zu sehen. Diese Erfahrungen gelten für Nord-Deutschland. Im Juli 1936 fiel uns der starke Befall von Roggen-Ähren in der Mark Brandenburg mit *Cladosporium* auf. Allgemein spricht man bei dieser Erscheinung von der Schwärze des Getreides. In Böhmen sahen wir diesen Pilz seltener auf Pflanzen.

Gelegentlich beobachteten wir an jüngeren Getreide-Pflanzen Sklerotien, ohne dass ihre Zugehörigkeit ermittelt werden konnte. An Getreide-Pflanzen und zwar vorwiegend an den Wurzeln und gelegentlich auch an den Körnern siedelt sich *F. oxysporum* an. Den Früchten von Triticum sativum haften die unterschiedlichsten *Rhizopus-Arten* an; im Erdreich wurden dieselben oft erkannt. Ähnliche Angaben liefert BECKER 4) für *Oospora variabilis*, welche wir im Boden fast nie erkannten.

Andere Kultur-Pflanzen des Acker-Bestandes sind meist im Zusammenhange mit pathologischen Fragen geprüft worden; darüber gibt das nächste Kapitel Auskunft. Auf den Blättern von Beta vulgaris interessierte es uns festzustellen, dass der im Erdreich sehr verbreitete *Rh. nigricans* nicht fehlt. Derselbe ist auch an den Rüben zu finden und wandert mit diesen in die Lager-Bestände. Kartoffel-Knollen sind stets von unterschiedlichen *Penicillien* begleitet, die sich aber meist während der Lagerung nicht bemerkbar machen.

Die unterschiedlichen fleischigen Früchte sind sehr reich an den manigfachsten Pilzen. Ein Kreis-Lauf zwischen Frucht bewohnenden und dem Boden eigenen Arten liegt nahe. In diesem Zusammenhange berichten wir nur über äusserlich gesunde Früchte; alle krankhaften Erscheinungen, besonders die Fäulnis gehört in den nächsten Abschnitt. Bei früheren Arbeiten von uns, welche sich mit der Sterilisation von Samen und Früchten beschäftigten, interessierte uns schon die Frage, wie weit die in der Frucht enthaltenen Samen steril sind und somit ihre keimfreie Gewinnung möglich ist. Unsere jetzt durchgeführten Untersuchungen sollen zunächst über die an den Schalen haftenden Mikro-Organismen Auskunft geben und dann das Innere der Früchte berücksichtigen.

Pirus malus. In erster Linie studierten wir Proben heimischer Ernte; daneben einzelne californische und australische Früchte. Von den Schalen kann man begreiflicherweise die unterschiedlichsten Mikro-Organismen isolieren, die sich meist während der Lagerung und des Handels dort angesiedelt haben. Sollte das Innere der Frucht berücksichigt werden, so musste die Schale abgeflammt werden; die Zerteilung und Isolierung erfolgte mit sterilen Geräten. Die aseptisch gewonnenen Frucht-Stückchen wurden in Petri-Schalen, welche mit entsprechenden Nähr-Böden versehen waren, ausgelegt. *Penicillien* gelangen reichlich zur Entwicklung und zwar *P. expansum*, *P. luteum* und gelegentlich *P. notatum*. *Botrytis cinerea* erscheint in der Konidien-Form und mit den typischen schwarzen Sklerotien. Australische und californische Früchte sind durch den Besitz von unterschiedlichen *Aspergillus* Arten gekennzeichnet. Im Kern-Gehäuse sind vorwiegend, auch bei äusserlich ganz intakten Früchten, reichlich *Mucorineen* vorhanden. Gewöhnlich ist deutliche Myzel-Bildung sichtbar. Wir erwähnen *M. razemosus*, *M. piriformis* und *spinosus*, ferner *Rh. nigricans*. Nicht vergessen darf man das weit verbreitete *Dematium pullulans*, welches aber hier nie Sklerotien oder Perithetien bildet. Weiter ist die grosse Zahl echter *Hefen* und daneben das Auftreten weisser und rosa Arten der Gruppe *Torulopsis* zu erwähnen. Im Frucht-Fleische sind auch Konidien von *F. solani* und *lateritium*, vorhanden. In dieser Aufzählung findet man manche Form, die auch der Boden unter Apfel-Bäumen enthält.

Eingehende Berichte über die Mikro-Flora amerikanischer Äpfel danken wir HUBER 44). Besondere Rücksicht auf eine sterile Entnahme wird hier nicht genommen. Der Reichtum an Vertretern der Gattung *Aspergillus* wird hervorgehoben. *A. ochraceus*, *niger*, *nidulans*, *fumigatus* und *glaucus* sind beschrieben. Diese Befunde HUBERS 44) ergänzen die Erfahrungen WAKSMANS 124, 125), dass im Erdreich unter Obst-Beständen in New Jersey und California die verschiedensten *Aspergillusarten* gefunden werden. Weitere Angaben amerikanischer Forscher weisen auf die Verbreitung von *Cladosporium herbarum* auf diesen Früchten hin. Die Anwesenheit von *M. piriformis*, *Rh. nigricans*, *Phoma sp.*, *Coniothyrium*, *Gleosporium*, *Pestalotia* sp., *Cephalosporium*, *Alternaria* wird erwähnt. Von in Europa nicht bekannten Formen führen wir *Sporomia*, *Pyrenochaeta*, *Chaetomella*, an.

Die Früchte von Pirus domestica weisen im allgemeinen die gleichen Mikro-Organismen auf. Besonders sei auf ein sehr seltenes *Penicillium* und zwar *P. alboroseum* hingewiesen.

Stein-Obst und seine epiphytische Flora behandelt der čechische Forscher BLAHA 9) in einer Abhandlung. Er erwähnt: *Saccharomyces apiculatus*, *ellipsoideus*, *pasteurianus*, *Mycoderma vini*, rote *Torulaarten:* ferner *Penicillien*, *Dematium*, *Cladosporium* und *Rhizopus*. Man erkennt darunter viele für das Erdreich typische Formen. Wir vermissen in der Aufzählung *Botrytis cinerea* und ihre Sklerotien, welche wir selbst oft an Stein-Obst und hier vor allem an den Kirschen beobachteten.

Um die Untersuchungen zu erweitern zogen wir neben den fleischigen Früchten auch noch Nüsse und Hasel-Nüsse in das Untersuchungs-Bereich. Im Inneren der Früchte ist vor allem *Rh. nigricans* und daneben einzelne *Penicillien* hervorzuheben.

Auf den Schalen von Citrus aurantiacum kann man die Entwicklung der verschiedensten Pilze verfolgen, ohne dass dadurch der Frucht ein Schaden zugefügt wird. Von den Schalen spanischer und italienischer Exemplare isolierten wir *Aspergillus niger* und *Macrosporium commune*, ferner *Alternaria*. Die steril entnommenen Frucht-Spalten enthalten stets Keime von *P. italicum*, meist auch *P. luteum*. In einzelnen Fällen entwickelte sich unter besonderer Farbstoff-Ausscheidung *P. purpurogenum*. Einmal erkannten wir auch *P. elegans* das ebenso wie *P. italicum* unter Orangen-Bäumen zu finden ist.

Die genannten *Penicillien* entwickeln sich in Rein-Kultur sowohl auf den Früchten, als auf den Schalen sehr gut. Perithetien und Koremien werden im Gegensatze zu den Boden bewohnenden Formen nie gebildet. Auf gereinigten Lösungen von Dextrose, Laevulose und Saccharose gedeihen die genannten Pilze sehr schlecht. *MUCORINEEN*, welche in der Heimat der Orangen-Bäume fast nie zu finden sind, fehlen auch den Früchten. Gelegentlich können auch *Fusarien* aus Früchten isoliert werden; wir erwähnen *F. lateritium* und *oxysporum*. Amerikanische Berichte, welche vorwiegend heimisches Material behandeln, erwähnen *Aspergillus niger*, *Altnernaria* und *Fusarien*.

Auf den Früchten von Citrus Limonum herrschen allgemein die *Penicillien* gegenüber anderen Pilzen vor. Besonders ist hier die Gruppe *MONOVERTICILLIUM* vertreten. Möglicherweise ist ein Zusammenhang mit der Befähigung vieler Vertreter dieser Gruppe zur Bildung von Zitronen-Säure und ihrem Auftreten auf diesen Früchten zu suchen. Alle von diesen Früchten gewonnenen Mikro-Organismen gedeihen auf den unterschiedlichen Zucker-Lösungen sehr schlecht.

Die Früchte von Vitis vinifera sind bekannt durch ihren Reichtum an *SACCHAROMYCETACEEN* und Angehörigen der Gruppe *Torulopsis*. Besonders verbreitet ist die Gattung *Kloekeraspora*; auf deren Anwesenheit im Erdreich machten wir bereits früher aufmerksam. *Botrytis cinerea* ist sowohl auf den Beeren, als im Erdreich zu finden. *Penicillium elegans*, welches wir im Erdreich unter-italienischer Wein-Berge feststellten, fiel uns gelegentlich auf den Früchten auf. *Dematium pullulans* ist ein steter Begleiter der Wein-Trauben. Vereinzelt findet man auch Kreuz-Hefen, wie sie von HAUTMANN 39) aus dem Nektar verschiedener Blüten beschrieben wurden.

Ribes rubrum zeigt besondere Vorliebe für Formen welche zu starker Sklerotien-Bildung neigen. Diese Sklerotien gehörten meist zu *Monilia*- und *Botrytisarten*. Im Erdreich unter den Sträuchern sind diese Formen stets nachzuweisen. Ähnliche Erfahrungen sammelten wir an den Früchten von Rosa canina. Von den Früchten der Fragaria vesca isolierten wir *P. purpurogenum*, ferner *Rh. nigricans* und *Aspergillus niger*. Ähnliche Formen erkannten wir auch im Erdreich.

Die kurze Zusammenstellung zeigt, dass die unterschiedlichsten Früchte bestimmte Pilz-Formen aufweisen. Von den vielen im Erdreich erkannten Arten fühlen sich nur einzelne auf den Früchten wohl. Bei diesen besteht tatsächlich ein Wechsel-Spiel zwischen Erdreich und Frucht. Überimpft man die von Früchten gewonnenen Pilz-Stämme, auf sterilisierte Früchte so entwickeln sich dieselben ausgezeichnet. Der Pilz-Gehalt gesunder Früchte ist sicher nicht bedeutungslos, besonders muss hervorgehoben werden, dass das Innere der Früchte keineswegs frei von Mikroben ist. Leider hat man noch nie studiert welchen Einflus diese Mikro-Organismen nach dem Genusse der Früchte auf den menschlichen Organismus auslösen. Mancher günstige Umstand, welcher dem Genusse roher Früchte zugeschrieben wird, mag mit der Anwesenheit dieser Mikroben zusammenhängen. NESTLER 71) macht bereits zur Zeit der Jahrhundert-Wende auf das Vorkommen von Hyphen in Wachholder-Beeren aufmerksam. Eine entsprechende Erklärung für ihr Vorhandensein kann nicht gegeben werden.

Die vielfach vorhandene Ansicht, dass die Samen im Inneren der unterschiedlichen Früchte steril sind, muss nach unseren Erfahrungen fallen gelassen werden. Besonders reich an Pilzen sind die Partien des Kern-Gehäuses bei Äpfeln und Birnen; an Nüssen fiel die reichliche Verpilzung der inneren Partien der holzigen Schale auf.

Ein besonders reiches Betätigungs-Feld zum Studium der unterschiedlichen Pilz-Formen liefern die Pflanzen des Gemüse-Gartens. In dem mit animalischem Dünger reichlich versehenen Erdreich sind, wie unsere früheren Berichte lehren, verschiedene *MUCORINEAE* vorhanden. Sporen oder auch Myzel-Anteile dieser Formen sind ein steter Begleiter der Pflanzen. *P. luteum*, als *bicolor* Form, gelegentlich auch P. *expansum* können von den Blättern isoliert werden. Besonders reichlich werden diese Pilze von den unterschiedlichen Kohl-Gewächsen gewonnen. Fast alle im Erdreich von Gemüse-Gärten vorkommenden Pilz-Arten sind an den Wurzeln von Daucus carota zu erkennen; daneben ist noch auf Petroselinum sativum hinzuweisen. Besonders hervor-zuheben ist die reichliche Sklerotien-Bildung der *Sklerotinia* Arten. Viele der dunkeln Flecken und Überzüge auf Kohl- und Kraut-Blättern sind durch Vertreter der Gattungen *Macrosporium*, *Alternaria* und *Cladosporium* bedingt. Diese Formen sind auch für das Erdreich typisch. Recht verbreitet ist auch *Rhizopus nigricans* auf den unterschiedlichsten Blättern. *Botrytis cinerea* siedelt sich sehr gerne auf Salat-Blättern an. Ein sehr dankbares Studium-Objekt sind die Früchte von Solanum lycopersicum; man erkennt *F. bulbigenum* var. *lycopersicum*, *Cladosporium herbarum*, ferner *Macrosporium*, unterschiedliche rosa Vertreter der Gruppe *Torulopsis*. *MUCORINEAE* fehlen. *Verticillium* Arten, welche in den Vereinigten Staaten von Nord-Amerika ständige Begleiter dieser Pflanzen sind, erscheinen hier nicht. Von Gurken-Früchten isolierten wir *Cladosporium herbarum*, ferner viele rosa Vertreter der Gruppe *Torulopsis*. Angehörige der Gattung *Macrosporium* sind nicht selten. Auf die Bedeutung der *Fusarien* in diesen Pflanzen-Beständen muss im nächsten Kapitel noch gesondert hingewiesen werden. Kohl-Gewächse, welche nach den aus den Vereinigten Staaten von Nord-Amerika vorliegenden Berichten stark von *Fusarien* besucht werden, sind in unseren Gegenden arm an Vertretern dieser Familie. Von Kraut-Pflanzen gelang uns gelegentlich die Isolierung von *F. bulbigenum*.

Trichoderma Koningi, welche im Erdreich zurück-tritt, fehlt im Pflanzen-Bestand vollkommen. Im Gebiet von Mittel-Europa erkennt man in den gleichen Pflanzen-Beständen immer wieder ähnliche Pilz-Formen.

Der starke Besatz unterschiedlicher Gemüse-Pflanzen vollkommen gesunden Habitus mit verschiedenen Pilzen muss im Zusammenhange mit der menschlichen Ernährung interessieren. Die unterschiedlichen roh genossenen Gemüse führen dem menschlichen Verdauungs-Trakte stets eine ganze Anzahl von Pilzen zu.

Mit der Mikro-Flora der Blüten beschäftigten wir uns bereits früher im Zusammenhange mit unseren Nektar- und Honig-Forschungen. HAUTMANN 39), ZINKERNAGEL 145) und wir 77) machten auf die typischen Nectar-Hefen, welche meist durch eigene kreuzförmige Gestalt ausgezeichnet sind, aufmerksam. In unserer seinerzeitigen Arbeit wiesen wir bereits darauf hin, dass ausser diesen Kreuz-Hefen im Nectar der Blüten unterschiedlicher Honig-Pflanzen noch farblose, sowie gefärbte Vertreter der Gruppe *Torulopsis,* ferner *Dematium pullulans* und einzelne *Penicillien* vorhanden sind. Die damaligen Untersuchungen legten uns schon den Gedanken nahe die Mikro-Flora der Blüten eingehender zu studieren. Durch die alljährlich abfallenden Blüten-Blätter kann mancher pilzliche Keim in das Erdreich gelangen; ebenso ist zu rechnen, dass aus der Blüte manche Spore oder Konidie in die Frucht übergeht, wo sie sich entwickeln kann, wenn günstige Bedingungen eintreten. Untersucht wurde von uns der Blüten-Boden, ferner die Nektarien und der Nektar, sowie die Innen-Seiten der Blüten-Blätter und vereinzelt der Kelch. Die Blüten wurden in sterilen Gläschen in das Laboratorium gebracht und hier mit sterilen Geräten verarbeitet.

In erster Linie zogen wir die Blüten unserer Obst-Bäume, wie Äpfel, Birnen, Pflaumen, Kirschen und Aprikosen in das Untersuchungs-Bereich ein. Von *MUCORINEAE* beobachteten wir in Kirschen-Blüten Sporen des *Rh. nigricans; M. piriformis* bevorzugt Birnen- und Apfel-Blüten. Die Konidien des *P. expansum* sind in allen den jetzt erwähnten Blüten recht verbreitet. Sporen oder Konidien von *Sporotrichum, Macrosporium Alternaria, Monilia* und *Botrytis* sind in den meisten Blüten zu finden. In der Rein-Kultur entwickeln sich aus den isolierten Keimen besonders häufig Sklerotien. Vereinzelt treten im Nectar von Apfel-Blüten Konidien des *Aspergillus niger* auf. Auf die Anwesenheit verschiedener *SACCHAROMYCETACEEN,* sowie die Vertreter der Gattung *Torulopsis* wiesen wir bereits früher hin. Ein Zusammenhang mit der Micro-Flora der Früchte tritt deutlich hervor. Gewisse Übereinstimmungen mit dem Erdreich müssen auch auffallen. *Fusarien* fehlen soweit unsere Studien reichen, den Blüten der Obstbäume voll-ständig. Ähnliche Erfahrungen sammelten wir in den Blüten unterschiedlicher Sträucher.

Heidel- und Preiselbeer-Blüten untersuchten wir im Gebiet des Böhmerwaldes. Erwähnenswert erscheint uns die Isolierung der Sporen von *M. Ramannianus* welche jedenfalls in die Blüten verweht oder verschleppt worden waren. *P. purpurogenum* mit besonders intensiven Farbstoff-Ausscheidungen wurde erkannt. Sonst sind die üblichen *SACCHARO-*

MYCETACEEN zu erwähnen. Weiter lockten einzelne Blüten welche für den Wiesen-Bestand typisch sind, zu einer Untersuchung. Der Blüten-Boden von Ajuga repens, welchem die Nectarien wulstartig in einem Ringe aufgesetzt sind, enthält Konidien von *F. orthoceras*, welches auch im Erdreich vorhanden ist. Von anderen Pilz-Formen ist *Rh. nigricans*, *Botrytis cinerea*, *Torulopsis* gefärbt und ungefärbt zu erwähnen. Die Blüten der verschieden gefärbten Lamium Arten enthalten *Dematium pullulans*, *Botrytis cinerea* und verschiedene *Hefen*. Ganz ähnliche Arten sind aus den Blüten von Cardamine pratensis zu gewinnen. Ranunculus Arten weisen ausserdem noch Konidien von *P. purpurogenum* mit deutlichen roten Farbstoff-Ausscheidungen auf. Weiden-Blüten, welche wegen ihres Blüten-Staubes gerne von Bienen beflogen werden, weisen einen grossen Reichtum an *Kloekeraspora apiculata* auf, daneben sind einzelne *Monilia-Arten* zu erwähnen. In den Blüten von Aesculus hippocastanum ist *Dematium pullulans* und *P. expansum* in der Konidien-Form zu beobachten.

Material der verschiedensten Herkunft wurde geprüft; immer wieder zeigen sich Beziehungen zu den Früchten und dem Erdreich, so dass auch hier von einem Wechsel-Spiel bzw. einem Kreis-Lauf gesprochen werden kann.

Bereits früher führten wir an, dass die Samen keineswegs frei von pilzlichen Keimen in der Frucht liegen. Normale Handels-Ware darf zu einschlägigen Untersuchungen nicht herangezogen werden, da sie all zu reichlich zufällig beigemengte Keime enthalten kann. Unsere hier mitgeteilten Erfahrungen beziehen sich auf selbst gesammelte Proben. Die Samen unserer unterschiedlichen Kultur-Gewächse führen reichlich Vertreter der *SACCHAROMYCETACEEN* und der Gruppe *Torulopsis*, ferner ist auffallend oft *Dematium pullulans* vorhanden. Zahlreiche Mucorineen, wie vor allem *M. razemosus*, *hiemalis* und *flavus* fehlen nicht. *P. expansum* und *crustosum* bevorzugen die heimischen Getreide-Körner; daneben ist gelegentlich *P. luteum* zuerkennen. Stete Begleiter der Samen unserer wichtigsten Kultur-Pflanzen sind: *Fusarium oxysporum*, *solani* und *orthoceras*, *Cladosporium herbarum*, *Alternaria tenuis*. Das Saat-Gut unserer unterschiedlichen Gemüsse-Pflanzen enthält stets *Macrosporium commune*. Meist nimmt man an, dass die dem Korn anhaftenden Keime für die Keimung und die spätere Entwicklung der Pflanze unvorteilhaft sind. Es wird als ein Vorteil der unterschiedlichen Beiz-Mittel angegeben, dass sie meistens diese Keime vernichten. Weitere Studien müssen noch lehren, ob diese Absicht auch tatsächlich immer zutrifft. Gelegentliche Studien über die gemeinsame Aufzucht von sterilisierten Körnern, welche künstlich mit bestimmten Mikroben versehen wurden, lassen in manchen Fällen auch eine günstige Beeinflussung durch den Pilz erkennen. Bei den unterschiedlichen Abbau-Vorgängen im Korne, welche zu Beginn der Keimung einsetzen, mag den enzymatischen Kräften der Pilze manche Bedeutung zukommen. Hier hätten nun weitere Studien einzusetzen welche erst die nötige Klarheit bringen können.

Eine Betrachtung des vorangehenden Abschnittes lehrt, dass zahlreiche der im Erdreiche bekannten Pilz-Formen auf den unterschiedlichsten Teilen der Pflanzen zu finden sind. Diese Beobachtungen machen es wahrscheinlich, dass die Boden-Pilze nicht nur durch ihre Tätigkeit im Erdreich die höheren Pflanzen beeinflussen, sondern dass sie auch durch ihre direkte Anwesenheit auf denselben in das Lebens-Getriebe eingreifen. Diese Erfahrungen lassen die Bedeutung der Boden-Pilze in einem neuen Lichte erkennen. Alle Boden-Pilze sind nicht an diesem Kreis-Laufe beteiligt; bestimmte Gruppe bleiben während ihres Ganzen Lebens im Erdreich.

Ein kleines Beispiel soll noch lehren, dass die mikroskopischen Boden-Pilze auch auf anderen Pilzen, vorwiegend **Basidiomyceten** schmarotzen können. Im September 1936 fielen uns im Böhmerwald, unweit Eisensteins im Walde zahlreiche Hut-Pilze auf, welche von mikroskopischen Pilzen dicht überwachsen waren. Ein näheres Studium zeigte, dass es sich um bekannte Boden-Pilze handelt. Besonders reichlich entwicklen sich *Cladosporium herbarum,* welches dem Hute eine dunkle Färbung verleiht und *Penicillium corymbiferum,* das durch intensive rote Farbstoff Ausscheidungen kenntlich ist. In geringerer Menge, von den beiden anderen Pilzen deutlich zurückgedrängt, ist hier *Trichoderma Koningi* vorhanden. Alle die jetzt erwähnten Pilz-Formen treten im Erdreich des Böhmerwaldes auf.

Die Bedeutung der unterschiedlichen Mikroben auf den höheren Pflanzen wird in weiteren Studien noch eingehend zu würdigen sein. Soweit sie in das Gebiet des Pathologen fällt sind wir über viele Vorgänge bereits gut orientiert; bei dem normalen Getriebe im Pflanzen-Körper hat man sie noch wenig gewürdigt.

PATHOLOGIE.

Die Möglichkeit einer Infektion aus dem Erdreich ist in einzelnen Fällen, besonders bei Kultur-Pflanzen gut bekannt. Vielfach handelt es sich dabei um Arten, welche den typischen mikroskopischen Boden-Pilzen fern stehen.

Die bekanntesten Formen haben wir gleich zu Beginn des systematischen Teiles abgehandelt. Die unterschiedlichen Erreger des Wurzel-Brandes der Rübe sind im Erdreich verbreitet und eine stete Gefahren-Quelle für den Rüben-Anbau. Ähnliches gilt für *Synchytrium endobioticum* und *Phytophtora infestans.* Auf Phoma und Pythium ist in dem vorhin erwähnten Abschnitt hingewiesen. Hier ist gewöhnlich nur ein bestimmter Entwicklungs-Gang an das Erdreich gebunden. Unter den *Fusarien* sind wie wie nachher noch ausführlicher hören werden, parasitäre und typische Boden bewohnende Arten vorhanden. Anschliessend reihen wir *Ophiobolus* und *Verticillium* ein. Alle diese Pilz-Formen sind ausreichend studiert und sie sollen in diesem Zusammenhange nur erwähnt sein.

Hier sind die Fälle zu behandeln, in welchen typische Boden-Pilze direkt im Erdreich oder bei ihrem Kreis-Lauf schädigende Wirkungen an den Bestands-Pflanzen auslösen. Die Gattung *Fusarium* zeigt bereits an, dass eine scharfe Scheidung zwischen typischen Boden bewohnenden Formen und Pflanzen-Parasiten nicht immer zu machen ist. Manchmal ist es auch möglich, dass an sich harmlose Boden-Pilze bei einer Umwandlung eines Gebietes in bestimmtes Kultur-Land parasitären Charakter annehmen. Geschwächte Pflanzen erleichtern den Boden-Pilzen sehr oft den Angriff. Bei den ***FUNGI IMPERFECTI*** ist durch die Auffindung der höheren Frucht-Form noch manches interessante Ergebnis zu erwarten. Unbekannte Zusammenhänge mit manchen Pflanzen, welche heute übersehen werden, können möglich sein. Gelegentlich wird durch die Tätigkeit der Boden-Pilze den Parasiten der Weg zu den Pflanzen erleichtert.

Wir beginnen mit den *Fusarien,* deren Zwischen-Stellung erwähnt wurde. *Fusarium gramineum, herbarum, culmorum* und *avenaceum* sind bekannte pflanzen-parasitäre Formen in Mittel-Europa. In dem Erdreich der betreffenden Kultur-Pflanzen konnten wir sie sehr häufig isolieren; in diesen Fällen haben wir keine typischen Boden-Bewohner vor uns, da die betreffenden Arten nur vorübergehend im Erdreich sind, um möglichst rasch den Augenblick einer neuen Infektion abzupassen. Diesen Formen stellen wir die typischen Boden-Pilze gegenüber, welche meist durch eine reichliche Chlamydo-Sporen Bildung ausgezeichnet sind. Als Vertreter dieser Gruppe führen wir in Übereinstimmung mit WOLLENWEBER 135) *F. dimerum* an. Im tropischen Amerika macht REINKING 92) eine Scheidung zwischen diesen beiden Gruppen. Echte Boden-Pilze dieses Gebietes sind: *F. moniliforme*, *F. bulbigenum*, *F. oxysporum*, *F. solani Martii*, *F. solani Eumartii* und *F. javanicum*. Gelegentlich können auch die normalen Boden bewohnenden Arten Schadwirkungen entfalten. In England wird auf *F. scirpi* hingewiesen. Manche *Fusarien* weisen ganz feste Anpassungs-Erscheinungen an bestimmte Pflanzen auf. In Amerika wird auf *F. conglutinans* aufmerksam gemacht, welches nur auf Kohl-Gewächsen schmarotzt; im Erdreich unter diesen Pflanzen ist es zu finden. Ein Beispiel aus unseren Gemüse-Gartnereien stellt *F. bulbigenum lycopersici* dar, welches an Tomaten gebunden ist; selbstverständlich wird diese Form auch sekundär in den Boden verschleppt. Unter anderen Pflanzen-Beständen ist eine Isolierung selten.

Eine gewisse Zwischenstellung nehmen auch die *Brand-Pilze* ein, welche mit ihren Chlamydo-Sporen im Erdreich der unterschiedlichsten Pflanzen zu finden sind. Durch das Korn gelangen diese Parasiten in die heranwachsenden Pflanzen und bilden dort wie ZADE 138) und seine Schüler zeigten ein Myzel aus.

Die Gattung *Verticillium* tritt in unbebautem Land oft als harmloser Boden bewohnender Pilz auf; im Kultur-Land, besonders in Gemüse-Gärten haben wir oft Gelegenheit Schädigungen zu verfolgen. Auf Zusammenhänge zwischen der Boden-Mikroflora und der Milch-Wirtschaft machten wir bereits früher einmal aufmerksam. Durch die Futter-Gräser erfolgt eine manigfache Verbreitung der Boden-Pilze, welche man in der Milch und den aus ihr gewonnen Produkten wieder finden kann. Über Käse-Fehler, welche durch *Fusarien* ausgelöst sind, liegen Angaben vor. In dem Zusammenhange geben wir nochmals an, dass Weide-Plätze allgemein recht reich an der erwähnten Pilz-Gruppe sind.

Ein geschlossenes Bild kann hier noch nicht entwickelt werden und wir wollen uns in den folgenden Zeilen bemühen besonders wichtige Beobachtungen anzuführen.

Auf die Bedeutung der *Fusarien* im Getreide-Bestand wiesen wir bereits hin. Aus Nord-Amerika liegen neue Berichte vor, dass ein bei uns typischer Boden-Pilz, wie *F. dimerum* Schädigungen auslösen kann.

Auf Wachstums-Störungen an Roggen-Pflanzen, welche durch Boden bewohnende *Penicillien* ausgelöst werden macht BLATTNY 11) in Böhmen aufmerksam. Unsere Bestimmungen lehrten, dass *P. expansum* und *crustosum* vorliegen. Wahrscheinlich handelte es sich um geschwächte Pflanzen, bei denen die Pilze einen leichten Angriff hatten. Über die schädigenden Wirkungen eines *Penicilliums* auf junge Getreide-Pflänzchen in Topf-Versuchen macht auch BRÖMELHUS 16) aufmerksam. Die Schädigungen der Wurzeln beruhen auf Ausscheidungs-Produkten der Pilze. Mikroskopische Schnitte lehren, dass diese Schädigungen bis in den Zentral-Zylinder hineinreichen, wo sie eine deutliche Bräunung der Zellen auslösen. Eine Bestimmung der Form wird nicht vorgenommen; nach der Beschreibung und Abbildung dürfte es sich um *P. expansum* handeln.

Weiter ist zu bedenken, dass die Getreide-Körner aus dem Feld-Bestande eine Anzahl der verschiedensten Pilze mitnehmen. Bei schlechter oder ungenügender Lagerung können sich diese Pilze entwickeln und das bekannte dumpfig werden des Getreides bedingen. Man erkennt vorwiegend *MUCORINEEN*, *Penicillien* und *Fusarien*, durchwegs Formen, welche auch im Boden bekannt sind. *Trichoderma*, welche Acker-Bestände meist meidet, fehlt hier vollständig. *MUCORINEEN* bedingen soweit unsere Erfahrungen reichen im Feld-Bestande nie eine Schädigung der Getreide-Pflanzen; in den Speichern und Lagern können sie eine unangenehme Plage darstellen.

Vertreter der Gattung *Alternaria* können lebende Gewebe der Getreide-Pflanzen angreifen und sich hier beträchtlich ausdehnen. Im Gegensatze dazu befällt *Cladosporium* nur totes oder geschwächtes Material; sehr häufig besiedelt es die äusseren Partien der Spelzen. Diese beide Pilz-Gattungen, welche im Erdreich sehr verbreitet sind, bedingen an den Pflanzen jene Erscheinung die der Pflanzen-Pathologe als Schwärze bezeichnet. Unter den *Cephalosporium* Arten löst *C. gramineum* eine Streifen-Krankheit des Weizens aus.

Viele an Getreide-Pflanzen bekannte Parasiten, wie *Helminthosporium*, *Verticillium* und *Colletotrichum* erkannten wir nie im Erdreich unter diesen Pflanzen.

Sklerotiale Bildungen, welche dem Erdreich nicht fremd sind, treten häufig auf den unterschiedlichsten Futter-Pflanzen auf. Eine Bestimmung der Formen ist schwierig. Englische Pathologen klagen besonders über unangenehme Erstickungs-Erscheinungen an den Pflanzen, die auf diese Weise bedingt werden, Eine Bestimmung gelang nicht. Nach ZIMMERMANN 144) dürften diese Formen zu *Eusclerotinia* zu stellen zu sein. Er weist auch darauf hin dass Bestimmung, wegen des Mangels charakteristischer Eigenschaften oft schwierig ist. Rüben- und Kartoffel-Pflanzen können wie unsere Zusammenstellung lehrte, durch unterschiedliche vorübergehend im Boden lebende Keime infiziert und geschädigt werden. Weniger bekannt sind durch eine *Alternaria* Art hervorgerufene Blattflecken Erkrankungen an Rüben (A. WENZEL) 131). Im Lagen-Bestand ist *Rh. nigricans* recht lästig; sein Auftreten hier hängt jedenfalls mit seiner grossen Verbreitung im Erdreich von Rüben-Feldern zusammen. Amerikanische Forscher berichten von einer Rüben-Fäule, welche durch *P. suaveolens* ausgelöst wird. Von lagernden Rüben konnten wir selbst nachstehende Arten isolieren: *M. circinelloides*, *M. Jansseni*, *M. hiemalis*, *M. razemosus*, teils handelt es sich um Myzel-Stückchen, teils um Sporen. Die im Erdreich verbreiteten Gattungen *Alternaria*, *Macrosporium* und *Botrytis* lösen hässliche Flecken-Bildungen an dem Laub von Kartoffel-Stauden aus.

Erdreich unter Flachs-Pflanzen ist in Europa fast gar nicht berücksichtigt worden. Flachsmüde Böden in U.S.A. sind durch einen auffallenden Reichtum an Boden-Pilzen ausgezeichnet. *Fusarien*, *MUCORINEEN* und *Penicillien* wiegen vor; daneben ist auf die Gattungen *Aspergillus*, *Alternaria*, *Hormodendron*, *Cephalosporium* und *Sporotrichum* hinzuweisen.

Mais-Pflanzen werden durch die Ausscheidungs-Produkte einzelner *Penicillien* geschädigt. In Nord-Dakota erwähnt JOHANN 52) im besonders *P. oxalicum*. Nicht näher determinierte Vertreter der Gattung *Rhizopus* und *Mucor* lösen nach EDDINS 31) eine Scutellum Fäule der Früchte aus. Ganz ähnliche Angaben besitzen wir von Mais-Beständen in Süd-Rhodesia. Im Gebiete von ARKANSAS 2) erwähnt der amtliche Pflanzenschutz-Dienst Schädigungen der Reis-Pflanzen durch *Penicillien.*

Einzelne von uns im Erdreich des Gemüse-Garten erkannte Pilz-Formen können Schädigungen der Bestands-Pflanzen auslösen. Die *Botrytis* Arten bedingen unterschiedliche Blattflecken-Krankheiten und Fäulen; im besondern weisen wir auf Salat-Pflanzen hin. *Cladosporium* besiedelt mit einzelnen seiner Vertreter die Früchte von Gurken und Tomaten. Unliebsame Flecken und später Fäulen sind die folgen des Pilz-Wachstums. Ähnliche Erscheinungen auf Blättern und Früchten bedingt die Entwicklung der *Alternaria* Konidien; hier werden Kohl-Pflanzen bevorzugt. Dunkel marmorierte Flecken an den Blättern kohlartiger Gewächse, sowie Sellerie und Tomaten sind gewöhnlich von *Macrosporium commune* erzeugt. Gelegentlich erkennt man diese Form auch auf den Blättern und Früchten der Gurke.

Fusarien und zwar besonders Rassen von *F. oxysporum, F. bulbigenum,* sowie *F. orthoceras* sind auf den Blättern und Früchten unterschiedlicher Gemüse-Pflanzen sehr verbreitet. Ihre Anwesenheit löst meist eine Fäule aus. Kohl-Gewächse leiden bei uns noch wenig unter den im Boden verbreiteten *Fusarien*; anders ist die Sache in Nord-Amerika, wo durch das im Boden verbreitete, *F. conglutinans* die Pflanzen schweren Schaden erleiden. Erbsen-Pflanzen sind gegenüber der Anwesenheit bestimmter *Fusarien* im Erdreich sehr empfindlich; dies gilt besonders für *F. oxysporum* und *anguioides.*

Rhizoctonia, Cercospora, Colletotrichum Phoma und *Pythium,* welche desgleichen zu den Schädigern dieser Pflanzen-Bestände gehören, wurden von uns nie im Erdreich erkannt. Diese jetzt erwähnten Parasiten bedingen oft erhebliche Schwächungen der Bestands-Pflanzen. Derart nicht mehr völlig gesundes Material erliegt viel leichter den Angriffen der Boden-Pilze. An geschwächten Spinat- und Sellerie-Pflanzen sind oft dicke Überzüge von *Alternaria* und *Cladosporium* zu beobachten.

Konidien und Myzel-Stücke von *Verticillium* Arten, welche unter dem Pflanzen-Bestand oft verheerend wirken, suchten wir im Boden vergebens. Über Leben und Leistungen von *Penicillien* in diesen Pflanzen-Beständen ist wenig bekannt. Von Sellerie-Knollen konnten stets Vertreter der Gattung *Penicillium* isoliert werden, welche sich in Rein-Kultur auf dem gleichen Materiale gut entwickeln. Eine Schädigung der Bestands-Pflanzen tritt nicht ein. Ähnliches gilt für Möhren und Rüben.

Gewächshaus-Erde ist sehr reich an *Botrytis cinerea*; durch dieselbe ist Verbreitung auf die verschiedensten Treibhaus-Pflanzen gegeben.

Durch Blumen-Zwiebel können die manigfachsten Boden-Pilze verbreitet werden. Nach KLEBHAHN 54) ist das Liliaceen Zwiebel umgebende Erdreich durch einen besonderen Reichtum an Sklerotien ausgezeichnet. Entsprechend diesem Befund findet man an diesen Zwiebeln besonders reichlich Sklerotien. In den vereinigten Staaten von Nord-Amerika werden als Parasiten von Blumen-Zwiebeln die bekannten auch dem Erdreich nicht fremden Pilze *F. culmorum* und *P. corymbiferum* angegeben. Gladiolen-Zwiebel werden von *P. gladioli* geschädigt. An Tulpen-sowie Hyazinthen-Zwiebeln, welche aus Holland in die čechoslowakische Republik eingeführt wurden, traten unangenehme Fäulnis-Erscheinungen, welche durch *P. corymbiferum* bedingt waren auf. Liliaceen-Sämlinge können bei ihrem Aufgang einen starken Befall mit *Penicillien, Sklerotinia* und *Mycogone* aufweisen. *Fusarien* fehlen hier nicht als Fäulnis-Erreger. Besonders das im Erdreich verbreitete *F. orthoceras* kann eine Zwiebel-Fäule auslösen.

Eine auf Gemüse-Pflanzen und besonders auf Sellerie-Blättern sehr verbreitete Pilz-Art *Septoria* konnte von uns nie aus dem Erdreich isoliert werden. Wir prüften das Erdreich unter unzähligen Sellerie-Beständen, welche starken *Septoria*-Befall aufwiesen stets mit negativem Erfolg. Mit Kultur-Schwierigkeiten im Laboratorium kann dies nicht zusammenhängen, da wir die Konidien dieses Pilzes leicht auf Agar zur Entwicklung brachten.

Über die reiche Verbreitung pilzlicher Mikroben auf den fleischigen Früchten berichteten wir bereits im vorangehenden Kapitel. Unter gewissen Bedingungen werden diese Keime die Erreger der im Lager-Bestand so gefürchteten Fäulen. Ein bekannter Boden-Pilz *P. expansum* ist als Erreger der blue mold auf Äpfeln in den vereinigten Staaten von Nord-Amerika bekannt. Dieses *Penicillium* isolierten wir von faulenden Äpfeln, welche uns an der deutschen Grenzen von einem über-seeischen Transport zur Verfügung gestellt wurden. Das Eindringen des Pilzes erfolgt meist von aussen durch die Lentizellen. *P. crustosum* und *commune* können wie Beobachtungen von Blaha 9) und uns lehren ähnliche Fäulnis-Erscheinungen auslösen. *Rhizopus nigricans, Alternaria tenuis*, ferner Vertreter der Gattungen *Cephalosporium* und *Sporotrichum* können desgleichen krankhafte Veränderungen an Äpfeln hervorrufen. *Gleosporium* Arten werden als die Erreger krebshafter Erkrankungen an Früchten beschrieben. Diese zuletzt genannte Pilz-Art ist nur einmal von JANKE HOLZER 48) aus dem Erdreich isoliert worden. Die Erreger der gefürchteten Schorf-Krankheiten bilden im Herbst und Winter auf den abgefallenen Blättern ihre höheren Frucht-Formen aus; trotzdem isolierten wir diesen Pilz nie aus dem Erdreich unter Obst-Beständen. Unterschiedliche *Fusarien* bedingen desgleichen Fäulen; von den erdbewohnenden Arten sind in diesem Zusammenhange *F. lateritium* und *oxysporum* zu erwähnen.

Sklerotiale Bildungen fallen uns nicht nur auf Äpfeln, sondern allgemein auf den unterschiedlichsten Früchten auf. Diese *Sklerotien* stammen meist von *Monilia* Arten, welche die unterschiedlichsten Frucht-Fäulen auslösen können. Eine genaue Unterscheidung der Arten ist nicht leicht. Zur Bestimmung kann die von ZIMMERMANN 144) gelieferte Zusammenstellung benützt werden. Andere *Sklerotinia* Arten sind nach dem gleichen Forscher bei *Botrytis* einzureihen. Toxische Ausscheidungen sind diesen Pilzen eigen. Gelegentlich dringen die Pilz-Fäden auch in die Samen ein. Die Wurzel-Haare vieler Pflanzen werden bei der Berührung mit *Botrytis* Arten geschädigt; einzelne Pflanzen weisen dagegen eine besondere Resistenz auf. Nach diesen Berichten ist der Verbreitung der *Monilia*- und *Botrytis* Arten im Erdreich eine besondere Sorgfalt angedeihen zu lassen; vor allem muss man die zahlreichen *sklerotialen* Bildungen verfolgen.

Fäulnis-Erscheinungen an Birnen sind weniger studiert worden. Soweit die Literatur berichtet und unsere eigenen Erfahrungen reichen, liegen die Verhältnissen ähnlich wie bei den Äpfeln.

Bei den Frucht-Fäulen an Stein-Obst weisen wir um den Vergleich mit unseren eigenen mycologischen Studien zu erleichtern auf die Arbeiten BLAHAS 9) hin, welcher die Gebiete von Mähren und Schlesien berücksichtigt. Als Erreger derselben werden angeführt: *M. piriformis, razemosus* und *mucedo,* ferner *P. crustosum* und *commune* und *Alternaria tenuis:* es handelt sich um bekannte im Erdreich verbreitete Pilze. *Gleosporium fructigenum,* welches auch erwähnt wird, ist nur einmal von JANKE HOLZER (48) aus dem Erdreich isoliert worden. Die neuesten Studien über Obst-Fäulen führt WOLLENWEBER 135) mit seinen Mit-Arbeitern durch; besonders wird *Pestalotia,* welche nach dem Bericht im systematischen Teil auch gelegentlich im Erdreich zu finden ist, erwähnt.

Allgemeine verbreitet sind in Mittel-Europa Fäulen an fleischigen Früchten, welche *P. commune* auslöst. In diesem Zusammenhange wollen wir den Erfahrungen WEHMERS 143) und BLOCHWITZ 12) folgend, auf eine interessante Beobachtung hinweisen. Auf den natürlichen Substraten formt der Pilz reichlich sehr schön ausgebildete Koremien; sobald er auf synthetische Medien überimpft wird, unterbleibt diese Erscheinung. Eine Rückimpfung auf das natürliche Substrat zeigt wieder Koremien-Bildung.

Bei der Herstellung von Obst-Weinen muss der natürlichen Mikro-Flora der Früchte Bedeutung zukommen. Besonders wird der Einfluss von *Fusikladium* verfolgt. Direkte Schädigungen sind bis jetzt nicht erkannt worden. KOCHS und SCHIEFERDECK 56) machen auf die dunkle Farbe solcher Weine aufmerksam. Unsere eigenen Betrachtungen sprechen dafür, dass in Böhmen P. *commune* auf den fleischigen Früchten sehr reichlich verbreitet ist; in zweiter Linie folgen dann erst *M. pirforimis razemosus und mucedo.*

Die Fäulnis-Erscheinungen, welche die im Erdreich verbreitete *Botrytis cinerea* an Wein-Trauben hervorruft, sind bekannt. Von Erdbeer-Züchtern wird über Schädigungen durch die Boden bewohnenden Pilze *Phytophtora* und *Rh. nigricans* geklagt. *Trichoderma* Arten, welche unten diesen Kulturen selten zu finden sind, können durch ihre Ausscheidungen die beiden oben erwähnten Pilze vernichten.

An den Citrus Früchten sind zwei Fäulen besonders verbreitet. *P. italicum* ist sehr gefährlich, da es auch die unverletzten Früchte besiedelt und allmählig die Fäulnis-Erscheinungen auslöst. Verbreitung im Erdreich unter den Baumen ist von uns sicher gestellt worden. *P. digitatum* kann nur an verletzten Stellen angreifen. Unter diesen Bedingungen ist das Bestreben der Händler begreiflich tunlichst gesundes und unverletztes Material zu erhalten. Aus California liegen unzählige Berichte über die Schadwirkungen der unterschiedlichsten *Aspergillus* Arten an den Früchten vor. Die Studien WAKSMANS 124) lehren die Verbreitung dieser Gattung im Erdreich.

Colletotrichum, welches an allen bekannten fleischigen Früchten Fäulen auslösen kann, wurde von uns nicht im Erdreich gefunden.

Die Obst-Fäulen und ihre pilzlichen Erreger sind heute besonders studiert worden, da sie in den wertvollen Lager-Beständen grossen Schaden anrichten können. Selbstverständlich ist man bemüht Schutz-bzw. Bekämpfungs-Massnahmen zu finden. Kühle Temperatur der Lager-Räume kann in manchen Fällen von Vorteil sein; allerdings darf nicht vergessen werden, dass viele *Penicillien* und auch *MUCORINEEN* bei sehr tiefen Temperaturen noch wachsen und gedeihen können. Ein gutes Abwehr-Mittel soll das Einhüllen in oelgetränktes Papier darstellen. Citrus-Früchte werden mit bestem Erfolg mit Borax, Natriumbikarbonat und Bariumperchlorid gereinigt.

Das Samen-Material kann auch die manigfachsten pilzlichen Keime führen, welche die Basis zu späteren Erkrankungen bilden. Im Zusammenhange mit der Samen-Beizung haben wir bereits über einschlägige Fragen berichtet. Die Körner der unterschiedlichen Getreide-Pflanzen führen häufig Sporen bzw. Konidien von *M. razemosus. Rh. nigricans, P. commune,* und *expansum:* daneben ist auf das reichliche Vorkommen der Vertreter der Gattungen *Alternaria* und *Cladosporium* hinzuweisen. Bei ungünstiger und feuchter Lagerung können sich diese Keime entwicklen und die Zustände auslösen, welche wir als „dumpfig werden" bezeichnen. Alle die vorerwähnten Pilze sind im Erdreich zu finden. *Dematium pullulans,* und Vertreter der Gruppe *Torulopsis* fehlen nicht; über allfällige Schadwirkungen ist hier nichts bekannt. An den Körnern haftende *Fusarien* sind unangenehme Krankheits-Überträger, welche man am besten durch Beiz-Mittel bekämpft. Zu bedenken ist, dass mit ungebeiztem Körner-Material stets die verschiedennen pilzlichen Keime unverändert in das Erdreich gelangen.

Wir wiesen bereits darauf hin, wie auffallend es ist, dass die den unterschiedlichen Gemüse-Samen anhaftenden *Septoria* Pyknidien und Konidien nie im Erdreich erkannt wurden.

Jedes irgendwie geschwächte oder geschädigte Saat-Gut wird im Erdreich von den Boden-Pilzen leicht angegriffen.

In Baum-Schulen, welche sich vorwiegend mit der Anzucht junger Wald-Bäume beschäftigten, wird vielfach über Schädigungen durch *Penicillien* geklagt. Die bekannten Boden bewohnenden Formen bedingen durch ihre Ausscheidungen eine Schädigung der Wurzeln.

Im September 1936 wurden uns aus der Slowakei Paprika-Schoten eingesandt, die während des Trocknens im Lager-Bestand durch *Rh. nigricans* vollständigt vernichtet wurden. Der im Erd-Boden sehr verbreitete Pilz ist auf die Früchte verweht worden und konnte dank der Feuchtigkeit des Spät-Sommers und Herbst ein gut vorbereites Material vorfinden. Aus tropischem Gebiet wird berichtet dass der gleiche Pilz auf Zucker-Rohr schmarotzt.

Bei der Desinfektion des Bodens durch bestimmte chemische und physikalische Agentien wird man die natürlichen Boden-Pilze mehr berücksichtigen müssen. Eine völlige Abtötung aller pilzlichen Keime wird nicht immer erwünscht sein.

In Kultur-Versuchen beobachteten wir, wie sich die verschiedenen Boden-Pilze gegeneinander einstellen. *Trichoderma Koningi* und *lignorum* unterdrücken die meisten anderen Pilz-Formen. Soweit andere Pilz-

Formen in der Entwicklung vorausgeeilt sind, erfolgt ein Überwachsen, wobei die *Trichoderma* Arten sich vollkommen normal entwickeln und fruktifizieren. Unsere im Laboratorium gemachten Beobachtungen werden durch den amerikanischen Forscher WEIDLING 149) ergänzt. Im Erdreich konnte der genannte Forscher feststellen, dass die *Trichoderma* Arten aus ihren Hyphen einen Stoff abscheiden, der auf andere Mikro-Organismen tötlich wirkt. Im Erdreich werden durch diese Stoffe besonders *Phoma, Phytophtora, Cercospora* und *Rhizoctonia* abgetötet. Neuere Berichte erwähnen, dass *Rhizopus* und *Sklerotinia* Arten in der gleichen Weise unterdrückt werden. Über eine Beeinflussung der Erreger der Fuss-Krankheiten liegen bis jetzt noch keine Erfahrungen dieses Forschers vor. Bei der Bekämpfung der recht verbreiteten Roggen-Fusariose könnte dieser Pilz-Gruppe Bedeutung zukommen. Im Laboratorium wäre zu verfolgen wie *Fusarium herbarum, culmorum, avenaceum* und *nivale* von *Trichoderma* beeinflusst werden.

Bei diesem Wechsel-Spiel sind der Säure-Gehalt, die Feuchtigkeit und die Temperatur von der allergrössten Bedeutung. Nach dem zitierten Forscher sollen *Acrostalagmus, A. niger, Penicillien, F. lateritium* und *Botrytis cinerea* eine ähnliche Wirkung entfalten. Diese chemo-therapeutischen Wirkungen lassen die Leistungen der Boden-Pilze in einem ganz neuen Lichte erscheinen. In verseuchtem Erdreich wird man ein besonders Interesse an leistungsfähigen Boden-Pilzen haben.

Unsere eigenen Studien lehrten weiter, dass *Cladosporium herbarum* in Kultur *Fusarien* ausgesprochen zurück-drängt. Besonders die Konidien-Bildung wird nahezu völlig unterbunden. Umgekehrt stören die unterschiedlichen *Penicillien Cladosporium.* Einzelne praktische Erfahrungen sprechen auch dafür, dass durch *Cladosporium herbarum* eine gewisse Entseuchung mancher Böden bedingt wird. Eine Einzel-Angabe aus Manitoba berichtet, dass *Trichoderma* in Kultur-Versuchen *F. culmorum* ganz zurück-drängt.

BRÖMELHUS 11) studiert auf Agar-Platten wie unterschiedliche Boden-Pilze, so *Penicillien, Cladosporium* und *Alternaria Ophiobolus graminis* beeinflussen. *Ophiobolus* stellt sobald er in die Nähe dieser Pilze kommt seine Entwicklung ein; das heisst er lehnt sie ab. Amerikanische Forscher, wie SANDFORD 96) berichten übereinstimmend mit diesen Beobachtungen, dass die Pathogenität von *Ophiobolus graminis* durch Boden-Pilze unterdrückt wird.

Die zitierte Forscherin dehnt ihre Versuche auf grössere Vegetations-Kulturen aus. Hier kann gezeigt werden, dass *Penicillien, Cladosporium* und *Alternaria* durch ihre Ausscheidungen die zarten Gewebe der Wurzeln schädigen können. Ist unter solchen Bedingungen *Ophiobolus graminis* eine Angriffs-Möglichkeit gegeben, dann kann er den geschwächten Pflänzchen eine weit grössere Schädigung zufügen. Diese Beobachtungen lassen das Problem noch verwickelter erscheinen. Im Feld-Bestand können die Verhältnisse natürlich wieder ganz anders liegen. Auf den einen Umstand muss als ganz besonders wichtig hingewiesen werden, nämlich den, dass die *Penicillien* und die anderen erwähnten Pilze vor dem Eingreifen des *Ophiobolus* ihre Tätigkeit entfalten müssen. Bei einem gleichzeitigen Angriff geht die Leistung des *Ophiobolus* vor.

Bei den durch die *Penicillien* bedingten Schädigungen müssen wir nochmals auf die Beobachtungen BLATTNYS 11) hinweisen. Leider, sind bei den in Böhmen erkrankten Pflänzchen keine mikroskopischen Präparate hergestellt worden. Vielleicht hätte man, wie bei BRÖMELHUS 16) die dunkle Verfärbung der Zellen im Wurzel-Gewebe verfolgen können.

Die hier angeordneten Berichte der Studien SANDFORDS 96) und BRÖMELHUS 16) stehen zunächst in einem scheinbaren Gegensatz, welchen wir gleich aufklären können. Verfolgt man die Ausführungen BRÖMELHUS 16) eingehender so ist ihnen zu entnehmen, dass durch diese Ausscheidungen der Pilze *Ophiobolus graminis* natürlich auch geschädigt wird; allerdings geht die Schädigung der Wurzeln oft voraus.

In Kanada berichtet neuerdings HENRY 40), dass durch die Ausscheidungs-Produkte Boden bewohnender *Penicillien*, sowie *Rhizopus* die Erreger der Fuss-Krankheiten, wie *Helminthosporium sativum* und *Fusarium gramineum* unterdrückt werden können. Die Art und Beschaffenheit des Bodens ist bei diesen Wechsel-Wirkungen von der grössten Bedeutung. Hier sind unsere Angaben über die Möglichkeit der Bekämpfung der Roggen-Fusriose und ähnlicher Krankheiten, welche wenige Seiten früher erfolgten, zu vergleichen.

Auf die Bedeutung der Beiz-Wirkung im Zusammenhange mit der Pilz-Flora wiesen wir bereits früher hin. Die grössten Wirkungen können dabei naturgemäss die dem Boden ein-verleibten Trocken-Beizen entfalten. Wie das komplizierte Wechsel-Spiel zwischen Boden-Pilzen einerseits, sowie diesen und den Pflanzen andererseits vor sich geht, ist heute noch nicht zu entscheiden. Hier haben jedenfalls die wichtigsten Studien einzusetzen, Manche heute noch ungeklärte Stimulations-Wirkung kann durch diese eigenartigen Wechsel-Beziehungen zu Stande kommen, natürlich dürfen die Schädigungen hier nicht vergessen werden. Auf die Bedeutung der Boden-Desinfektion haben wir schon einmal hingewiesen; die Beobachtungen über die chemo-therapeutischen Wirkungen der Boden-Pilze lassen dieselbe in einem ganz neuen Lichte erscheinen. In Böhmen muss es noch besonders interessieren, ob nicht bei der Bekämpfung des schweren Feindes unserer Kartoffel-Felder *Synchytrium endobioticum* bestimmten Boden-Pilzen dank ihrer chemo-terapeutischen Eigenschaften eine Rolle zufallen kann. Bei den physikalischen Kultur-Massnahmen im Feld-Bestand wird man künftig auch der Tätigkeit der Boden-Pilze Rechnung tragen müssen. Tiefes Umpflügen, wie es der Pflanzen-Pathologie oft wünscht, wird nicht immer zu Gunsten der Boden-Pilze verlaufen.

LEISTUNGEN.

Die Tätigkeit der Pilze soll nach ihren chemischen Leistungen zusammengestellt werden. Nicht alle die bis jetzt abgehandelten Mikro-Organismen sind zu übereinstimmenden Leistungen befähigt. Gewöhnlich ist bestimmten Pilz-Gruppen eine besondere Leistungs-Richtung gegeben.

Wir behandeln folgende im Erdreich wichtige Verbindungen und die Möglichkeit ihrer Beeinflussung durch pilzliche Mikro-Organismen: Zellulose, Hemi-Zellulosen, Pektine, Lignin, Humus-Stoffe, Disaccharide, Stärke, Monosaccharide, organische Säuren, Gerb-Stoffe, Fette, Paraffine, Wachs, Eiweiss-Verbindungen, unterschiedliche anorganische Stickstoff-Verbindungen.

Die Temperatur-Verhältnisse, sowie die Feuchtigkeit beeinflussen die Leistungen der Pilze in hervorragendem Masse. Viele *MUCORINEEN* entwickeln sich bei 8—10° C vollkommen normal und sind zu vollgiltigen Leistungen befähigt. Einzelheiten werden noch bei der Arbeits-Kraft der unterschiedlichen Pilz-Gruppen angeführt. Zahl und Menge der jeweils im Erdreich vorhandenen pilzlichen Keime ist bestimmt nicht bedeutungslos. Im Haushalt der Natur wird es sicher eine Rolle spielen, dass die leistungsfähigen *Penicillien* gewöhnlich sehr reichlich im Boden vertreten sind. Auf den Umstand, dass gut kultiviertes und bearbeitetes Land weniger Keime hat als Wald-Boden ist besonders hinzuweisen. Vorherrschen bzw. Zurücktreten einzelner Pilz-Gruppen muss die Umsetzungen in einem Erdreich stark beeinflussen. Durch die wechselnde Boden-Reaktion wird das Leben der Pilze naturgemäss Aenderungen unterworfen.

Zellulose.

Der wichtige Vorgang des Abbaues der Zellulose im Erdreich muss besonders interessieren. Frühere Forscher waren der Ansicht, dass daran nur die Bakterien-Flora beteiligt ist. 1926 erwähnt LÖHNIS 65), dass die Zellulose Zersetzung unter Zutritt und Abschlus der Luft erfolgen kann, wobei neben den Bakterien den Schimmel-Pilzen eine besondere Aufgabe zufällt. Die Zellulose wird braun oder schwarz verfärbt und nimmt meist ein humusartiges Aussehen an. Eine viel eingehendere Zusammenstellung über die Zellulose abbauende Tätigkeit der mikroskopischen Pilze liefert wenig später STAPP 105) im Handbuch der Pflanzenernährung- und Düngerlehre.

In chemischer Hinsicht wird die Zellulose zunächst zu einfachen Zuckern abgebaut; die Enzyme Cellobiase und Cellulase spielen dabei eine wichtige Rolle. Die vielen Zwischenprodukte dieses Abbaues sind noch lange nicht alle gefasst worden. Im Boden dürfte besonders den organischen Säuren, welche aus den Zuckern gebildet werden, Bedeutung zukommen. Neben der Zellulose müssen die Pilze die notwendigen anderen Nähr-Stoffe, vor allem Stickstoff vorfinden. Die Versuche WAKSMANS 126) lehren, dass Mangel an Stickstoff-Verbindungen den Abbau sehr stark hemmt. Saure oder alkalische Reaktion ist nicht bedeutungslos. DRECHSEL 23) verfolgt in mikroskopischen Präparaten die Zerstörung der Zellulose. Bei der Durchmusterung älterer Präparate fallen im mikroskopischen Bild eigenartige Kristalle auf. Aus der Zellulose wird Glukose gebildet, welche ihrerseits das Ausgangs-Produkt für die Entstehung von Zitronen-Wein- und Äpfel-Säure ist. Diese Säuren treten nun in den manigfachen Kristall-Formen zu Tage. Als Endprodukt des Abbaues kann CO_2 gefasst werden.

Die *MUCORINEEN* sind im allgemeinen zum Abbau der Zellulose nicht befähigt. *Dicoccum asperum*, welches jüngst von ZYCHA 145) in diese Gruppe eingereiht wurde, kann als einziger Vertreter dieser Gruppe Zellulose abbauen. Vergesellschaftung der *MUCORINEEN* mit Zellulose abbauenden Formen erscheint nach diesen Erfahrungen begreiflich.

Viele der im systematischen Teil erwähnten Pilz-Formen sind bezüglich ihrer Leistungen gar nicht oder nur unzureichend geprüft. Dieser Umstand bedingt es, dass unsere Aufzählungen noch sehr viele Lücken aufweisen.

Vertreter der Gattung *Aspergillus* sind zum Abbau der Zellulose befähigt. Wir erwähnen nach NORMANN 80) *A. fumigatus, nidulans, niger* und *versicolor*; ein Zusatz einer entsprechenden Menge von Ammonkarbonat ist für die Leistungsfähigkeit sehr wichtig. Hohe Temperaturen werden verlangt; *A. niger* arbeitet bei 38° am besten. Hervor-zuheben ist, dass geringe Mengen an Feuchtigkeit etwa 7% vollkommen ausreichend sind. WAKSMAN 126) stellt ausser den genannten Formen noch *A. clavatus* und *flavus* unter die Zellulose zerlegenden Arten. Im besonderen wird auf die Bedeutung der vielen Säuren, welche als Zwischenprodukte entstehen, hingewiesen.

Viele Arten der Gattung *Penicillium* sind bezüglich ihrer Zellulose abbauenden Kraft geprüft worden. Das häufige Unterlassen der Bestimmung der Art bedingt eine schwere Reproduzierbarkeit der Experimente. Im systematischen Teile führten wir bereits an, dass einzelne Formen auf Zellulose gedeihen, wobei meist ein mehr oder minder starker Abbau zu verzeichnen ist. ITERSON 45) und SCALES 97) danken wir in der Richtung zahlreiche Angaben. WAKSMAN 126) führte seine zahlreichen Versuche oft mit wenig genau determinierten Stämmen aus. In eine Liste der Zellulose abbauenden Formen sind nachstehende Arten einzusetzen.

P. decumbens	*P. digitatum*	*P. Wortmanni*
P. glaber	*P. notatum*	*P. purpurogenum*
P. affine (schwach)	*P. chrysogenum* (schwach)	*P. luteum*
	P. lanosum	*P. sanguineum*
	P. intricatum	
	P. solitum	
	P. italicum	
	P. crustosum	
	P. expansum	
	P. claviforme	

Die Leistungsfähigkeit ist stark von der Wachstums-Temperatur abhängig. Eine kleine Tabelle soll über die optimalen Temperaturen, sowie über die Grenz-Werte Auskunft geben.

Art	Optimum	Minimum	Maximum
P. decumbens . . .	18—22° C	4° C	nicht bekannt
P. glaber	18—22° C	3° C	35° C
P. affine	24—26° C	10° C	40° C
P. digitatum	20°C	5° C	35° C
P. chrysogenum . .	18—26° C	5° C	37° C
P. notatum	19—28° C	2° C	40° C
P. intricatum . . .	18—24° C	6° C	38° C
P. solitum	18—28° C	8° C	38° C
P. italicum	18—20° C	8° C	36° C
P. crustosum . . .	18—26° C	—6° C	32° C
P. expansum	18—26° C	6° C	32° C
P. claviforme . . .	17—26° C	8° C	32° C
P. Wortmanni . . .	16—26° C	6° C	31° C
P. purpurogenum .	16—27° C	7° C	32° C
P. luteum	16—30° C	8° C	36° C

Die nahe verwandten Gattungen *Acaulium, Scopulariopsis* und *Stysanus* stellen desgleichen zum Zellulose Abbau befähigte Formen. *Acaulium nigrum, Stysanus stemonites* und *Scopulariopsis brevicaule* seien besonders erwähnt. Das Entwicklungs-Optimum liegt bei diesen Arten zwischen 23 und 25° C, das Minimum bei 1° C und endlich das Maximum bei 30—35° C.

Für *Monilia-* und *Botrytis* Arten wird allgemein die Befähigung zum Abbau der Zellulose angegeben. Im besonderen werden *M. sitiphola* und *B. cinerea* erwähnt. TRAANS Beobachtungen über dan Zerfall der Zellulose durch *Chaetomium spirale* ergänzen die neuen Untersuchungen von STAPP und BORTELS 106).

Die Gattungen *Trichoderma* und *Cephalosporium* werden allgemein von WAKSMAN 126) unter die Zellulose zerstörenden Formen eingereiht. Eine genauere Spezies-Beschreibung steht bei den vielen Versuchen, die mit den unterschiedlichsten Stroh-Arten ausgeführt werden, meist aus. Für *Trichoderma Koningi* wird angegeben, dass sie in 7 Tagen 48% und in 42 Tagen 59% der vorhandenen Zellulose zerlegt. KONING 57) züchtet die gleiche Art auf Blättern und verfolgt ihre ausgezeichnete Entwicklung, die schliesslich ein Verschwinden der Blätter bedingt. Die neuesten Studien von STAPP und BORTELS 106) lehren, dass die Zellulose abbauende Tätigkeit der *Trichoderma* Arten schwach ist. Unsere eigenen Studien zeigen in Übereinstimmung mit der Literatur, dass diese Pilz-Gruppe zu ihren Leistungen eine beträchtliche Feuchtigkeits-Menge benötigt; dieselbe ist etwa mit 35% anzugeben.

Die Gattungen *Verticillium, Humicola* und *Cladosporium* werden allgemein unter die Zellulose abbauenden Mikro-Organismen eingereiht. Leider liegt den Untersuchungen selten eine Spezies-Beschreibung bei. Ähnliches gilt für die Untersuchungen, welche mit *Mycogone, Acrostalagmus* und *Macrosporium* durchgeführt wurden.

Wenig bekannt ist über die chemischen Leistungen der *Fusarien.* In eigenen Kultur-Versuchen konnten wir uns überzeugen, dass alle ihre Vertreter auf Zellulose sehr gut gedeihen und dieselbe kräftig abbauen. Sie arbeiten viel intensiver, als alle anderen von uns geprüften Pilz-Gruppen. Vertreter der Gattung *Phoma* bauen desgleichen Zellulose ab; besonders liegen Versuche mit unterschiedlichen Stroh-Arten vor.

Zum Schlusse sei noch angeführt, dass allgemein dem Luft-Zutritt eine gewisse Bedeutung zukommt. Besonders *Aspergillus* ist für eine entsprechende Durchlüftung dankbar. Eine leichte Erhöhung des Sauerstoff Druckes erhöht die Leistungsfähigkeit von *Trichoderma Koningi.*

Viele Studien an genau bestimmten Pilzen und mit genau bekannten Zellulosen von in der Landwirtschaft wichtigen Pflanzen wären noch notwendig. Der Abbau der Zellulose wird nicht in jedem Material gleich verlaufen.

Hemi-Zellulosen.

In diese Gruppe gehören unterschiedliche chemische Verbindungen. Dieser Umstand bedingt es, dass das Wechselspiel zwischen den pilzlichen Mikro-Organismen und unterschiedlichen Hemi-Zellulosen recht manigfach sein kann.

Beim Abbau der Hemi-Zellulosen durch *MUCORINEEN* scheinen specifische Wirkungen vorzuliegen *M. piriformis* und *globosus* bauen nach SCHELLENBERG 99) die Hemi-Zellulosen aus Lupinen-Samen ab; *M. razemosus* verarbeitet diejenigen aus Gramineen-Stengeln. *Rh. nigricans* ist auf Lupinen-Samen und die Gewebe von Impatiens Balsamine spezialisiert; HAGEM 37) erwähnt, dass auch Xylan und Galaktan verarbeitet wird. Nach WAKSMAN 126) bedingt *Z. Mölleri* einen Aufschluss der Pentosane in Hafer- und Reis-Stroh. HAGEM 37) erkennt, dass *Zygorhynchus* und *Cunninghamella* Arten zum Abbau von Galaktanen und Xylanen befähigt sind.

Aus der Gattung *Aspergillus* können *A. niger, A. fumigatus, A. clavatus* und *A. flavus* Pentosane verwerten. Unter den *Penicillien* sind *P. chrysogenum* und *expansum* zu nennen. *Dematium pullulans* verwertet nach HOROWITZ—WLASSOVA 42) desgleichen Pentosane; diejenigen aus dem Weizen-Stroh vermag *Trichoderma sp.* zu verändern. Nach WAKSMAN 126) zerlegen diese Pilz-Gattung und *Humicola* Galaktan, Manan und Xylan.

Einzelne *MUCORINEEN* haben die Fähigkeit Glukoside abzubauen. Durch diesen Umstand könnten ihrem Vorkommen im Nektare der Blüten manchmal erhöhte Bedeutung zukommen.

Pectin-Stoffe, welche besonders in den Zell-Membranen und den Inter-Zellularen verbreitet sind, können von unterschiedlichen *MUCORINEEN* verwertet werden. Wir erwähnen *M. hiemalis, M. flavus, M. razemosus, M. genevensis, M. plumbeus, M. silvaticus, M. dispersus, M. circinelloides, Rh. arrhizus, A. orchi-*

dis, Z. Mölleri. Auffallend ist, dass der in Rüben-Feldern so verbreitete *Rh. nigricans* diese Fähigkeit nicht besitzt. Die an Pectin-Stoffen reichen Zucker-Rüben laden zu einem Abbau ein.

Ligine können von den mikroskopischen Pilzen nicht verwertet werden. Über die wichtigen Vorgänge, welche zu der Humus-Bildung führen ist heute noch sehr wenig bekannt. Bestimmt nehmen die Zellulose abbauenden pilzlichen Mikro-Organismen an ihrer Entstehung teil. WAKSMAN 126) ist der Ansicht, dass den wiederstandsfähigen Ligninen gemeinsam mit toten Mikro-Organismen die Rolle einer Stütz- oder Grund-Substanz zukommt. Über den Abbau dieser Substanzen ist desgleichen nicht viel bekannt; nach HAGEM 37) soll *M. flavus* Veränderungen in Humus-Substanzen hervorrufen; ähnliches gilt für nicht näher bestimmte *Penicillien* und *Acaulium. Mycogone* und *Stachybotrys* sind befähigt aus toten Mikro-Organismen humusartige Substanzen zu bilden; ähnliches trifft auch für Stall-Dünger zu.

Stärke wird von *MUCORINEEN* ungern verarbeitet; nur *M. circinelloides* und *saturinus* nützen dieses Medium einigermassen aus. Inulin kann von *M. dispersus, P. crustosum, A. cylindrispora, A. spinosa* verwertet werden. Die Gattung *Aspergillus* weist sowohl, auf Stärke, als auf Inulin ein gutes Wachstum auf. Unter den Stärke abbauenden *Penicillien* sind *P. glaber* und *P. crustosum* und *digitatum* besonders hervorzuheben; daneben ist der *Scopulariopsis brevicaule* zu gedenken.

Zahlreiche Di- und Monosaccharide können von bestimmten mikroskopischen Pilzen genutzt und verarbeitet werden. Unter den Zwischenprodukten des Zellulose Abbaues sind manche hierher gehörige Verbindungen zu berücksichtigen. Die Bildung organischer Säuren ist besonders zu berücksichtigen.

Die Gär-Kraft der *MUCORINEEN* gegenüber verschiedenen Kohlenhydraten wurde wiederholt geprüft. Die ersten Untersuchungen an bekannten Boden-Pilzen führt JOHANN 51) durch. Es kann gezeigt werden, dass Gär-Kraft vorwiegend jenen Organismen zukommt, welche nicht als typische Boden-Pilze zu bezeichnen sind; so zum Beispiel sind *M. javanicus, M. razemosus* und *M. plumbeus* durch besondere Gär-Kraft ausgezeichnet. Dieselbe fehlt *M. Ramannianus, M. hiemalis, Z. Mölleri, A. glauca* und *cylindrispora* vollständig. *Rh. nigricans* geht desgleichen Gär-Kraft ab.

Wachstum ermöglicht Maltose allen *MUCORINEEN*; Saccharose behagt den Boden bewohnenden Arten sehr schlecht und endlich Lactose ist vollkommen ungeeignet.

Unter den Boden bewohnenden *MUCORINEEN* ist nur von den *Absidia-Arten* bekannt, dass sie reichliche Mengen an organischer Säure und zwar Oxal-Säure erzeugen.

Endomyces Arten sind befähigt Pentosen zu vergären. Durch besondere Gär-Kraft sind die *SACCHAROMYCETACEEN* ausgezeichnet; wie weit sie von dieser Fähigkeit im Boden Gebrauch machen ist heute noch nicht abzusehen. Meistens sind die Leistungen den Pflanzen angepasst und können hier vernachlässigt werden.

Die *Aspergillus* Arten können die meisten Zucker-Arten verwerten; am besten jedenfalls Saccharose. Die Säure-Bildung ist bei den einzelnen Gruppen und Rassen verschieden; manche sind zur Bildung von Oxal-Säure, andere zur Erzeugung von Zitronen-Säure befähigt. Mit typischen dem Boden zugehörigen Formen ist hier nie gearbeitet worden. Über die Bildung organischer Säuren aus den unterschiedlichen Zucker-Arten durch *Penicillien* ist vieles bekannt. Leider sind nie genau bestimmte Formen benützt worden, so dass ein Vergleich mit den von uns aufgezählten Boden-Pilzen nicht möglich ist.

Botrytis- und *Sklerotinia* Arten können aus den verschiedensten organischen Substraten Oxal-Säure bilden. Das im Erdreich verbreitete *Dematium pullulans* kann durch Gärung Äthyl-Alkohol, Essig-Säure, Bernstein-Säure, sowie Milch-Säure bilden. (SMISKI) 109). Bei WAKSMANS 126) Untersuchungen über die chemischen Leistungen der mikroskopischen Pilze spielen die wasserlöslichen Substanzen eine besondere Rolle. Zur ihrer Verwertung und ihrem Abbau sind alle erwähnten Pilz-Gruppen, insbesondere aber die *MUCORINEEN* befähigt.

Gerb-Stoffe können von unterschiedlichen Vertretern der Gattung *Aspergillus* angegriffen und zerlegt werden. Nicht näher angeführte Arten der Gattung *Penicillium* sind zum Wachstum auf Stein-Kohlen befähigt; ähnliche Angaben liegen auch bezüglich der Paraffine vor. Leider ist hier immer der Übelstand zu verzeichnen, dass nicht näher bestimmtes Material genutzt wurde.

Selten wurde verfolgt, wie weit die *MUCORINEEN* als Fett-Zersetzer in Frage kommen. JANKE HOLZER 48) studierten auf einem besonderen mittels Stearin hergestellten Fett-Agar das Wachstum dieser Pilz-Gruppe. Von typischen Boden-Pilzen verarbeiten *M. flavus*, *Z. Mölleri* und *M. pusilla* dieses Medium.

Die Vertreter der Gattung *Aspergillus* sind wie Untersuchungen, welche in anderem Zusammenhange aufgestellt wurden, reich an Lipasen. Wir führen *A. niger*, *A. flavus*, *A. fumigatus*, *A. nidulans*, *A. versicolor* an; einzelne davon wurden bezuglich ihres Verhalten auf fetten experimentell geprüft.

Bezüglich der Fett-Verwertung der pilzlichen Mikro-Organismen ist auf einen sehr wichtigen Hinweis ZIKES 142) aufmerksam zu machen, welcher besagt, dass vielfach die Verunreinigungen im Fette das Wachstum ermöglichen. Selten wurden besonders gereinigte Substanzen benützt, welche nur wenigen Organismen die Entwicklung gestatten. Bei Wachs, Stearin-Kerzen und Schuh-Wichse sind es immer die Unreinlichkeiten und nicht die Fett-Substanzen, welche das Wachstum zulassen. Unsere eigenen Untersuchungen mit besonders reinen Fetten, welche im systematischen Teil unter den *Penicillien* nachzulesen sind, zeigen dass auf diesen Substanzen nur selten und dann meist schwaches Wachstum zu verzeichnen ist. In diesem Sinne werden alle Angaben über die Entwicklungs-Möglichkeit pilzlicher Keime auf Fetten zu revidieren sein. Über die Möglichkeit der Assimilation von Fett-Säuren durch *Penicillien* berichtet allgemein ohne nähere Angaben ZIEMECKA 140). Ein Ausbau der dort angedeuteten Untersuchungen wäre sehr wichtig.

Für die Gattungen *Macrosporium*, *Acrostalagmus*, *Mycogone* und *Arcemoniella* liegen allgemeine Angaben über ihre Befähigung zum Fett-Abbau vor.

Bei dem Eiweiss-Abbau, sowie der Zerlegung anorganischer Stickstoff-Verbindungen spielen die mikroskopischen Boden-Pilze eine hervorragende Rolle. Die *MUCORINEEN* sind befähigt aus unterschiedlichen Stickstoff-Verbindungen NH_3 frei zu machen. Selbst Protein der verschiedensten Herkunft und Zusammensetzung werden nach den Versuchen COLEMANS 22) dieser Spaltung unterworfen. Im besonderen beschäftigt sich HAGEM 37) mit vielen dieser Fragen. Nitrate und Nitrite können nur von wenigen Formen unter NH_3 Bildung verwertet werden; dies sind *M. razemosus*, *M. globosus*, *M. griseo-cyaneus*, *M. circinelloides*, *M. genevensis*. Sehr viele der bekannten Boden-Pilze, vor allem solche welche im Wald-Boden zu finden sind, wo mit dem Vorkommen von Nitraten und Nitriten zu rechnen ist, entbehren der Befähigung dieses Angriffes. Ammon-Salze können allgemein gut verwertet werden; gelegentlich erweist es sich als notwendig die gebildeten Säuren abzustumpfen. Gut verwendbar ist, worauf bei den Düngungs-Fragen noch einzugehen ist, der Harn-Stoff. Dieses Agens wird nach den Erfahrungen HAGEMS 37) von allen Boden bewohnenden *MUCORINEEN* Norwegens mit Ausnahme des *M. Ramannianus* zerlegt. Die in Wasser schwach lösliche Harn-Säure ist desgleichen für die meisten *MUCORINEEN* eine sehr gute Nähr-Quelle, wobei auf die Abspaltung von NH_3 zu achten ist. Das Acetamid, welches für *A. niger* eine hochwertige Nähr-Quelle darstellt, kann von den *MUCORINEEN* meist nur schlecht aufgeschlossen werden; möglicherweise bildet die beim Abbau entstehende Essig-Säure eine Schädigung des Pilz-Wachstums. Ausnahmen bilden *M. razemosus*, *M. spinosus*, *M. circinelloides*, *Z. Mölleri*. Hippur-Säure wird gut genützt. Die meisten Amino-Säuren werden unter der Bildung von NH_3 gespalten; meist ist dabei für eine entsprechende Kohlenstoff-Quelle Sorge zutragen. Glykokoll ist sehr gut verwertbar; bei Zusatz von Glukose bilden die *Absidia* Arten unter diesen Bedingungen reichlich Oxal-Säure. Gut aufgeschlossen werden auch Leuzin, Asparagin, Alanin und Thyrosin. Einzelne *MUCORINEEN* können auch ohne Zusatz von Glukose diese Stoffe verwerten; so z.B. *M. silvaticus*, *Z. Mölleri* und unterschiedliche *Absidia*-Arten. Pepton ist eine ausgezeichnete Nähr-Quelle; unter Bildung von Ereptase und Peptase bauen es die meisten *MUCORINEEN* ab. Mit den Proteinen hat sich HAGEM 37) nicht beschäftigt; diesbezügliche Studien liegen vorwiegend von amerikanischen Forschern vor. *Z. Mölleri* und *Rh. nigricans* bauen die unterschiedlichen Eiweis-Stoffe aus Samen und Stroh ab; die Bildung von HN_3 kann deutlich verfolgt werden. Zwischen 15 und 17° C baut *Z. Mölleri* die Eiweisstoffe am kräftigsten ab. Wichtig ist es bei den Versuchen für eine gute Durchlüftung zu sorgen. Tierisches Eiweiss kann auch verwertet werden, so z.B. durch *Rh. nigricans*, allerdings verläuft der Abbau langsamer und weniger vollständig. Auf die starke proteolytische Kraft von *M. Ramannianus* weist der dänische Forscher JENSEN 50) hin. Kasein wird besonders gut verwertet; ein Zusatz dieser Substanz zu den Kulturen bedingt eine kräftige Erhöhung des Wachstums. Kasein-Ausfällung in

Milch wird durch einzelne Formen, wie *M. subtilissimus, M. circinelloides, M. javanicus, Z. Mölleri, M. pusilla* bedingt. *M. hiemalis, M. razemosus* und *M. plumbeus* bauen die unterschiedlichsten organischen Stickstoff-Verbindungen zu NH_3 ab.

Die Möglichkeit einer Stickstoff-Bindung aus der Luft ist wiederholt diskutiert worden. Bei *M. Ramannianus* und *flavus* erkennt PISTOR 84) bei unzureichender Stickstoff-Menge in der Nähr-Lösung eine schwache Assimilation aus der Luft.

Die kurze Zusammenstellung lehrt, dass den *MUCORINEEN* bei der Verwertung und Aufschliessung der unterschiedlichsten Stickstoff-Verbindungen eine bedeutsame Rolle zufällt. Diese Leistungen sind gewöhnlich bei mittleren, ganz selten bei hohen Temperaturen gewährleistet. Die folgende Tabelle soll über die von den *MUCORINEEN* gewünschten Temperatur-Bereiche Auskunft geben.

Art	Minimum	Optimum	Maximum
M. spinosus	8° Wachstum, keine Fruktifikation	18—24° C	33° C
M. dispersus	8° nur Wachstum	18—24° C	35° C
M. globosus	8° Wachstum, Fruktifikation	20—26° C	36° C
M. Ramannianus	8° schwaches Wachstum	16—24° C	35° C
M. razemosus	8° Wachstum, Fruktifikation	16—25° C	32° C
M. circinelloides	8° Wachstum	17—25 °C	36° C
M. griseo-cyaneus	Nicht geprüft	Nicht gepr.	36° C
M. genevensis	8—10° schwaches Wachstum	16—23° C	29° C
M. hiemalis	8° Wachstum, Fruktifikation	16—24° C	33° C
M. silvaticus	8° Wachstum, Fruktifikation	15—23° C	29° C
M. strictus	8° Wachstum, Fruktifikation	20—26° C	33° C
M. piriformis	Nicht bekannt	18—23° C	25° C
M. flavus	8° Wachstum, Fruktifikation	17—25° C	27° C
M. mucedo	8° Wachstum, keine Fruktifikation	17—22° C	Nicht bekannt
Z. Mölleri	8° Wachstum, keine Fruktifikation	15—17° C	33° C
Actinomucor repens	6° Wachstum	Nicht bekannt	40° C
Rh. nigricans	8—10° schwaches Wachstum	15—26° C	32° C
Rh. arrhizus	17° C	16—24° C	43° C
Absidia Arten (glauca, cylindrispora, orchidis)	8—10° schwaches Wachstum	1 5—25° C	33° C
A. spinosa	8—10° schwachs Wachestum	16—26° C	43° C

Die Temperatur-Optima liegen besonders bei den typischen den Boden bewohnenden Formen verhältnissmässig sehr tief. Dem Feuchtigkeits-Gehalt kommt desgleichen Bedeutung zu; *Rhizopus nigricans* liebt einen solchen von 15%, *Zygorhynchus Mölleri* benötigt zu einer normalen Leistungs-Fähigkeit 30%.

Aus der Gattung *Aspergillus* baut *A. niger* sehr energisch Proteine ab. Erarbeitet recht unabhängig von der Reaktion; *Rh. nigricans* ist viel empfindlicher, da er einen guten Abbau nur in einem sauren Medium gewährleistet. Hohe Temperatur etwa 38° wird gefordert; eine gute Durchlüftung ist wichtig. Nitrate und Nitrite werden schlecht verwertet. Harn-Stoff wird zerlegt. Über andere gut determinierte *Aspergillus* Arten ist nichts bekannt.

Das Eiweiss-Molekül kann von verschiedenen *Penicillien* angegriffen werden, allerdings sind die *MUCORINEEN* auf diesem Gebiete leistungsfähiger. Die Arbeits-Kraft erreicht bei 30° C ihr Maximum und fällt dann ab. Besonders geprüft wurden *P. decumbens, lilacinum, chrysogenum*; ihre Leistungen sind verhältnissmässig schwach. Folgende Formen sind befähigt aus Baumwoll-Samen, sowie Blut-Mehl NH_3 frei zu machen: *P. luteum, lilacinum, chrysogenum, decumbens, lividum, Pfefferianum, digitatum, glaber* und *italicum*. Pepton-Stickstoff wird sehr gerne verwertet. *P. crustosum* kann Nitrate zu Nitriten und endlich in eine Ammon-Verbindung überführen.

Cyan-Amid wird nach den Forschungen KAPPENS 53) durch *Sc. brevicaule* und *St. stemonites* abgebaut.

Monilia-Arten, sowie *B. cinerea* spalten Proteine unter Bildung von NH_3; die zuletzt genannte Formen gedeiht sehr gut auf Dicyan-Amid. In der Fähigkeit Eiweiss-Substanzen zu spalten steht *Tr. Koningi* hinter den *MUCORINEEN* zurück. Ihre beste Leistungs-Fähigkeit entfaltet sie zwischen 18 und 30° C. Ähnliches gilt für die Gattung *Cephalosporium*.

Die unterschiedliche Befähigung verschiedene chemische Verbindungen aufzuschliessen mag die Zusammensetzung des Pilz-Bestandes im Boden beeinflussen. Wir wiesen bereits darauf hin, dass Formen, denen die Fähigkeit zum Zellulose Abbau fehlt Bindungen mit solchen suchen die derartige Leistungen vollbringen.

Einen Vergleich mit den Wachstums-Möglichkeiten im Erdreich ermöglicht die Kultur der Pilze auf der eigenen Erde. Alle von uns geprüften *MUCORINEEN* gedeihen in Kultur-Versuchen auf der Erde ihres eigenen Stand-Ortes ganz ausgezeichnet. Sie zeigen starkes vegetatives Wachstum und eine normale Fruktifikation. Fast ebenso gut entwickelt sich *Trichoderma Koningi*. *Penicillien* lassen unter diesen Bedingungen ein unnatürliches Hervortreten der Konidien-Bildung erkennen.

Formen, welche nur bei hohen Temperaturen eine gute Leistung entfalten, bewohnen mit Vorliebe warme Gegenden; wir führen *A. niger* an. Die *MUCORINEEN*, welche bei niederen Temperaturen gut arbeiten, bevorzugen meist kühle Lagen.

Die meisten Boden-Pilze enthalten Katalase, deren Tätigkeit im Boden eine hervorragende Rolle spielt. Sind durch irgend einen Vorgang diese Kräfte lahm gelegt, so leidet der ganze Boden.

Der Einfluss der verschiedensten Metall-Salze auf pilzliche Mikro-Organismen ist wiederholt geprüft werden. Neben der schädigenden Wirkung grosser Mengen dieser Stoffe ist auf die Aktivierungs-Erscheinungen kleiner Dosen hinzuweisen. Mit den üblichen Beiz-Mitteln bringen wir zahlreiche Metall-Salze in das Erdreich, die nun ihren Einfluss auf die umgebenden Mikro-Organismen ausüben werden. Im Zusammenhange mit praktischen Fragen hat sich, ausser uns niemand mit diesem Arbeits-Gebiet beschäftigt. Die Laboratoriums-Versuche, welche man nicht kritiklos auf die Verhältnisse im Boden übertragen darf, lehren, dass Konzentrationen von 0.2% die meisten bekannten Boden-Pilze schwächen, gelegentlich auch abtöten. Niedere Konzentrations-Stufen lösen oft eine Begünstigung des Wachstums aus. Besonders vorteilhaft werden die Gattungen *Aspergillus* und *Penicillium* beeinflusst. Im Boden haben wir bei den Nass-Beizen jedenfalls mit sehr verdünnten Lösungen zu rechnen, welche das Wachstum der Boden-Pilze anregen können. Mit den Trocken-Beizen bringen wir beträchtlichere Mengen in das Erdreich, welche auch Schadwirkungen entfalten können.

Neben den Beiz-Mitteln sind auch andere chemische Agentien anzuführen. Bei einzelnen Verbindungen sind typische Stimulations-Wirkungen hervorzuheben. Unsere Versuche weisen im besondern auf Fluor-Verbindungen hin; *Trichoderma Koningi* wird durch dieselben beträchtlich in ihrem Wachstum begünstigt. Manche heute ungeklärte Stimulations-Wirkung kann auf diesem Umwege entstehen. Der natürliche Gehalt eines Bodens an Reiz-Stoffen wird häufig diskutiert. Manche Böden enthalten kleine Mengen an Cu, As, Ni und Co. Gegenüber Kupfer sind viele Pilze sehr widerstandsfähig. Nach den Studien von GIESEBRECHT 35) ertragen viele *MUCORINEEN* einen Gehalt von 0.5% $CuSO_4$. Ein *P. glaucum*, bei welchem es sich nach unseren Verfahrungen wahrscheinlich um *P. crustosum* handelt, prüft TALTS 112). Die Konidien dieser Art sind sehr resistent gegenüber Kupfer-Verbindungen; eine Verzögerung der Keimung ist möglich, ein Abtöten erfolgt nicht. Bei den Schädigungen handelt es sich um eine Erschwerung des Stoffwechsels.

Düngemittel können desgleichen geringe Mengen von Reiz-Stoffen mit in das Erdreich bringen. Eine Krankheit der Rüben ist durch Mangel an Bor bedingt; erfolgt eine Düngung mit Chile-Salpeter, welche geringe Mengen an Bor enthält so verschwindet das Krankheits-Bild. Möglicherweise beeinflusst das Bor auch die normale Mikroben-Tätigkeit des Erdreiches. Schwere Mangel-Erscheinungen löst auch das Fehlen des Mangans aus. In diesem Zusammenhange erinneren wir an frühere experimentelle Studien von uns, welche zeigen, dass viele Vertreter der Boden-Pilze desgleichen Mangan bedürftig sind; ein geringer Zusatz dieser Verbindungen ermöglicht deutlich gesteigertes Wachstum. Der günstige Einfluss des Zinks auf Pilze ist bekannt. Nickel-Salze schädigen soweit unsere Erfahrungen reichen bereits in sehr verdünnten Lösungen die Pilz-Entwicklung. Neuerdings wird der Titan-Gehalt der Böden verfolgt; über die Beinflussung des Pilz-Wachstums ist bis heute nichts bekannt.

Ein Kapitel für sich stellt die Boden-Desinfektion dar, welche den Zweck verfolgt schädliche Mikro-Organismen im Erdreich abzutöten. Über die Beeinflussung der Boden-Pilze stehen Studien noch aus. Bei unmittelbarem Kontakt werden sie wahrscheinlich letal wirken; bei entsprechender Entfernung kann man an Reiz-Wirkungen denken. Die Dämpfung des Erdreiches, welche heute vorwiegend im gärtnerischen Betrieb durchgeführt wird, muss in erster Linie jene Formen abtöten, welche ein niedriges Wachstums-Optimum haben. In dem Zusammenhange ist an die *MUCORINEEN* zu denken. Formen, welche

Dauer-Zustände bilden werden diese Behandlung leichter überstehen. Der Zygoten-Bildung der *MUCORINEEN* und vor allem der reichlichen Perithetien-Bildung der *Penicillien* wird in diesem Sinne Bedeutung zukommen.

Experimente haben gezeigt, dass man durch den Zusatz bestimmter Substanzen im Erdreich gewisse Pilz-Gruppen anreichern kann, andere werden auf Kosten derselben unterdrückt. Zusatz von Kasein erhöht die Zahl aller jener Pilze, welche eine starke proteolytische Kraft entfalten *M. Ramannianus* entwickelt sich unter-diesen Verhältnissen besonders gut. Fügt man Zein hinzu so erkennt man eine starke Anreicherung von *Cunninghamella, Hyalopus, Gliocladium, Fusarium* und *P. lilacinum*. Zellulose-Zusatz regt das Wachstum der Gattungen *Humicola* und *Verticillium* besonders an. Auf einen Zusatz von Gummi-Arten reagieren besonders die *Penicillien*. Die bis jetzt erwähnten Studien sind von JENSEN 50) und KUBIENA 59) durchgeführt. ZIEMICKA 140) beobachtet, dass durch organische Stickstoff-Verbindungen die Zahl der Pilze besonders erhöht wird.

Eine starke Anreicherung bestimmter Pilz-Gruppen im Erdreich ist in feuchten Jahren zu verfolgen. Myzel-Wachstum und Fruktifikation können manchmal mit freiem Auge erkannt werden. Dieses gilt besonders für die Perithetien von *Penicillium*.

Das beste Reaktions-Bereich für die Tätigkeit der Pilze liegt nicht immer, wie allgemein angenommen wird, in sauren Medium. Besser ist es anzuführen, dass die Pilze reichliche Mengen an Säure ertragen können. *Mucor razemosus* bevorzugt zum Beispiel neutrale Reaktion. *M. flavus* sogar alkalische. Manche Pilz-Arten, wie *A. niger* und *P. glaber* sind weitgehend unabhängig.

Der kurze Bericht lehrt, dass wir über die Leistungen, besonders bestimmter und determinierter Pilze noch wenig orientiert sind und hier die Forschung einzusetzen hätte. Manche Familien sind überhaupt noch nicht studiert; wir erwähnen die im Wald-Boden so verbreitete Familie der *MORTIERELLACEEN*.

WACHSTUMS-REGULATOREN.

Das Studium über die Wachstums-Regulatoren ist erst im Beginn der Entwicklung; im Zusammenhange mit dem Leben und der Tätigkeit der mikroskopischen Boden-Pilze kann demselben eine erhöhte Bedeutung zukommen.

Manche Pilze scheiden Stoffe aus, durch welche ihr eigenes Wachstum und gelegentlich auch das anderer Pflanzen in einer ganz bestimmten Richtung beeinflusst wird. Man gebraucht den allgemeinen Ausdruck Wachstums-Regulatoren, dabei ist aber zu bedenken, dass verschiedene Ausbildungs-Arten möglich sind. Derartige Wachstums-Regulatoren sind bei *Hefen*, *Rhizopus* und *Aspergillus* verfolgt worden und mit dem besonderen Namen der *Wuchs-Stoffe* belegt worden. Durch diese Wuchs-Stoffe wird die eigene Art zu regerem Wachstum bestimmt, gelegentlich gelingt es auch fremde Arten und Familien durch einen Zusatz dieser Stoffe zu erhöhter Wachstums-Leistung zu bringen. Die Koleoptilen und Wurzeln der Keimlinge unterschiedlicher Getreide-Pflanzen werden desgleichen durch die von den vorhin erwähnten Pilzen ausgeschiedenen Stoffe zu Wachstums-Erscheinungen, sowie Bewegungen angeregt. Umgekehrt ist bekannt, dass auch die Koleoptilen und Wurzeln Wuchs-Stoffe absondern. Wuchs-Stoffe werden beispielsweise auch von roten Rüben ausgeschieden; neue Beobachtungen berichten, dass die Auszüge von Weizen-Blättern Agentien enthalten, welche das Wachstum von Pilzen begünstigen. Die grundlegenden Studien sind von NIELSEN 74), sowie BOYSEN JENSEN 15) durchgeführt worden. Ein Zusammenhang mit den Leistungen der mikroskopischen Boden-Pilze wird nicht gesucht.

Die Arbeiten BOAS 13), welche sich mit den Streckungs- und Zell-Vermehrungs-Wuchsstoffen befassen, liefern bereits Zusammenhänge mit unseren Problemen. Es wird darauf hingewiesen, dass durch die Wurzeln und abgestorbenen Pflanzen dem Boden stets unterschiedliche Wuchs-Stoffe zugeführt werden. Auf eine Möglichkeit der Beeinflussung der Boden-Bakterien wird bereits hingewiesen. Erst in zweiter Linie wird erwähnt, dass auch im Erdreich Organismen vom Wuchs-Stoff Bedürfnis der *Kultur-Hefen* vorkommen. Auf das im Boden weit verbreitete *Dematium pullulans* wird hingewiesen. Einen Schritt weiter führen uns bereits die Untersuchungen SCHOPMEYERS 102) und Mitarbeiter, welche zeigen, dass in zuckerhaltigen Medien *Aspergillus niger* und *clavatus*, sowie *Trichoderma lignorum* Stoffe bilden, die das Wachstum von Hefen deutlich fördern.

Aus den wenigen Angaben ersieht man bereits, dass im Boden ein verwickeltes Wechsel-Spiel einsetzen muss. Manche Pilz-Formen dienen als Liefferanten der Wuchs-Stoffe, andere sind wieder Abnehmer dieser Stoffe. Nicht vergessen darf man, dass auch die höheren Pflanzen in diese Vorgänge eingreifen werden; die Wurzeln können durch die von Pilzen gelieferten Wuchs-Stoffe gefördert werden, umgekehrt ist es möglich, dass die Wurzeln durch derartige Ausscheidungen die Mikroben begünstigen. In der Nähe der Pflanzen-Wurzeln ist stets eine erhöhte Zahl von Bakterien und Pilzen zu verzeichnen.

Im Reagens-Glas hat man gefunden, dass die *Rhizopus* Arten die reichlichste Menge dieser Wuchs-Stoffe in zuckerarmen und eiweissreichen Medien bilden. Wir zeigten bereits früher, dass die Gattung *Rhizopus* zum Abbau des Eiweiss-Moleküls besonders befähigt ist. Im Erdreich wären die Bedingungen für die Bildung dieser Substanzen gegeben. *Aspergillus niger*, welcher desgleichen das Eiweiss-Molekül zerlegen kann, wird seine Fätigkeit vorwiegend in niederen Breiten entfalten.

Für alle diese Wuchs-Stoffe kennt man Aktivatoren und Co-Enzyme. Als Aktivatoren sind Amino-Säuren anzuführen, deren Bildung besonders durch die *MUCORINEEN* im Erdreich gegeben ist. Co-Enzyme sind die unterschiedlichsten Metall-Verbindngen. In der Richtung können die unterschiedlichen Beiz-Mittel einen heute noch nicht näher abzusehenden Einfluss entfalten. Im Laboratorium wird gezeigt, dass auch Streifen von Filter-Papier, wahrscheinlich durch ihren geringen Aschen-Gehalt, fördernd in das Getriebe der Wuchs-Stoffe eingreifen können.

Unsere Betrachtungsweise lässt die Tätigkeit der mikroskopischen Pilze im Erdreiche in einem ganz neuen Licht erscheinen. Jeder Boden-Auszug weist einen bestimmten Gehalt an Wuchs-Stoffen auf; dieselben stammen teils von den Bestands-Pflanzen, teils von den mikroskopischen Pilzen. Typische Boden-Pilze müssen nun bezüglich der Fähigkeit solche Wuchs-Stoffe zu bilden genau untersucht werden. Durch eine alkalische Düngung, besonders eine Kalkung werden die Wuchs-Stoffe aus dem Boden ausgeschüttelt, in sauren Böden erfolgt eine Bindung. Jede Änderung des Wuchs-Stoff Gehaltes stellt eine Korrektur des Fruchtbarkeits-Zustandes dar. Die animalische Düngung löst naturgemäss auch manche Änderungen aus, da Stall-Mist sehr reich an Wuchs-Stoffen ist. Die meisten Wuchs-Stoffe werden demselben durch den tierischen Harn zugeführt. Nach Zusatz einer Stall-Mistdüngung werden sich als Lieferanten von Wuchs-Stoffen besonders die *MUCORINEEN* entwickeln.

Einzelne Berichte der Literatur ordnen wir noch gesondert an. Russische Forscher, welche sich auch bei der Erforschung der Boden-Pilze sehr verdient gemacht haben, machen allgemein auf die Bedeutung des Bios aufmerksam. Vitamin B kann bei einzelnen Pilzen wachstumsfördernd wirken. Nach SCHOPFER 100, 101) wird das Wachstum und auch die Zygoten-Bildung bei *Phycomyces* gefördert. Hiebei drängt sich uns der Gedanke auf ob nicht auch bei der starken Zygoten- und Perithetien-Bildung, welche wir im Erdreich erkannten den dort angesammelten Wuchs-Stoffen eine Bedeutung zufällt. SCHOPFER 101, 101) erwähnt, dass man verunreinigter Maltose einen Wuchs-Stoff entnehmen kann, der ähnliche wachstumsfördernde Wirkungen entfaltet. Dieselben Erfahrungen sammelt der gleiche Forscher an Auszügen von Weizen-Blättern, sowie Hefen.

Bei späteren Untersuchungen im Erdreich von Hopfengärten ist zu berücksichtigen, dass auch Hopfen-Blüten wachstumsfördernde Agentien absondern.

Schander 98) berichtet über Wachstums-Regulatoren in keimenden Gramineen-Früchten. Hier ist wieder an Wechsel-Wirkungen zwischen diesen, dem Erdreich und den umgebenden Pilzen zu denken.

Die wenigen Zeilen haben uns in ein sehr interessantes Gebiet eingeführt, in welchem durch experimentelles Arbeiten vor allem mit typischen Boden-Pilzen noch sehr manigfache Ergebnisse erwartet werden dürfen.

DÜNGUNGS-FRAGEN.

Die vielen komplizierten Wechsel-Wirkungen können hier nicht abgehandelt werden. Es erscheint uns nur wichtig auf einzelne aktuelle Probleme hinzuweisen. Die Bedeutung der mikro-biologischen Boden-Untersuchung zur Ermittlung des Nährstoff-Bedürfnisses eines Bodens wird von NIKLAS 79) und seinen Schülern ausgebaut. Die Untersuchungen fussen auf den Anregungen BUTKEWITSCHS 6), deren erstmalige experimentelle Bearbeitung BENECKE und SÖDING 6) ausführten. Bei den Untersuchungen wird folgender Vorgang ein-gehalten. Die Boden-Proben werden mit den Pilzen beimpft und das Wachstum verfolgt. Wichtig ist, wie durch die unterschiedlichsten mineralischen Zusätze das Wachstum beeinflusst wird. Je nachdem der Pilz auf bestimmte Zusätze reagiert, können Schlüsse gezogen werden, welche Mineral-Substanzen im Boden fehlen. Meist wird *Aspergillus niger* für diese Versuche benützt, viel seltener *Rhizopus* Arten. Geprüft wird auf die Bedürftigkeit an Posphor, Kalium und Magnesium. Dieses sehr praktische Verfahren hat sich viele Freunde erworben. Besonders die Magnesia Bedürftigkeit der unterschiedlichsten Böden wurde so verfolgt. Bedauerlich ist es, dass diese Versuche nie mit typischen Boden-Pilzen unserer Breiten ausgeführt wurden. In erster Linie sind die Arten zu berücksichtigen, welche für den Feld-Bestand typisch sind. Einschlägige Versuche würden eine wichtige Lücke ausfüllen.

Wir lassen noch einige allgemeine Zusammenhänge zwischen Düngung und Boden-Pilzen folgen. Ein Zusatz animalischer Düngung vergrössert die Pilz-Zahl; dies gilt vor allem für die *MUCORINEEN*. Eine Gabe von Phosphor- und Kali-Salzen erhöht desgleichen die Pilz-Menge. Natrium-Nitrat scheint nicht günstig zu sein. Andere Nitrate und vor allem Ammon-Salze lösen eine sehr günstige Wirkung auf die mikroskopischen Boden-Pilze aus. Auf eine Harnstoff-Düngung antworten die *MUCORINEEN* durch erhöhte Tätigkeit. Im Pferde-Mist wurde *Trichoderma Koningi* erkannt. Auf den Abbau des Cyan-Amides, welches zu NH_3 gespalten wird, machten wir bereits früher aufmerksam.

Einen kleinen Versuch, welcher noch fortgesetzt werden soll, setzten wir über die Beeinflussung des Pilz-Wachstumes durch handelsübliche Dünge-Mittel an. In Erlenmeyer-Kölbchen reichten wir 30 g neutralen gereinigten Sand; derselbe wurde mit 30 ccm einer Nähr-Lösung versetzt, in welcher immer das zu prüfende Agens vollständig fehlte. Wir benützten einen im Acker-Land tätigen Pilz und zwar *P. crustosum*. Die Kulturen wurden bei Temperaturen von 18—20° gehalten, die Beobachtungs-Dauer betrug etwa 4 Wochen. Chile-Salpeter, Leuna-Salpeter und Ammon-Salze werden sehr gut verwertet; weniger geeignet ist Kalk-Stickstoff. Eine Wägung der Proben erfolgte nicht, die Beurteilung wurde mit dem freien Auge vorgenommen. Sehr gut geeignet ist Superphosphat, welches eine sehr deutliche Wachstums-Entwicklung zulässt. Die 40%igen Kali-Salze werden ausgezeichnet verwertet; Kainit bewährt sich nicht. Ganz ungeeignet ist Thomasmehl. *F. solani* nutzt die 40%igen Kali-Salze sehr gut. Thomas-Mehl und Superphosphat sind keine geeignete Phosphor-Quelle. Die Stickstoff-Verbindungen werden wie bei der vorigen Form gewertet. Die unterschiedlichen Pilze werden jedenfalls nicht in der gleichen Weise durch Dünge-Mittel beeinflusst. Auf diese Umstände ist bei der Beurteilung den mikro-biologischen Verhältnisse von Kultur-Land Rücksicht zu nehmen.

Auf dem natürlichen Stand-Ort reagieren die mikroskopischen Pilze sehr stark auf eine pflanzliche Düngung. Aus dem Kreis unserer eigenen Erfahrungen, weisen wir auf Düngungs-Versuche in schlechtem Wald-Boden bei Mies in West-Böhmen hin. Einackern von an Ort und Stelle gezogenen Lupinen-Pflanzen erhöht, wie die früher mitgeteilten Angaben zeigen, den Pilz-Gehalt beträchtlich.

AUSBLICK.

Wir waren bestrebt einen Überblick über alles zu geben was über die mikroskopischen Boden-Pilze heute bekannt ist. Besonders wichtig ist die genaue Beschreibung der Arten, da sie die Grundlage für weitere Studien bildet. Sie ist von uns besonders gründlich und nach Tunlichkeit möglichst vollständig ausgeführt. Die anschliessenden Abschnitte weisen noch viele Lücken auf, welche der Leser nicht allzu kritisch beurteilen möchte. Unser Bestreben ging dahin alles herauszuschälen was besonders wichtig ist und vor allen zu zeigen wo die nützliche Weiter-Arbeit zu erfolgen hat. Der Leser soll nicht den Eindruck gewinnen, dass ein abgeschlossenes Gebiet vorliegt, sondern er soll zu weiterer wichtiger Arbeit angeregt werden.

LITERATUR.

1. A d a m e t z, L., Untersuchungen über die niedrigen Pilze der Acker-Krumme. Diss. Leipzig 1886. — 2. A r k a n s a s, Phytopathologischer Bericht. Rew. appl. Myc. **10**. 166 (1930). — 3. B a r t h e l, C., Zbl. Bakt. II. **48**. 340 (1918). — 4. B e c k e r, S., Zbl. Bakt. II **92**. 207 (1925). — B e c k w i t h, F. D., Phytopathology. **1**. 170 (1911). — 6. B e n e c k e, A. und S ö d i n g, F., Zs. f. Pflanzen-Ernährung **10**. 129 (1927). — 7. B e n n e t, F., Ann. appl. Biology **5**. 191 (1928). — 8. B j ö r l i k k e, O., siehe K r i s c h e P., Landwirtschaftliche Karten. Berlin. 1933. — 9. B l a h a, I., Zbl. Bakt. II. **81**. 133 (1930). — 10. B l a n c k, E., Handbuch der Bodenlehre Berlin. 1930. — 11. B l a t t n ý, C., Československy zemědělař **18**. (1935). — 12. B l o c h w i t z, A., Ber. Bot. Ges. **95**. 43 (1925). — 13. B o a s, F., Praktische Blätter für Pflanzenbau und Pflanzenschutz **13**. 97. (1935). — 14. B o c k m a n n, H., Ang. Bot. **15**. 308 (1933). — 15. B o y s e n-J e n s e n, F., Biochem. Zs. **139**. 243 (1932). — 16. B r ö m e l h u s, E., Zbl. Bakt. II. **92**. 81 (1935). — 17. B u r g e f f, H., Ber. Bot. Ges. **38**. 318 (1920). — 18. B u r k e r t, H., Entwicklungsgeschichtliche Untersuchnungen über Mucor strictus. Marburg Diss. 1923. — 19. C h o l o d n y, N., Arch. Mikrobiologie **1**. 620 (1930). — 20. C i f f e r i, R., R e d a e l l i, P., Monografia delle Torulopsidacee a pigmento rosso. Pavia. 1933. — 21. C o l b, D., Siol Sci. **16**. (1932). — 22. C o l l m a n n, D., Soil Sci. **2**. 1 (1916). — 23. C o n n, H. J., New York Agr. Exp. Stat. Tech. Bull. **64**. 24 (1918). — 24. D e r s e l b e, Soil sc. **14**. 149 (1922). — 25. D a l e, E., Ann. Mycol. **10**. 452 (1912) und **12**. 30 (1914). — 26. D a n d e n o, I. B., Rept. Michigan Acad. Sci. **10** 51. (1908). — 27. D i x o n S t e w a r t, D., Jl. exp. Biol. and Med. **7**. 16 (1930). — 28. D i e s e l b e, Brit. Myc. Sci. **17**. 208 (1932). — 29. D r e c h s e l, W., Das Wachstum von Pilzen auf Sulfit-Zellulose. Diss. Dresden. 1930. — 30. D ü g g e l i, C., Zbl. Bakt. II. **79**. 113 (1929). — 31. E d d i n s, A. H., Florida Exp. Sta. 210. (1930). — 32. E l l i o t t B a y l i s s, I. S., Ann. appl. Biol. **17**. 284 (1930). — 33. F e h e r, D., Mikrobiologie des Waldbodens. Berlin 1933. — 34. G ä u m a n n, E., Vergleichende Morphologie der Pilze. 1926. Jena. — 35. G i e s e b r e c h t, H., Morphologie und Physiologie einzelner Mucorineen. Diss. Würzburg. 1915. — 36. G o d d a r d, H. N., Bot. Gazette **56**. 249 (1913). — 37. H a g e m, O., Untersuchungen über die norwegischen Mucorineen. Videnskabs-Selskabets Skriften. I. Mat. Naturv. Kl. 1907 Nr. 7 und 1910 Nr. 4. Christiania. — 38. H a n s e n, E. C., Zbl. Bakt. II. **12**. 529 (1904). — 39. H a u t m a n n, F., Arch. Protistenkunde **48**. 213. (1924). — 40. H e n r y, A. W., Canad. Jl. of Agr. Res. **4**. 69 (1931). — 41. H o r o w i t z-W l a s s o v a, Zbl. Bakt. II. **73**. 1 (1928). — 42. Dieselbe, Ibidem. **91**. 468. (1934/35). —

43. Hoyningen-Huene, P. F., vergleiche Krische P., Landwirtschaftliche Karten. Berlin. 1933. — 44. Huber, G. A., Rew. appl. Myc. **10** 301 (1930) und Jl. Agr. Res. **41**. 801 (1930). — 45. Iterson, C. B., Zbl. Bakt. II. **11**. 609 (1904). — 46. Jahn, F., Ber. Bot. Ges. **53**. 847 (1936). — 47. Janke, A. Sekera, F., Szilvini, A., Arch. Mikrobiologie **5**. 223 (1934). — 48. Janke, A. und Holzer, H., Zbl. Bakt. II. **79**. 50 (1929). — 49. Jensen, C. N., Agr. Exp. Sta. Bull. N.Y. 415. (1912). — 50. Jensen, F., Soil sci. **16**. 401 (1932). — 51. Johann, F., Zbl. Bakt. II. **85**. 303 (1933). — 52. Johann, H., Phytopathology **18**. 239 (1928). — 53. Kappen, H., Zbl. Bakt. **16**. 613 (1910). — 54. Klebhahn, H., Zs. Bot. **23**. 51 (1930). — 55. Derselbe, Siehe Zimmermann, A., Zbl. Bakt. II. **72**. Mehrere Fortsetzungen. (1927). — 56. Kochs-Schieferdeck, P., Konservenindustrie **18**. 749. (1931). — 57. Konigs, siehe unter Oudemanns und Koning. — 58. Kubiena, W., Soil Res. **3**. 91. (1932). — 59. Derselbe, Arch. Mikrobiologie **3**. 907 (1932). — 60. Derselbe, Zs. Pflanzenernährung. A. **31**. 255 (1933). — 61. Lendner, A., Les mucorinées de la Suisse. Mater. crypt. Suisse. III. 1—177. 1908. — 62. Lennan, E., Ann. appl. Biol. **15**. 95 (1928). — 63. Ling-Joung, M., Rev. génér. de Bot. Paris. **42**. 144 (1930) und **43**. 30. (1931). — 64. Linnemann, G., Flora N.F. **30**. 176 (1936). — 65. Löhnis, F., Fschr. d. Landw. **2**. 241 (1927). — 66. Maurizio, A. und Straub, W., Zbl. Bakt. II. **75**. 375 (1928). — 67. Melin, E., Untersuchungen über die Bedeutung der Baummykorrhiza. Jena. 1925. — 68. Möller, A., Zs. f. d. ges. Forst- und Jagdwesen **35**. 321 (1903). — 69. Namyslovski, B., Studien über Mucorineen. Anz. d. Akad. d. Wiss. Krakau. 1910 477. — 70. Němec, A., Zs. Phytopath. **8**. 303 (1934). — 71. Nestler, A., Ber. Bot. Ges. **17**. 320 (1899). — 72. Niehaus, Ch., Zbl. Bakt. II. **87**. 97 (1932). — 73. Nielsen, N., Med. Gronl. Kopenhagen 1927 und Zbl. Bakt. II. **91**. 297 (1935). — 74. Derselbe, Biochem. Zs. **237**. 244 (1931). — 75. Niesen, C. H., Diss. Un. Kiel. 1929. — 76. Niethammer, A., Zbl. Bakt. II. **88**. 200 (1933). — 77. Dieselbe, Zs. Pflanzenkrkh. **45**. 241 (1935). — 78. Nikitinsky, I., Jb. wiss. Bot. **40**. 1 1913. — 79. Niklas, H., und Mitarbeiter, Zs. Pflanzenernährung A. **23**. 100 (1933). — 80. Norman, E. G., Ann. appl. Biol. **18**. 244 (1931). — 81. Oudemanns, C. A., und Koning, C. I., Podrome d'une flore myc. de la terre humeuse de Spanderswoud. Extr. Arch. Néerland. de Sci. nat. II. **7**. 266. (1902). — 82. Ostendorf, F., vergleiche Krische, P., Landwirt-. schaftliche Karten. Berlin. 1933. — 83. Paine, A., Mycologia. **19**. 248 (1927) — 84. Pistor, R., Zbl. Bakt. **80**. 109 (1930). — 85. Pišpek, P. A., Acta botanica Inst. Un. Zagreb. **4**. 36 (1929). — 86. Povah, A. H., Ann. Rep. Mich. Ac. Sci. **17**. 152 (1915). — 87. Portter, C., L., Phytopathology **17**. 563 (1927). — 88. Prassalov, P., vergleiche Krische, P., Landwirtschaftliche Karten. Berlin. 1933. — 89. Raillo A., Zbl. Bakt. II. **78**. 515 (1929). — 90. Raillo, A., Bull. of plant protection. Leningrad. Nr. 7 (1935). — 91. Raman, E., Bodenkunde. Berlin. 1927. — 92. Reinking, A., Zbl. Bakt. II. **91**. 243 (1935). — 93. Richter, A., und Werner, A., Jl. Agr. of U.S.S.R. (1934). — 94. Rossi, O., Festschrift zum 70. Geburts-

tag Stoklasa. Berlin. 1930. — 95. Saito, K. J., Coll. Sci. Jap. Un. Tokyo. **13**. 1 (1904). — 96. Sandford, G. B., Rew. appl. Mycology **11**. 719. (1931). — 97. Scales, F. M., Bot. Gazette **60**. 314 (1915). — 98. Schanden, H., Zs. Bot. **37**. 433 (1934). — 99. Schellenberg, H. C., Flora **98**. 217. (1918). — 100. Schopfer, W. H., Arch. Mikrobiologie. **4**. 503 (1934). — 101. Derselbe, Ber. Bot. Ges. **52**. 308 (1934). — 102. Schopmayer, L., und Fuliner, E. I., Jl. Bact. **22**. 23 (1931). — 103. Simonds, P. M., Rept. Dominion Botanist **10**. 101 (1930). — 104. Sopp, O., Monographie der Pilzgruppe Penicillium. Videnssselskaptes Nr. 11. 1912. Christiania. — 105. Stapp, C., Der Boden in biologischer Hinsicht. Handb. d. Pflanzenernährungs-einschl. Düngerlehre. Berlin. 1932. — 106. Stapp, C., und Bortels H., Zbl. Bakt. II **90**. 48 (1934). — 107. Starkey, R., und Henrici, A. F., Soil Sci. **33**. 234 (1927). 108. Stebutt, A., vergleiche: Die schwarzen Böden Jugoslawiens. E. d. Pflanze **32**. 370 (1936). — 109. Suniki, Y., Zbl. Bakt. II **81**. 111. (1930). — 110. Sunstein, D. R., Mycologia. **1**. 125 (1910). — 111. Swift, M. E., Ibidem. **21**. 204. 1929. — 112. Talts, I., Protopl. **15**. 188 (1932). — 113. Thoms, C., und Church, M. B., The Aspergilli. 1927. Baltimore. — 114. Thoms, C., The Penicilliae. 1930. London. — 115. Till, P., siehe Krische, P., Die Landwirtschaftlichen Karten. Berlin. 1933. — 116. Tiukov, D., Zbl. Bakt. II. **83**. 385 (1931). — 117. Traan, A. E. Untersuchungen über die Bodenpilze Norwegens. Nyt Magazin for Naturvidens kaberne. 1914. Christiania. — 118. Verona, O., Secondo tributo di ricerche sulla microbiologia dei terreni della campagna Pisana. Pisa 1929. — 119. Derselbe, Annali dell'Agricoltora **15** 127 (1935). — 120. Vilensky, G., vergleiche Krische, P. Die landwirtschaftlichen Karten. Berlin. 1933. — 121. Waksman, S. A., Principles of soil microbiology. Baltimore. 1927. — 122. Derselbe. Bodenbiologie in Abderhaldens Hdb. d. biol. Arbeitsmeth. Abt. XI. T. 3, 715. (1928). — 123. Derselbe, Soil Sci. **2**. 103 (1916). — 124. Derselbe, Soil Sci. **2**. 563 (1917). — 125. Derselbe, Soil Sci. **14**. 123 (1922). — 126. Derselbe, Soil Sci. **22**. 211 (1926). Zellulosechemie **8**. 97 (1927). — 127. Wehmer, C., Ber. Bot. Ges. **2**. 410 (1893). — 128. Derselbe, Beiträge zur Kenntnis einheimischer Pilze. Hannover 1895. — 129. Derselbe, Ber. Bot. Ges. **32**. 373. (1914). — 130. Weidling, R., Phytopathology **22**. 837 (1932). — 131. Wenzel, A., Zs. Pythopath. **3** 519 (1931). — 132. Werkenthin, E. C., Phytopathology **6**. 241 (1916). — 133. Westling, R., Arkiv for Botanik **11** Nr. 1. (1911). — 134. Wollenweber, H. W., und Hochapfel, H., Zs. Pflanzenkrh. **46**. 401 (1936). — 135. Derselbe und Reinking, A., Die Fusarien. Berlin. 1936. — 136. Wöltje, W., Zbl. Bakt. II. **48**. 97 (1918). — 137. Zach, F., Zbl. Bakt. II. **89**. 196 (1933). — 138. Zade, F., Fschr. d. Landw. **6**. 186 (1931). — 139. Zaleski, K., Ueber die in Polen gefundenen Arten der Gruppe Penicillium. Bull. de l'Acad. polonaise des sci. et lettr. 1927. — 140. Ziemiecka, H., Zbl. Bakt. II **91**. 381. (1934/35). — 141. Zikes, H., Zbl. Bakt. II. **66**. 1 (1923). — 142. Derselbe, Zbl. Bakt. **69**. II. 161. (1926). — 143. Zillig, M., Materialien zur Kenntnis der Mikroflora der Böden Westsibiriens. Omsk. 1932. — 144. Zimmermann, A., Sammelreferat über die Beziehungen zwischen Parasit und Wirtspflanze. Zbl. Bakt. **72**. Mehrere Fortsetzungen. (1927). — 145. Zinkernagel, A., Zbl. Bakt. II. **78**. 191. (1929). — 146. Zycha, H., Kryptogamenflora der Mark Brandenburg. VI*a*. Mucorineae. Leipzig. 1935.

REGISTER

Mit * bezeichnete Seitenangaben beziehen sich auf Abbildungen im Texte.

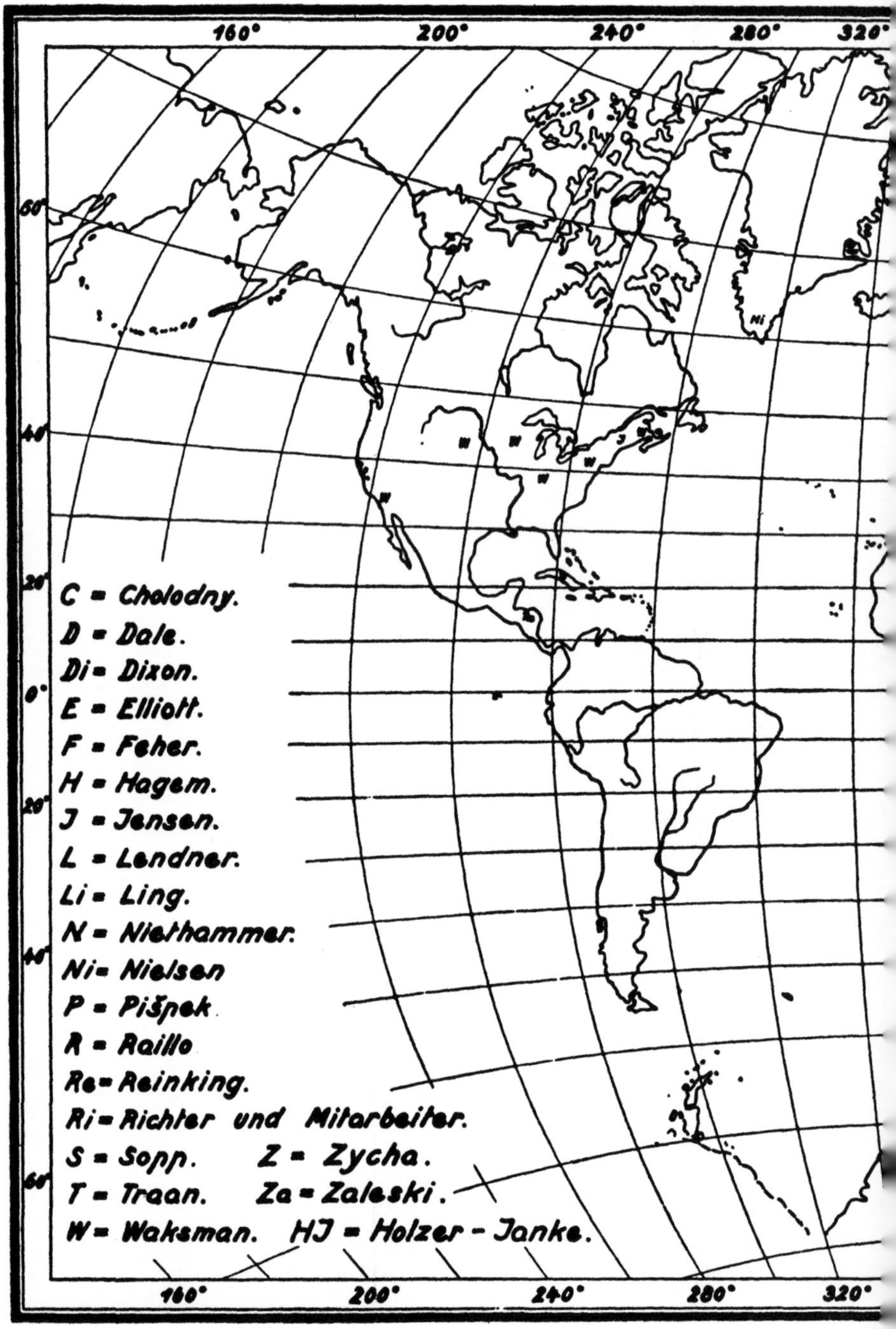

160°
200°
240°
280°
320°
60°
40°
20°
0°
20°
40°
60°
C = Cholodny.
D = Dale.
Di = Dixon.
E = Elliott.
F = Feher.
H = Hagem.
J = Jensen.
L = Lendner.
Li = Ling.
N = Niethammer.
Ni = Nielsen
P = Pišpek
R = Raillo
Re = Reinking.
Ri = Richter und Mitarbeiter.
S = Sopp. Z = Zycha.
T = Traan. Za = Zaleski.
W = Waksman. HJ = Holzer - Janke.
160°
200°
240°
280°
320°

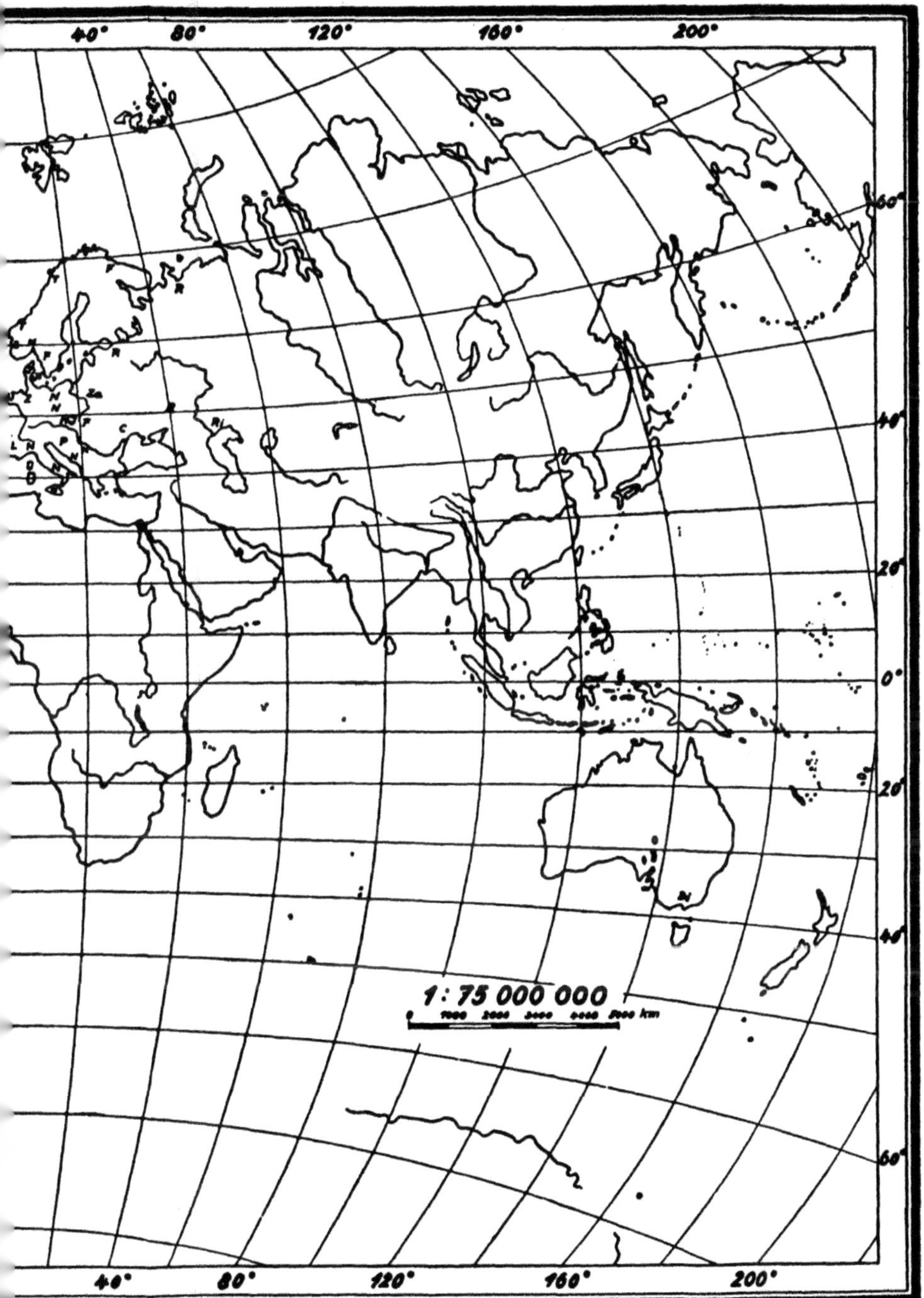
40°
80°
120°
160°
200°
60°
40°
20°
0°
20°
40°
60°
1 : 75 000 000
0 1000 2000 3000 4000 5000 km

MIX
Papier aus verantwortungsvollen Quellen
Paper from responsible sources
FSC® C105338

If you have any concerns about our products,
you can contact us on
ProductSafety@springernature.com

In case Publisher is established outside the EU,
the EU authorized representative is:
Springer Nature Customer Service Center GmbH
Europaplatz 3, 69115 Heidelberg, Germany

Printed by Libri Plureos GmbH
in Hamburg, Germany